高职高专系列教材

管式加热炉

李 薇 王 宇 主编

中国石化出版社

内 容 提 要

本书主要介绍了管式加热炉的基本理论、基本工艺设计计算、操作控制、维护管理和节能高效运行等内容。希望通过这些内容的学习，使读者系统地掌握管式加热炉的基本工艺计算过程，熟悉其运行及操作，提高加热炉的操作水平和运行管理能力。

本书可以作为高职高专炼油专业、石化类专业的基础课教材，也可作为管式加热炉设计人员及现场管理人员、技术人员、操作人员的培训教材。

图书在版编目(CIP)数据

管式加热炉／李薇，王宇主编．—北京：中国石化出版社，2012.1(2016.7重印)
(高职高专系列教材)
ISBN 978-7-5114-1311-6

Ⅰ.①管… Ⅱ.①李…②王… Ⅲ.①管式加热炉-高等职业教育-教材 Ⅳ.①TE963

中国版本图书馆CIP数据核字(2011)第257965号

中国石化出版社出版发行

地址：北京市东城区安定门外大街58号
邮编：100011 电话：(010)84271850
读者服务部电话：(010)84289974
http://www.sinopec-press.com
E-mail:press@sinopec.com
北京科信印刷有限公司印刷
全国各地新华书店经销

*

787×1092毫米 16开本 10.75印张 261千字
2016年7月第1版第3次印刷
定价：28.00元

前　言

随着高职高专教育教学改革的深入，确立了工学结合的人才培养模式，构建了基于工作过程的“理实一体化”课程体系，在国家示范性专业建设实践过程中，根据石化、炼油类专业人才培养方案的需求，我们编写了《管式加热炉》这本书。

管式加热炉操作、管理工作的好坏，对炼油和石油化工生产装置实现高产量、高质量、高效率、低能耗、长周期、安全、稳定运转及减轻对环境的污染有着重大意义。本书在编写过程中，根据高职“必须、够用”的理论知识要求，以一个炼油过程常见典型加热炉的基本工艺设计计算过程为主线，编写了应知理论内容，同时，根据管式加热炉操作岗位的操作技能要求，针对如何提高加热炉的热效率，如何进行加热炉的操作、控制和维护，如何进行常见事故处理等内容进行编写，希望通过这些内容的学习，使学生系统地掌握管式加热炉的工艺过程，熟悉其运行及操作的基本特点，提高加热炉的操作水平和运行管理能力。

本书可以作为高职炼油、石化类专业的专业基础课教材，也可供加热炉设计人员及现场的技术人员、管理人员作为培训教材。第一章讲述加热炉的基本结构，初步认识加热炉；第二章～第五章对加热炉传热过程进行基本计算；第六章介绍了加热炉的关键部件燃烧器；第七章介绍了烟气余热回收系统；第八章介绍了提高加热炉热效率的措施；第九章介绍了加热炉的日常操作、控制和维护过程。每章的内容提要和复习思考是应知内容的复习和再次提升，帮助学生巩固知识和提高技能。

本教材第二章～第六章由兰州石化职业技术学院王宇编写，其余章节由兰州石化职业技术学院李薇编写。全书由李薇统稿。特别感谢中国石油大连石化公司郭浩斌在此书编写整理过程中给予的大力支持和帮助。

由于编者的水平有限，难免存在各种问题，敬请使用此书的教师和同学们斧正，共同为高职高专教材建设作出贡献。

编　者

前言

目　　录

第一章　管式加热炉的基本知识 ……………………………………（1）
第一节　概述 ……………………………………（1）
第二节　加热炉的基本结构 ……………………………………（2）
一、辐射室 ……………………………………（2）
二、对流室 ……………………………………（3）
三、燃烧器 ……………………………………（3）
四、余热回收系统 ……………………………………（3）
五、通风系统 ……………………………………（3）
第三节　管式加热炉的种类 ……………………………………（4）
一、按外形分类 ……………………………………（4）
二、按用途分类 ……………………………………（8）
第四节　管式加热炉的技术指标 ……………………………………（8）
一、管式加热炉的技术指标 ……………………………………（8）
二、管式炉的炉型选择原则 ……………………………………（10）
第二章　燃料与燃烧计算 ……………………………………（13）
第一节　燃料的性质 ……………………………………（13）
一、燃料油 ……………………………………（13）
二、燃料气 ……………………………………（15）
第二节　燃烧计算 ……………………………………（16）
一、热工性质 ……………………………………（16）
二、炼油厂常用的燃料油、燃料气 ……………………………………（20）
第三节　管式炉的热平衡和热效率 ……………………………………（20）
一、热平衡 ……………………………………（20）
二、热效率 ……………………………………（22）
第三章　辐射传热计算 ……………………………………（29）
第一节　辐射传热基本理论 ……………………………………（29）
一、辐射、热辐射和辐射波谱 ……………………………………（29）
二、黑体、白体、镜体、透明体 ……………………………………（30）
三、辐射能力 ……………………………………（30）
四、黑度（辐射率）、单色黑度、定向黑度 ……………………………………（30）
第二节　热辐射基本定律 ……………………………………（31）
一、普朗克定律——辐射能按波长分布的定律 ……………………………………（31）
二、斯蒂芬－波尔兹曼定律——四次方定律 ……………………………………（31）
三、兰贝特定律——余弦定律 ……………………………………（31）
第三节　管式炉辐射传热计算 ……………………………………（32）

一、罗伯－伊万斯法 …………………………………………………………（32）
二、别洛康法 …………………………………………………………………（41）
三、蒙特卡罗法 ………………………………………………………………（47）
四、辐射室表面热强度及主要结构尺寸的确定 ………………………………（48）
五、火焰辐射 …………………………………………………………………（52）
第四章 对流传热计算 ………………………………………………………（58）
第一节 管内对流传热系数 …………………………………………………（58）
一、单向流的内膜传热系数 …………………………………………………（58）
二、混相流流动状态的确定 …………………………………………………（58）
三、混相流的内膜传热系数 …………………………………………………（59）
四、管内结垢热阻 ……………………………………………………………（60）
第二节 管外对流传热系数 …………………………………………………（61）
一、光管的外膜传热系数 ……………………………………………………（62）
二、翅片管和钉头管的外膜传热系数 ………………………………………（64）
三、管外结垢热阻 ……………………………………………………………（68）
第三节 管壁温度和平均温度差 ……………………………………………（68）
一、光管管壁温度的计算方法 ………………………………………………（68）
二、翅片管或钉头管管壁温度的计算方法 …………………………………（69）
三、平均温度差 ………………………………………………………………（70）
第四节 对流管的总传热系数 ………………………………………………（71）
一、对流段的传热计算 ………………………………………………………（71）
二、对流段工艺尺寸计算 ……………………………………………………（77）
第五章 压力损失和通风 ……………………………………………………（80）
第一节 管内介质的流速与压降 ……………………………………………（80）
一、管内流速 …………………………………………………………………（80）
二、无相变时的压降计算 ……………………………………………………（80）
三、有相变时的压力降计算 …………………………………………………（81）
第二节 烟气流速与压降 ……………………………………………………（90）
一、烟气流速 …………………………………………………………………（90）
二、烟气沿直管道流动的压降 ………………………………………………（91）
三、局部阻力产生的压降 ……………………………………………………（92）
四、烟气流过对流室管排的压降 ……………………………………………（92）
第三节 管式炉的通风 ………………………………………………………（95）
一、自然通风及其烟囱高度 …………………………………………………（95）
二、强制通风 …………………………………………………………………（98）
第六章 燃烧器 ………………………………………………………………（107）
第一节 燃料气的燃烧与燃料气喷嘴 ………………………………………（107）
一、着火过程和强迫点燃 ……………………………………………………（107）
二、预混燃烧和预混式燃料气喷嘴 …………………………………………（108）
三、扩散燃烧和外混式燃料气喷嘴 …………………………………………（109）

四、半预混式燃料气喷嘴 …………………………………………………………（109）
第二节 燃料油的燃烧及燃料油喷嘴 ………………………………………………（109）
一、燃料油的燃烧 ………………………………………………………………（109）
二、燃料油的雾化及油喷嘴 ……………………………………………………（112）
三、燃料油燃烧的稳定性 ………………………………………………………（115）
第三节 配风器 ……………………………………………………………………（116）
第四节 燃烧道和预燃筒 …………………………………………………………（116）
第五节 管式炉用燃烧器 …………………………………………………………（117）
一、设计和选用管式炉燃烧器的注意事项 ……………………………………（117）
二、节能型和环保型燃烧器介绍 ………………………………………………（119）
三、燃烧器对燃料系统的要求 …………………………………………………（120）
第六节 燃烧器的性能与选型 ……………………………………………………（122）
一、燃烧器的分类 ………………………………………………………………（122）
二、燃烧器技术性能 ……………………………………………………………（123）
三、燃烧器的选用原则 …………………………………………………………（123）
四、燃烧器的操作弹性 …………………………………………………………（125）
五、常用燃烧器简图 ……………………………………………………………（125）
第七节 燃烧的污染及控制 ………………………………………………………（128）
一、燃烧器的噪声 ………………………………………………………………（128）
二、燃烧器噪声的控制 …………………………………………………………（129）
第七章 烟气余热预热空气系统 ………………………………………………（132）
第一节 烟气预热空气的方案 ……………………………………………………（132）
一、烟气间接预热空气 …………………………………………………………（132）
二、烟气直接预热空气 …………………………………………………………（133）
第二节 各种空气预热器 …………………………………………………………（133）
一、热油式空气预热器 …………………………………………………………（133）
二、间壁式空气预热器 …………………………………………………………（134）
三、蓄热式空气预热器 …………………………………………………………（138）
第八章 提高管式加热炉热效率 ………………………………………………（140）
第一节 提高热效率的措施 ………………………………………………………（140）
一、结合装置特点综合节能 ……………………………………………………（140）
二、降低排烟温度以减少排烟热损失 …………………………………………（141）
三、降低过剩空气系数以减少排烟热损失 ……………………………………（142）
四、减少不完全燃烧损失 ………………………………………………………（142）
五、减少散热损失 ………………………………………………………………（142）
第二节 低温露点腐蚀 ……………………………………………………………（143）
一、低温露点腐蚀 ………………………………………………………………（143）
二、防止低温露点腐蚀的措施 …………………………………………………（143）
第九章 管式加热炉的控制、使用和维护 ……………………………………（145）
第一节 管式加热炉的控制 ………………………………………………………（145）

一、温度控制 ……………………………………………………………………………………（145）
二、压力控制 ……………………………………………………………………………………（147）
三、进料流量控制 ………………………………………………………………………………（148）
四、燃烧控制 ……………………………………………………………………………………（148）
五、加热炉的联锁报警 …………………………………………………………………………（150）
第二节 管式加热炉的操作 ……………………………………………………………………（151）
一、开车操作要点 ………………………………………………………………………………（151）
二、正常运行操作要点 …………………………………………………………………………（152）
三、停车操作要点 ………………………………………………………………………………（153）
第三节 管式加热炉的维护 ……………………………………………………………………（154）
一、管式加热炉的检修 …………………………………………………………………………（154）
二、燃烧器的故障及处理 ………………………………………………………………………（155）
三、炉管结焦和清焦 ……………………………………………………………………………（156）
四、炉管清灰 ……………………………………………………………………………………（158）
五、炉管损坏和更换 ……………………………………………………………………………（158）
参考文献 ……………………………………………………………………………………（161）

第一章　管式加热炉的基本知识

1. 石油化工生产中的管式加热炉作用是什么？
2. 常见的加热炉有哪些类型？
3. 一般的管式加热炉由哪几部分组成？

在石油化工厂和炼油厂中管式加热炉是重要设备，它是利用燃料在炉膛内燃烧产生高温火焰与烟气作为热源，加热炉管中流动的介质，使其达到工艺操作规定的温度，提供物料化学加工或物理加工所需的热量，保证生产的正常进行。例如，在常减压蒸馏装置中，常压炉就是将原油加热到一定温度(360℃左右)，使之气化从而达到分馏的目的。

管式加热炉最初是作为取代炼油设备“釜式蒸锅”而产生的，它的发明是炼油工业由小处理量、间歇生产转向大处理量、连续生产的标志。近年来，随着石油化学工业的迅速发展，管式加热炉的技术越来越引起人们的重视，它是炼油装置中的主要设备，是乙烯和化肥等石油化工生产装置的“心脏”设备。管式加热炉消耗着大量的能量，石化工艺加热炉的能耗约占整个生产装置能耗的50% ~60%。管式加热炉操作、管理工作的好坏，对炼油和石油化工生产装置实现高产量、高质量、高效率、低能耗、长周期、安全、稳定运转及减轻对环境的污染有着重大意义。

第一节　概　　述

工业生产中，利用燃料燃烧产生的热量将物料(固体、液体和气体)加热，这样的设备叫“工业炉”。如：冶金炉、热处理炉、焚烧炉、蒸汽锅炉等。管式加热炉是石油炼制、石油化工以及其他化工装置中使用的工艺加热炉，因物料是在炉管内流动过程中进行加热，故称管式加热炉。

1910年左右，炼油装置中开始采用管式加热炉，最初的管式加热炉是图1－1所示的堆形炉。由于燃烧器直接装在管束下方，因此各排管子的受热强度极不均匀，当最底一排管受热强度高达50000 ~70000W/m^{2}时，最顶排管子却不到800 ~1000W/m^2，因此底排管常常被烧穿。管子间的联接弯头置于炉中，也易松漏引起火灾。当时认为这是因为辐射热太强了，于是改为纯对流炉，如图1－2所示。

纯对流炉全部炉管都装在对流室内，用隔墙把对流室与燃烧室分开，避免炉管受到火焰的直接冲刷。然而，操作发现炉管受热仍很不均匀，对流室入口处温度高达1000℃，顶排管子经常烧坏。实践证明，在燃烧室内安装一些炉管，一方面可取走部分热量降低烟气温度，解决对流室顶管的过热烧坏问题；同时可利用高温辐射传热强度大的特点，节省炉管，缩小炉子体积。这样，具有辐射室和对流室的管式加热炉开始出现了，初期的代表为箱式炉，如图1－3所示。

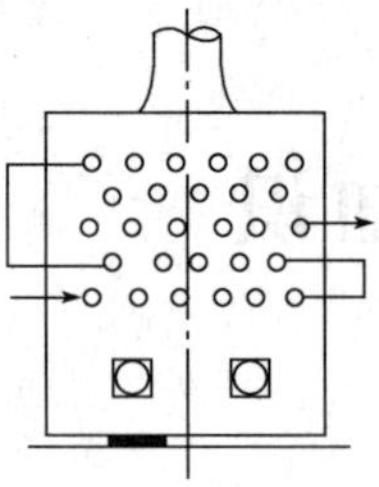

图 1－1　堆形炉

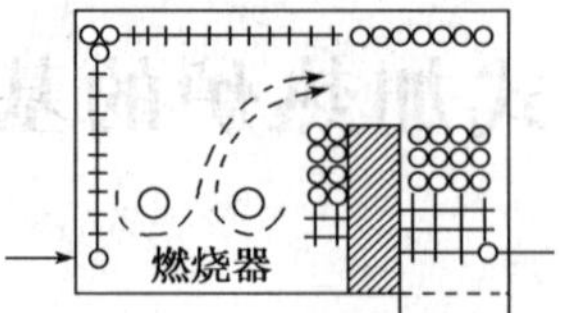

图 1－2　纯对流炉

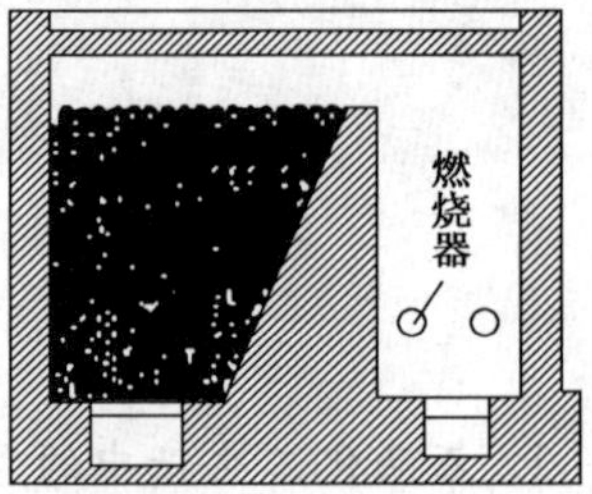

图 1－3　箱式炉

想一想：为什么常用辐射－对流型炉，而不用纯对流型炉？

管式加热炉符合现代炼油和化工生产过程自动化、连续化、大规模的要求，所以加热炉技术发展很快，同时也很大程度推动了炼油和化工行业的发展与进步，管式加热炉的特征：

（1）被加热物质通常都是易燃易爆的烃类物质，危险性大，操作条件苛刻。

（2）炉管加热方式为直接受火式，被加热物质在管内流动。

（3）燃烧液体或气体燃料。

（4）长周期连续运转，不间断操作。

管式加热炉今后的发展方向：大型化、高效化，采用各种型式的余热回收系统以提高炉子的热效率，节约能源，采用集中排烟的高烟囱以降低地面污染，采用大能量燃烧器及长周期运转等。

第二节　加热炉的基本结构

常见的管式加热炉一般由辐射室、对流室、余热回收系统、燃烧器以及通风系统五部分所组成，如图 1－4 所示。

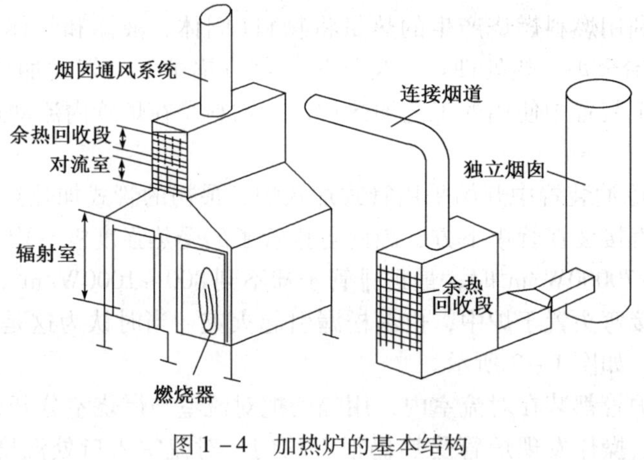

图 1－4　加热炉的基本结构

一、辐射室

加热炉的辐射室有两个作用：一是作燃烧室；二是将燃烧器喷出的火焰、高温烟气及炉墙的辐射热通过炉管传给介质，是炉子热交换的主要场所，全炉热负荷的 70%～80% 是由辐射室担负。辐射室是全炉最重要的部位，这个部位直接受到火焰冲刷，温度最高，必须充分考虑所用材料的强度、耐热性等。烃蒸气转化炉、乙烯裂解炉等炉子反应和裂解过程全都用辐射室来完成，一个炉子性能优劣主要看它的辐射室，辐射室的运行状况直接关系到整个加热炉能否长周期高效运行。

二、对流室

对流室的主要作用：高温烟气以对流的方式将热量传给炉管内的介质。一般担负全炉热负荷的20% ~30%。所谓对流室不过是指对流传热起主要作用的部位，实际上也有一小部分辐射换热。

对流室内密布多排炉管，烟气以较大速度冲刷这些管子，进行有效的对流换热。如果一个加热炉只有辐射室而无对流室的话，则排烟温度很高，造成能量浪费，操作费用增加，经济效益降低，为此，在设计加热炉时，一般都要设计对流室，以便能充分回收烟气中的热量。对流室吸热量的比例越大，全炉的热效率越高。对流室一般都布置在辐射室之上，或与辐射室分开，单独放在地面上。为了提高对流传热效果，多数炉子对流室炉管采用了钉头管和翅片管。

想一想：什么是钉头管和翅片管？

三、燃烧器

燃烧器是炉子的重要组成部分，一般由喷嘴、配风器和燃烧道三部分构成。由于燃烧火焰猛烈，必须选择适宜的火焰与炉管的间距以及燃烧器间的间隔，尽可能使炉膛受热均匀，使火焰不冲刷炉管并实现低氧完全燃烧。

四、余热回收系统

为了从离开对流室的烟气中进一步回收余热而设计了余热回收系统。余热回收方法有两类：一类通过预热燃烧用空气回收余热，这些热量再次返回炉中，称为空气预热方式；另一类是通过加热同炉子完全无关的其他流体回收热量，称为废热锅炉方式。目前，炉子的余热回收系统以采用空气预热方式较多，通常只有高温管式炉（如烃蒸气转化炉、乙烯裂解炉）和纯辐射炉才使用废热锅炉，对这些排烟温度很高的炉子，安设余热回收系统，可使整个炉子的总热效率达到88% ~90%。

五、通风系统

通风系统的任务是将燃烧用空气导入燃烧器，并将废烟气引出加热炉，它分为自然通风方式和强制通风方式。大多数加热炉炉内烟气侧阻力不大，利用安装在炉顶的烟囱的抽力，依靠自然通风的方式足以保证加热炉的正常运行。近年来由于环境保护问题，已开始安设独立于炉群的超高型集合烟囱，这一烟囱通过烟道把若干台炉子的烟气收集起来，从100m的高处排放，以降低地面污染气体的浓度。强制通风方式利用风机强制通风，一般只在炉子结构复杂、炉内烟气侧阻力很大或者设有前述余热回收系统时才采用。

查一查：烟囱的抽力是如何产生的？

第三节　管式加热炉的种类

目前加热炉的分类在国内外没有统一划分方法，习惯上常有两种分类方法：一种是按照炉子的外形来分类；另一种是按照炉子的用途来分类。除此之外，有按炉室数目分类的，如：双室炉、三合一炉、多室炉等；有按传热方式分类的，如：纯对流炉、纯辐射炉、对流－辐射炉等；还有按炉管受热方式分类的，如：单面辐射炉、双面辐射炉等。

一、按外形分类

加热炉按辐射室的外形大致分为四类：箱式炉、立式炉、圆筒炉、大型方炉。箱式炉顾名思义其辐射室为一"箱子状"的六面体，占地面积大。与箱式炉相比，立式炉的辐射室要窄一些，高一些，其两侧墙的间距与炉膛高度之比约为1∶2，占地面积小。圆筒炉、大型方炉的称呼也按同样道理而来。

1. 箱式炉

（1）烟气下行式

基本结构如图1－5所示，燃烧器横烧，烟气越过辐射室和对流室间的隔墙自上而下流经对流室。这种炉型的主要缺点是敷管率(辐射室排有管子的炉壁占辐射室全部炉壁面积的比例)低，炉子体积大，炉管需用合金吊挂，造价贵，需要独立的烟囱等。这是早期的管式炉型式，近来几乎已不采用。

（2）大型箱式炉

按照辐射室炉管的安装方向分为横管大型箱式炉(图1－6)和立管大型箱式炉(图1－7)。这种箱式炉炉膛宽敞，炉膛中间有隔墙，辐射室分成两间，从而大大增加了传热反射面；在炉膛的三个侧面上都安了炉管，炉壁利用率高；对流室和烟囱都放在炉顶，烟气流动的阻力减少。图1－6炉型与图1－7炉型结构基本一样，只是一个为横管一个为立管。图1－6炉型也可将燃烧器改为立烧。它们的优点是只要增加中央的隔墙数目，可在保持炉膛体积发热强度不变的前提下，"积木组合式"地把炉子放大，所以特别适合于大型炉。

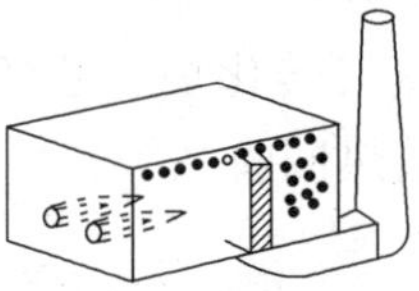

图1－5　烟气下行式

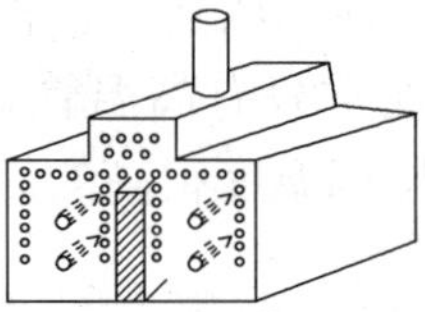

图1－6　横管大型箱式炉

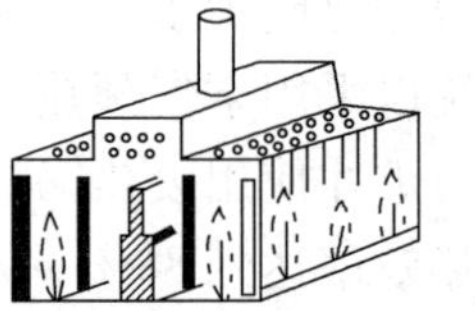

图1－7　立管大型箱式炉

（3）顶烧式

顶烧式(图1－8)的辐射室内，燃烧器和炉管交错排列，单排管双面辐射，炉管沿整个圆周上的热分布要比单面辐射均匀得多，燃烧器顶烧，对流室和烟囱放在地面上。它的缺点是炉子体积大，造价很高，用于单纯加热不经济。目前在合成氨厂常用它作为大型烃蒸气转化炉的炉型，运转良好。

（4）斜顶炉

箱式炉砍去炉膛内烟气流动的死角区域就演变成斜顶炉(图1－9)，虽然它对辐射室的传热均匀性有所改善，但并没有克服箱式炉的其他缺点，占地面积大，构造复杂、金属用量大、造价高等。

箱式炉和斜顶炉是我国20世纪50年代石油化工厂常用的炉型，现在已被逐步淘汰。在20世纪70年代以后，我国各石油化工厂广泛使用的炉型为立式炉、圆筒炉和大型方炉。

2. 立式炉

(1) 底烧横管式

底烧的燃烧器在中央排列，炉管布置在两侧壁，烟气由辐射室、对流室经烟囱一直上行排出(图1-10)，立式炉与箱式炉差不多，只是造型改为立式。燃烧器能量较小，数目较多，间距较小，从而在炉子中央形成一道火焰“膜”，提高了辐射传热的效果。现在使用的立式炉多数采用这一型式。

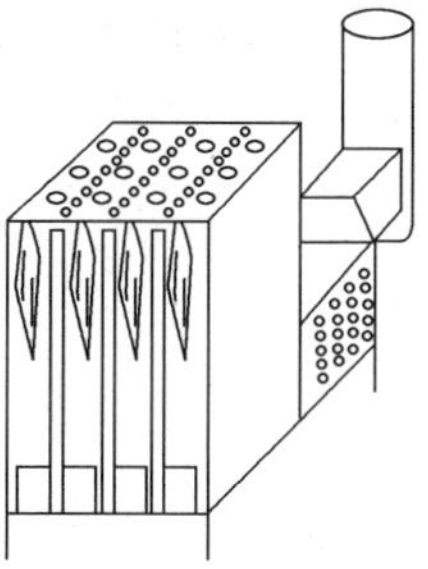

图1-8　顶烧式

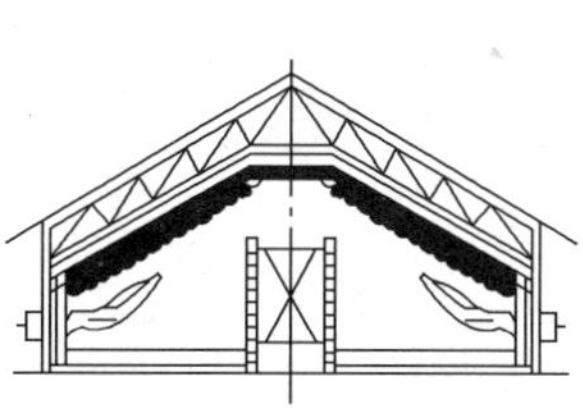

图1-9　斜顶炉

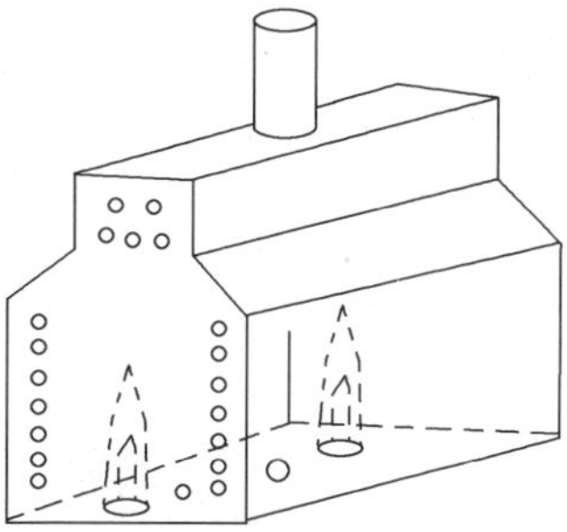

图1-10　底烧横管式

(2) 附墙火焰式

如图1-11所示，一列炉管横排在炉膛中间，火焰附墙而上，将两侧墙壁烧红，使火墙成为良好的热辐射体，提高辐射传热的效果，传热更加均匀，目前已成为高压加氢、焦化等装置的主流炉型。

(3) 环形管立式炉

采用一组弯成倒U形的炉管将燃烧的火焰包围起来，如图1-12所示，这种炉子适用于炉管路数多、要求管内压力降小的场合。随炉子热负荷的增大，U形弯管可以增加到二组甚至三组，大型催化重整的反应器进料加热炉大多采用此类炉型。

(4) 立管立式炉

横管的优点：炉管内气、液流动均匀，不易分离；缺点：高合金钢中间管架用量多，炉外需留出抽管空间，占地面积大。立管立式炉将横管改用立管，节省了合金钢，同时占地面积小，这是我国首创的炉型(图1-13)，热负荷大的加热炉，为了减少占地面积，向高处发展，一般均采用立管立式炉。但辐射管一般较长，燃烧器是底烧的，炉管上下传热不太均匀，辐射管平均热强度较小。

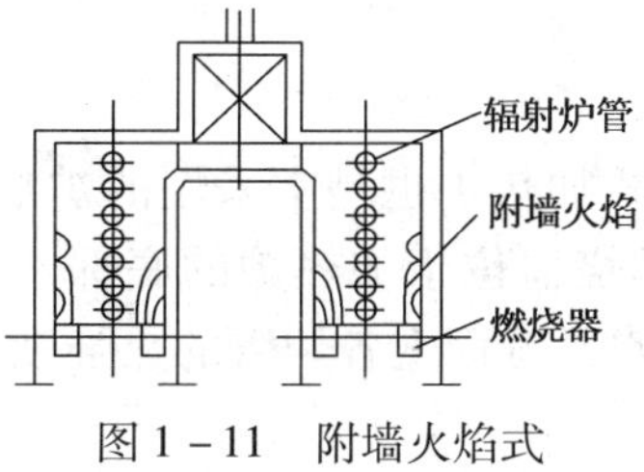

图1-11　附墙火焰式

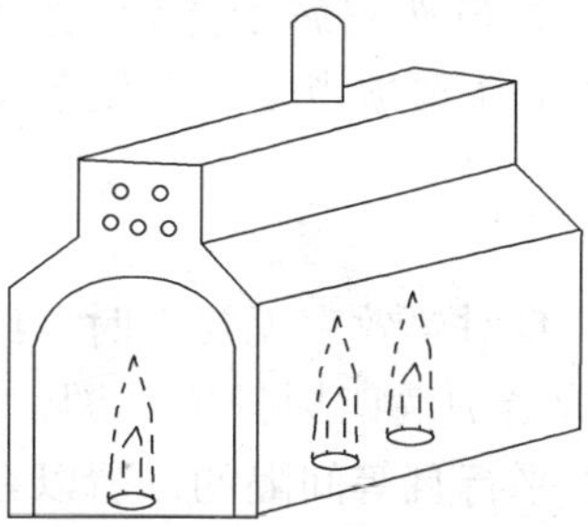

图1-12　环形管立式炉

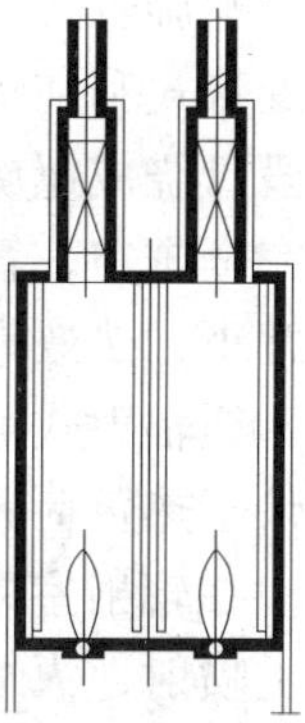

图1-13　立管立式炉

（5）无焰燃烧炉

双面辐射的单排管比单面辐射的单排管传热均匀，如图 1 – 14 所示，在侧壁均匀排布许多小型的气体无焰燃烧器，使整个炉侧壁成为均匀的辐射墙面，辐射传热均匀性显著，可分别调节各区温度，是乙烯裂解和烃类蒸气转化最合适的炉型之一。缺点是只能烧气体燃料，炉子的体积大，型钢用量多，造价昂贵，只有在炉管昂贵时才采用，作为纯加热的炉子非常不经济。

（6）阶梯炉

与无焰燃烧炉相似，阶梯炉也采用单排管双面辐射炉型。为了使整个侧壁成为均匀的辐射墙面，阶梯炉（图 1 – 15）在侧壁的每层阶梯上安装一排能产生扁平附墙火焰的燃烧器。由于所需燃烧器的数量较无焰燃烧炉少，造价也低一些，但加热的均匀程度和分区调节的特性较无焰燃烧炉稍差些。

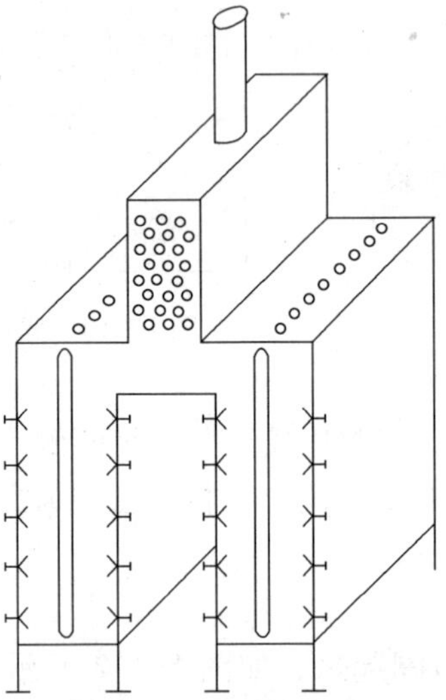

图 1 – 14　无焰燃烧炉

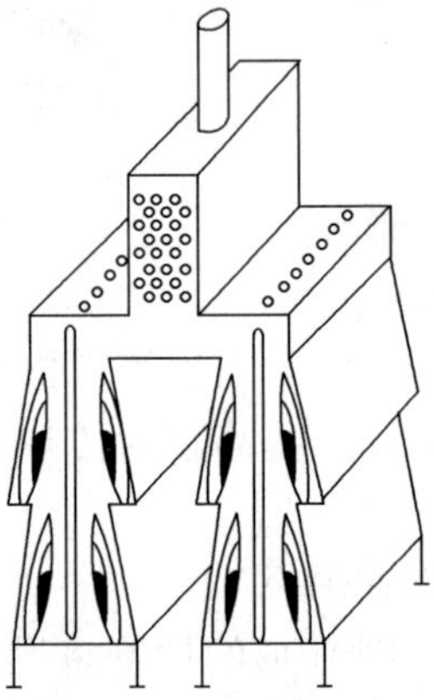

图 1 – 15　阶梯炉

查一查：双面辐射的双排管一定比单面辐射的单排管优越吗？

3. 圆筒炉

圆筒炉具有占地面积小、结构简单、紧凑，设计、制造及施工安装比较方便的特点；炉子的热负荷越小，采用圆筒炉炉型的优越性越突出。因此，我国石油化工厂的中小型炉子大多采用圆筒炉，在加热炉总数中，圆筒炉的数量约占 65%。

（1）螺旋管式

螺旋管式和纯辐射式加热炉是最简单、最便宜的炉子。螺旋管式炉如图 1 – 16 所示，炉管是一段盘绕成螺旋状的细管，虽然它属于立管式炉型，但其管内流动特性更接近于水平管，能完全排空，管内压降小。主要缺点是为了便于盘绕，易于制造，管程数通常为 1，热负荷非常小，热效率低。

（2）纯辐射式

当炉子热负荷非常小，而且对热效率无要求时，纯辐射式加热炉也是常采用的炉型（图 1 – 17）。在辐射室内辐射炉管沿炉墙四周排成一圈，由于燃烧器位于加热炉的底部，火焰竖直向上喷射，火焰是和炉管平行且等间隔的，所以在同一水平截面上各炉管的热强度是均匀分布的，但是每根炉管沿炉长的热强度分布是不均匀的。

(3) 有反射锥的辐射－对流型

为了使每根炉管沿炉高的热强度分布均匀，在辐射室顶部悬挂高铬镍合金钢的辐射锥，如图1－18所示。这种炉型最适于流体进、出炉温升不大时使用，热效率较前述两种高些。但由于辐射锥的材质为高铬镍合金钢，造价较高，容易被燃烧火焰烧损，被燃烧的劣质燃料腐蚀损坏，近年来已不大使用了。

(4) 无反射锥的辐射－对流型

取消反射锥建造较大的炉子，已成为现代立式圆筒炉的主流。但炉子放大以后，炉膛内显得太空，炉膛体积发热强度将急剧下降，为使结构上和经济上更加合理，在大型圆筒炉的炉膛内增添了炉管，如图1－19所示。在对流室水平布置若干排管子，并尽量使用钉头管和翅片管，提高热效率，由于制造及施工简单且造价低，使它成为应用最广泛的炉型。

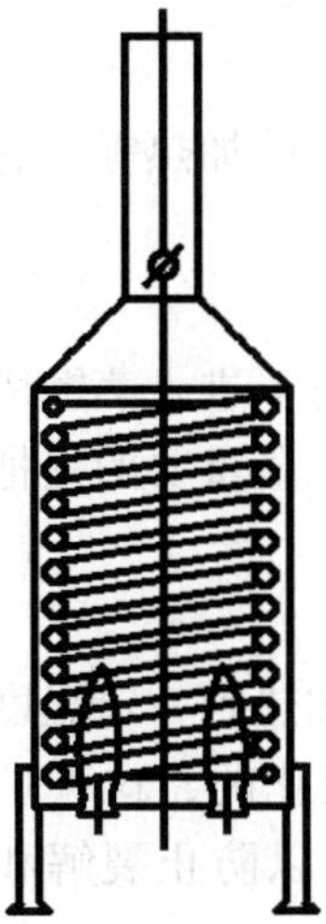

图1－16 螺旋管式

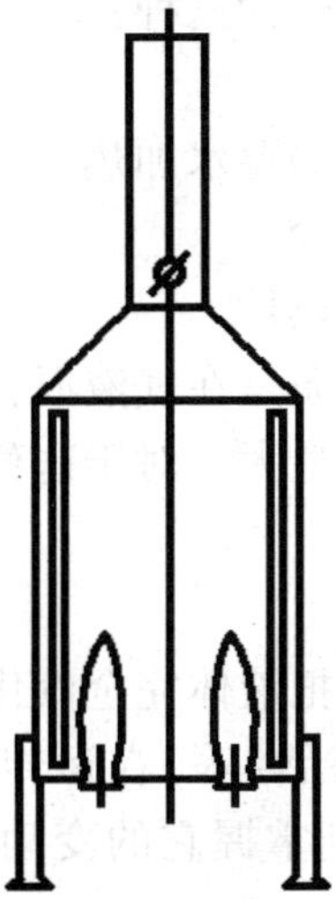

图1－17 纯辐射式

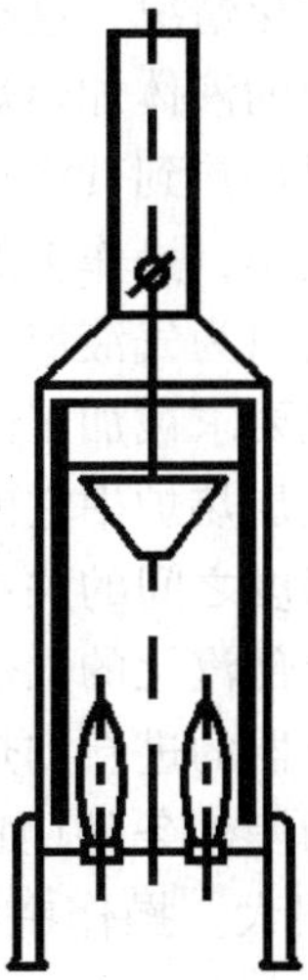

图1－18 有反射锥的辐射－对流型

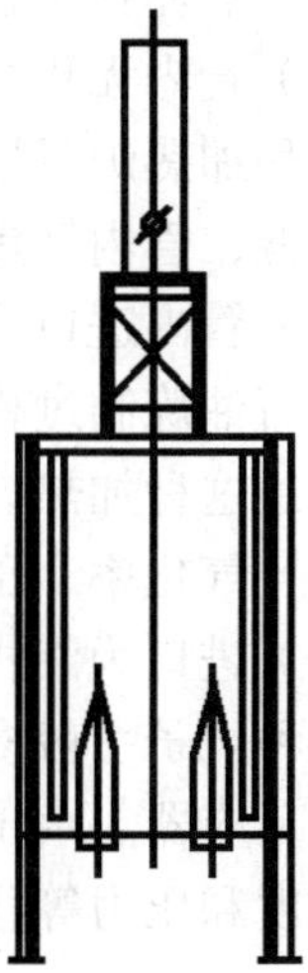

图1－19 无反射锥的辐射－对流型

4. 大型方炉

大型方炉是专为超大型加热炉而开发的，如图1－20所示，这种炉子用两排炉管把炉膛分成若干小间，每间设置一个或两个大容量高强燃烧器。分隔可以沿两个方向进行，称之为“十字交叉”分隔法。它通常把对流室单独放到地面上，或者把几台炉子的烟气汇集起来，送进一个公用的对流室或废热锅炉。这种炉子结构简单，节省占地，便于回收余热，容易实现炉群集中排烟，减轻大气污染。

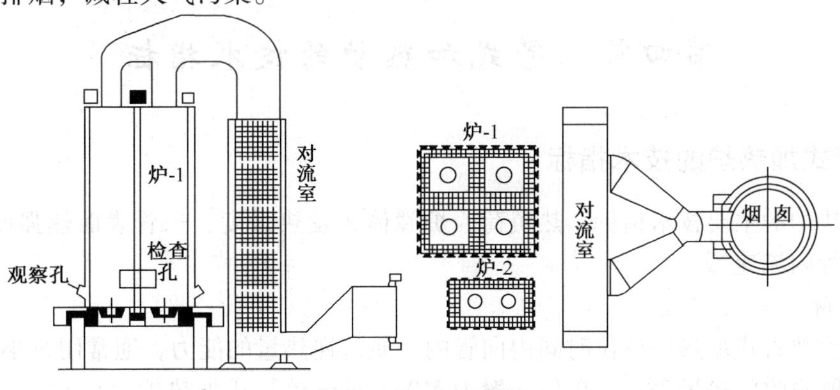

图1－20 大型方炉

二、按用途分类

按用途管式热加炉大致分为以下几类：炉管内进行化学反应的炉子、加热液体的炉子、加热气体的炉子和加热气液混相流体的炉子。

1. 炉管内进行化学反应的炉子

这种炉子介质在炉管内发生吸热化学反应，按复杂程度来说，它代表了加热炉技术的最高水平。按照是否装填催化剂可分为：①炉管内装催化剂的，如烃类水蒸气转化炉。②炉管内不装催化剂的，如乙烯裂解炉。无论其中哪一种，炉子不仅要加热介质，而且要满足介质在管路各段化学反应方面的苛刻要求，如温度和输入热量等。

2. 加热液体的炉子

按照液体在炉管内的相变化情况，这类炉子可分为三种：

（1）管内无相变化，单纯的液体加热炉

这种加热炉只把液体物料加热到其沸点以下，如温水加热、液相热载体加热等。它加热的终温低，管内结焦和腐蚀也小，操作上的问题较少。

（2）管内进口为液相，出口为气液混合相的加热炉

在石油炼制过程中，往往要求被加工的流体介质是在气液混合相状态下进入蒸馏塔，此时多使用这种加热炉。在工艺加热炉中它的使用量最大。对于这种炉子，最重要的是把握住吸热量、气化率、压力降、温度之间的关系。

（3）进口为液相，出口全部汽化的加热炉

这种炉子一般多用于反应器的进料加热炉，它把液体完全汽化，再加热到一定温度，然后送入反应器。由于反应器的操作条件（如催化剂活性等）在运转中是变化的，这种炉子的操作温度和压力等往往变化很大。操作中必须特别掌握它的变动范围，以防止裂解和结焦发生。

3. 加热气体的炉子

这种炉子常用于气体预热、水蒸气的过热等。它多在较高温度下操作，但因为是纯气相，结焦的可能性不大。应该注意的是当气体流量很大、炉管的路数很多时，必须从结构上保证各路均匀，防止偏流。

4. 加热气液混相流体的炉子

这种炉子常用于加氢精制、加氢裂化等装置的反应器进料加热。由于管内流体从炉子入口起就是气液混合相，较纯气体加热炉更难保证各路流量的均匀。

第四节　管式加热炉的技术指标

一、管式加热炉的技术指标

管式加热炉的主要技术指标：热负荷、炉膛体积发热强度、炉管表面热强度、热效率、火墙温度、管内流速等。

1. 热负荷

热负荷反映管式加热炉单位时间内向管内介质传递热量的能力，通常用每小时炉管内被加热的介质所吸收的热量表示，单位一般为 MW。对简单管式加热炉（管内介质入炉状态为

纯液相，出炉状态为气液混相），其热负荷的计算公式为：

$$Q = W_F[eI_V + (1-e)I_L - I_i] \times 10^{-3} + Q' \tag{1-1}$$

式中 Q——加热炉计算总热负荷，MW；

W_F——管内介质质量流量，kg/s；

e——管内介质在炉出口的汽化率,%；

I_V——炉出口温度下介质气相热焓，kJ/kg；

I_L——炉出口温度下介质液相热焓，kJ/kg；

I_i——炉入口温度下介质液相热焓，kJ/kg；

Q'——其他热负荷，MW。

加热炉的设计热负荷 Q 通常为上述计算值 Q 的1.15～1.2倍。

2. *炉膛体积发热强度*

炉膛体积发热强度表示单位体积的炉膛在单位时间里燃料燃烧所发出的热量，即燃料燃烧的总发热量除以炉膛体积，简称为体积热强度，单位一般为 kW/m^3。

$$g_V = \frac{BQ_l}{V} \tag{1-2}$$

式中 g_V——炉膛体积发热强度，kW/m^3；

B——燃料用量，kg/s；

Q_l——燃料的低热值，kJ/kg 燃料；

V——炉膛(或辐射室)体积，m^3。

炉膛大小对燃料燃烧的过程有影响，如果炉膛体积过小，则燃烧空间不够，火焰容易舐到炉管和管架上，炉膛温度也高，不利于长周期安全运行，因此炉膛体积发热强度不允许过大，一般燃油时控制在小于 $125kW/m^3$，燃气时小于 $165kW/m^3$。

3. *炉管表面热强度*

在单位时间、单位面积的炉管表面积所传递的热量叫炉管表面热强度。由于对流室和辐射室传热情况不同，通常分为辐射表面热强度和对流表面热强度。

辐射表面热强度：辐射炉管单位表面积(一般按炉管外径计算表面积)、单位时间内所传递的热量，也称为辐射热通量或热流率，单位为 W/m^2。

应注意辐射表面热强度一般指全辐射室所有炉管的平均值。由于辐射室内各部位受热不一样，不同的炉管以及同一根炉管上的不同位置，实际的局部热强度都很不相同。

对流表面热强度：对流炉管单位表面积、单位时间内所传递的热量，也称为对流热通量或热流率，单位为 W/m^2。

近年来为提高对流传热，对流炉管大量使用了钉头管或翅片管。钉头管或翅片管的对流表面热强度习惯上仍按炉管外径计算表面积，而不计钉头或翅片本身的面积。这样计算出的钉头管或翅片管热强度是一般光管的2倍以上，也就是说，一根钉头或翅片管相当于两根以上光管的传热能力。

4. *热效率*

热效率反映炉子对外界提供能量的有效利用程度，可用式(1-3)表达：

$$\eta = \frac{\text{被加热流体获得的有效热量}}{\text{供给炉子的能量}} \tag{1-3}$$

热效率是衡量燃料消耗、评价炉子设计和操作水平的重要指标。早期加热炉的热效率只有60% ~70%，目前已达到85% ~88%，最新的技术水平已接近92%左右，今后热效率还将不断提高。

根据中国石油化工集团公司标准《石油化工管式炉设计规范》的规定，按长年连续运转设计的管式炉，当燃料中的含硫量等于或小于0.1%时，管式炉的热效率值不应低于表1-1的指标。

表1-1　燃料基本不含硫的管式炉热效率指标

管式炉设计热负荷/MW	<1	1~2	>2~3	>3~6	>6~12	>12~24	>24
热效率/%	55	65	75	80	84	88	90

5. 火墙温度

火墙温度指烟气离开辐射室进入对流室时的温度，它表征炉膛内烟气温度的高低，是炉子操作中重要的控制指标。火墙温度高，说明辐射室传热强度大。但火墙温度过高，则意味着火焰太猛烈，容易烧坏炉管、管板等。从保证长周期安全运转考虑，一般炉子把这个温度控制在约850℃以下(烃类蒸气转化炉、乙烯裂解炉等例外)。

6. 管内流速

流体在炉管内的流速越低，则层流边界层越厚，传热阻力越大，传热速率越小，管壁温度越高，介质在炉内的停留时间也越长，则介质容易在管内结焦，炉管容易损坏。但流速过高又增加管内流动压力降，增加了管路系统的动力消耗。设计炉子时，应在经济合理的范围内取较高流速。

管内流速一般用管内质量流速表示，单位为kg/(m^2·s)，用式(1-4)计算。

$$G_F = \frac{W}{N \times F_0} \tag{1-4}$$

式中　G_F——管内介质的质量流速，kg/(m^2·s)；

W——管内介质质量流量，kg/s；

N——炉管路数；

F_0——单根炉管的流通截面积，m^2。

二、管式炉的炉型选择原则

选择加热炉的炉型要根据具体情况具体分析，以下原则可供参考：

(1) 从结构、制造、投资费用方面考虑，应优先选择辐射室用立管的加热炉。辐射室用立管的优点：炉管的支承结构简单，辐射管架合金钢用量少；管子不承受由自重而引起的弯曲应力；管系的热膨胀易于处理；炉子旁边不需要预留抽炉管所需的空地等。横管在以下特殊情况下使用：被加热介质容易结焦或堵塞，炉管要求用带堵头的回弯头连接，以便除焦或清洗；要求管系能完全排空；管内为气液混相状态，要求流动平稳、可靠等。

(2) 对一般用途的中小负荷炉子，宜优先考虑立式圆筒炉。

(3) 中国石油化工集团公司《石油化工管式炉设计规范》提出：

① 设计热负荷小于1MW时，宜采用纯辐射圆筒炉；

② 设计热负荷为1~30MW时，应优先选用辐射-对流型圆筒炉；

③ 设计热负荷大于30MW时，应通过对比选用炉膛中间排管的圆筒炉、立式炉、箱式或其他炉型；

④ 被加热介质易结焦时，宜采用横管立式炉；
⑤ 被加热介质流量小且要求压降小时，宜采用螺旋管圆筒炉；
⑥ 被加热介质流量大、要求压降小时(如重整炉)，宜采用U形管(或环形管)加热炉；
⑦ 使用材料价格昂贵的炉管，应优先选用双面辐射管排的炉型。

内容提要：

- 加热炉的基本知识
  - 基本结构
    - 辐射室
    - 对流室
    - 燃烧器
    - 余热回收系统
    - 通风系统
  - 分类
    - 按外形分类
      - 箱式炉
      - 立式炉
      - 圆筒炉
      - 大型方炉
    - 按用途分类
      - 管内有化学反应的炉子
      - 加热液体的炉子
      - 加热气体的炉子
      - 加热气液混相的炉子
  - 技术指标
    - 热负荷
    - 炉膛体积发热强度
    - 炉管表面热强度
    - 热效率
    - 火墙温度
    - 管内流速

复习思考：

1. 什么叫管式加热炉？
2. 加热炉为什么要分辐射室和对流室？
3. 什么是加热炉的辐射室？
4. 什么是加热炉的对流室？
5. 什么是燃烧器？
6. 烟囱的作用是什么？
7. 加热炉是如何分类的？
8. 立管立式炉与卧管立式炉有什么不同？
9. 加热炉的辐射室采用立管与水平管各有什么优缺点？
10. 圆筒炉内的反射锥有什么作用？
11. 加热炉的大小是用什么指标来决定的？
12. 什么叫加热炉的热负荷？

13. 什么叫炉管的表面热强度?
14. 什么叫加热炉的体积热强度?
15. 什么是热效率?
16. 火墙温度是指什么温度?
17. 管式加热炉发展的简况及今后发展的方向如何?
18. 目前常用的加热炉有哪几种型式?
19. 为什么小型圆筒炉采用纯辐射炉较多?
20. 目前常用的几种炉子适用的热负荷范围是多大?

第二章　燃料与燃烧计算

1. 燃料油、燃料气的基本性质有哪些？
2. 什么是管式炉的热平衡和热效率？

第一节　燃料的性质

一、燃料油

（1）元素组成

燃料油主要由碳和氢两种元素组成，其余还有硫、氧、氮等元素。氧和氮的含量很少，可以忽略，而硫的含量一般均要给出。元素组成是进行燃料油热工性质计算的基础，而燃料油的元素组成数据一般又很难找到。在这种情况下，可以利用燃料油的相对密度 d_4^{20} 来估算其氢和碳的含量：

$$w_H = 26 - 15d_4^{20} \tag{2-1}$$

$$w_C = 100 - (w_H + w_S) \tag{2-2}$$

式中　w_H、w_C、w_S——分别为燃料油中氢、碳、硫的质量分数。如燃料油中含碳 86%（质量），则 $w_C = 86$。

d_4^{20}——表示 20℃时单位体积的燃料油的质量与 4℃时同体积水的质量之比。

（2）硫分

燃料油中都不同程度地含有硫。按含硫量的多少、燃料油可分为三种，见表 2－1。

表 2－1　含硫燃料油的分类

燃料油	低硫燃料油	含硫燃料油	高硫燃料油
S/%	<0.5	0.5～1.0	>1.0

硫的影响在于它燃烧后生成 SO_2 和 SO_3，他们在不同情况下与灰分反应或在低温下与水生成酸，从而造成炉管堵塞、高温硫腐蚀、露点腐蚀及大气污染等。

（3）灰分

燃料油的灰分一般小于 0.2%，其中包括钠、镁、钒、镍、铁、硅等及少量其他金属化合物。灰分对管式炉能造成积灰堵塞、高温腐蚀和耐火砖的侵蚀等危害。尤其是其中的钒和碱金属，燃烧后生成 V_2O_5 及碱金属硫酸盐（Na_2SO_4、$MgSO_4$、$CaSO_4$），其危害最大。

（4）水分

含水燃料油在罐中预热到 100℃时会造成冒罐事故（突沸）。燃料油含水（水成非乳化状态）会使火焰脉动、间断甚至熄火。一般燃料油含水 3% 就会使燃烧不稳定，含水 5% 就会造成燃烧中断，因此燃料油在供给燃烧器之前应进行充分脱水，水分应控制在 2% 以下。

（5）机械杂质

燃料中的机械杂质含量为 0.1% ～2%。炼油厂管式炉有的烧一部分污油，其机械杂质含量较高。新开工装置，管线中的焊渣、砂石、焦块等也混入燃料油中，使机械杂质(特别是大颗粒的机械杂质)增加。机械杂质易造成燃烧器喷孔、阀门的堵塞和磨损。因此燃料在供给燃烧器前应经过严格的过滤。

(6) 残炭

燃料油的黏度愈大，胶质和沥青质愈多，残炭值也就愈高，这是一般规律。重质燃料油的残炭值在10% ~13%之间。在燃烧器连续使用时，残炭一般不会造成什么坏影响，但当使用蒸汽雾化或常因熄火而停运时，残炭往往易在燃烧器喷口积炭结焦，造成雾化不良，影响燃烧，严重时还会造成火焰偏斜和淌油等。

(7) 相对密度和密度

燃料油的相对密度是指其单位体积的质量与标准温度下同体积水的质量之比。相对密度 d_4^{20} 表示20℃时单位体积的燃料油的质量与4℃同体积水的质量之比。

燃料油的密度表示单位体积燃料油的质量。20℃时燃料油的密度用 ρ_{20} (kg/m^3) 表示。温度 t℃时的密度用 ρ_t (kg/m^3) 表示。ρ_t 与 ρ_{20} 之间有以下关系：

$$\rho_t = \frac{\rho_{20}}{1 + \beta_t (t - 20)} \tag{2-3}$$

式中 ρ_{20}——20℃时燃料油的密度，kg/m^3；

ρ_t——t℃时燃料油的密度，kg/m^3；

β_t——燃料油的体积膨胀系数，$m^3/(m^3 \cdot K)$，$\beta_t = 0.0025 - 0.002 d_4^{20}$。

(8) 黏度

燃料油的黏度是对其流动阻力的量度，它表征燃料油输送和雾化的难易程度。常用的有动力黏度、运动黏度和各种条件黏度。

动力黏度的单位是 $Pa \cdot s$ 或 $N \cdot s/m^2$。

运动黏度的单位是 m^2/s。

运动黏度与同温度下流体的密度的乘积，即为动力黏度：

$$\mu = \nu \cdot \rho \tag{2-4}$$

式中 μ——动力黏度，$Pa \cdot s$；

ν——运动黏度，m^2/s；

ρ——密度，kg/m^3。

想一想：什么是运动黏度？

(9) 闪点、燃点及自燃点

闪点是在大气压力下，燃料油蒸气和空气混合物在标准条件下接触火焰，发生短促闪火现象时油品的最低温度，用以表明燃料油着火的难易。其测定方法有开口杯法和闭口杯法两种。闭口杯法测定的闪点一般比开口杯法测定的闪点低30 ~40℃。

在无压系统(非密闭系统)中加热燃料油时，其加热温度不应超过闪点，一般应低于闪点10℃，以免发生火灾。在压力系统(密闭系统)中则不受此限，可加热到燃烧器要求的黏度所相应的温度。

在大气压力下，燃料油加热到所确定的标准条件时，燃料油的蒸气和空气的混合物与火焰接触即发火燃烧，且燃烧时间不少于5s，此时的最低温度成为燃点。一般油品的燃点比闪点略高。

自燃点是指燃料油缓慢氧化而开始自行着火燃烧的温度。自燃点的高低主要取决于燃料油的化学组成，并随压力而改变，压力越高，油质越重，自燃点就越低。值得指出的是，重质燃料油的自燃点比轻质油的自燃点要低得多。例如，汽油在空气中的自燃点为510～530℃，而减压渣油的自燃点只有230～240℃. 炼油厂有些装置用略经换热的减压渣油（200～260℃）作为管式炉的燃料油，如果燃烧器或阀门等泄漏，容易引起火灾。炼油厂管式炉一般使用的热风也在200～250℃之间，如果燃烧器漏油流入风道也容易造成风道着火，甚至造成风道烧坏的事故。

（10）凝点和倾点

凝点是燃料油丧失流动能力时的温度，即燃料油在倾斜45°的试管里，经过5～10s尚不流动时的温度。国外有用倾点来表示燃料油流动性的，倾点是燃料油在标准试验条件下刚能流动的温度。凝点加2.5℃即为倾点的数值。

燃料油的密度愈大，石蜡含量愈高，则凝固点也愈高。一般说来，温度在凝点以上，燃料油才能自流到泵入口或从管中流出，因此，它对燃料油的装卸，加热及输送系统的设计都有影响。

（11）安定性

重质燃料油的安定性指的是沉淀物析出倾向。燃料油中的碳、沥青和水分相结合形成油泥状沉淀物。这些沉淀物不仅可能使过滤器堵塞，而且还会附着在燃烧器喷头上，妨碍燃烧的正常进行。

（12）比热容

燃料油的比热容是1kg燃料油升高1℃所需的热量。其值随温度和密度而变化。重质燃料油的比热容 c_f 可以根据其平均温度 t_f 用式(2－5)计算：

$$c_f = 1.74 + 0.0025 t_f \quad \text{kJ/(kg·K)} \tag{2-5}$$

式中 c_f——重质燃料油的比热容，kJ/(kg·K)；

t_f——重质燃料油的平均温度，℃。

作近似计算时，重质燃料油的比热容可取为2.1kJ/(kg·K)。

（13）导热系数

无水重质燃料油在温度 t℃时的导热系数 λ_t 可按式(2－6)计算：

$$\lambda_t = \lambda_{20} - \beta(t - 20) \quad \text{kJ/m·h·K} \tag{2-6}$$

式中 λ_{20}——20℃时燃料油的导热系数，kJ/m·h·K；

λ_t——t℃时燃料油的导热系数，kJ/m·h·K；

β——系数，见表2－2。

表2－2 燃料油50℃时的黏度及参数

燃料油50℃时的黏度/°E	≤100	>100
λ_{20}/[kJ/(m·h·K)]	0.528	0.569
β	0.00046	0.00075

二、燃料气

（1）组成

燃料气中的可燃质包括 H_2、CO、H_2S 和 C_1～C_5 烃类气体等，还可能含有或多或少的

N_2、O_2、CO_2、SO_2 等，其含量一般用体积百分率表示。燃料气理化性质和热工性质都可按各组成的体积百分数和各组分的性质计算得到。

（2）密度和相对密度

每立方米燃料气的质量叫燃料气的密度。燃料气可近似地看作理想气体，其非标准状态下的密度可由标准状态下的密度和所处的温度压力来计算。

$$\rho_0 = \sum X_1 \rho_{0i} \tag{2-7}$$

$$\rho_{tp} = \rho_0 \frac{273(101.32+p)}{(273+t)101.32} \tag{2-8}$$

式中 ρ_0——燃料气在标准状态下的密度，kg/Nm^3；

ρ_{tp}——燃料气在温度 t 和压力 p 下的密度，kg/m^3；

X_i——单一气体在燃料气中所占的体积分数，例如，H_2 占 50%，则 $X_{H_2}=0.5$；

ρ_{0i}——单一气体在标准状态下的密度，kg/Nm^3；

t——温度，℃；

p——压力，kPa。

标准状态下，一立方米燃料气的质量与同体积空气质量之比，叫做燃料气的相对密度，用 S 表示：

$$S = \frac{\rho_0}{1.293} \tag{2-9}$$

式中 ρ_0——燃料气在标准状态下的密度，kg/Nm^3；

S——燃料气的相对密度。

（3）平均相对分子质量和气体常数

$$M = \sum x_i M_i \quad 或 \quad M = 22.4\rho_0 \tag{2-10}$$

$$R = \frac{848}{M} \quad 或 \quad R = \frac{37.86}{\rho_0} \tag{2-11}$$

式中 M——燃料气的平均相对分子质量；

M_i——各单一气体的相对分子质量；

R——气体常数，kg·m/kg·℃；

x_i——各单一气体的摩尔分数。

（4）平均容积比热容

$$c_{vf} = \sum x_i c_{vi} \tag{2-12}$$

式中 c_{vf}——燃料气的平均容积比热容，$kJ/Nm^3 \cdot ℃$；

c_{vi}——单一气体的平均容积比热容，$kJ/Nm^3 \cdot ℃$；

x_i——各单一气体的摩尔分数。

第二节 燃烧计算

一、热工性质

1. 燃料油

（1）发热量

燃料的发热量是燃料定温完全燃烧时的热效应，即最大反应热。按燃烧产物中水蒸气所处的相态(液态还是气态)有高、低发热量之分。当燃烧产物中的水蒸气(包括燃料中所含水分生成的水蒸气和燃料中氢燃烧时生成的水蒸气)凝结为水的反应热，叫高发热量。燃料油的高发热量可用“氧弹”法测得。当燃烧产物中的水蒸气仍以气态存在时的反应热叫低发热量。它等于从高发热量中扣除水蒸气凝结热后的热量。由于管式炉的排烟温度远超过水蒸气的凝结温度，为避免低温腐蚀和结垢堵塞问题，管式炉的排烟温度也不大可能降到水蒸气凝结温度，因此管式炉的热平衡和热效率计算中均采用低发热量。

燃料油的发热量可按其元素组成计算：

$$Q_H = 339w_C + 1256w_H + 109(w_S - w_O) \tag{2-13}$$

$$Q_l = 339w_C + 1030w_H + 109(w_S - w_O) - 25w_{H_2O} \tag{2-14}$$

式中 Q_H——燃料油的高发热量(亦称高热值)，kJ/kg；

Q_l——燃料油的低发热量(亦称低热值)，kJ/kg；

w_C、w_H、w_O、w_S、w_{H_2O}——燃料油中碳、氢、氧、硫和水分的质量分数，如碳含量为86%，则 $w_C = 86$。

燃料油的元素组成一般不易得到，这时可用式(2-15)估算出无水燃料油的低发热量。

$$Q_l = 51874 - 10362d_4^{20} - 230w_S \tag{2-15}$$

(2) 空气量

在有元素分析数据的情况下，按可燃元素燃烧反应的化学平衡式和空气的质量百分组成(O_2 23.2%，N_2 76.8%)，推导出燃料油燃烧所需的理论空气量计算式：

$$L_0 = \frac{2.67w_C + 8w_H + w_S - w_O}{23.0} \tag{2-16}$$

$$V_0 = L_0/1.293 \tag{2-17}$$

式中 L_0——理论空气量，kg 空气/kg 燃料；

V_0——理论空气量，Nm^3 空气/kg 燃料。

在没有元素分析的情况下：

$$L_0 = 17.48 - 3.45d_4^{20} - 0.072w_S \tag{2-18}$$

(3) 烟气量

1kg 燃料油燃烧后产生的烟气量，包括燃料本身重、实际空气量和雾化蒸汽量：

$$G_g = 1 + L + w_S \tag{2-19}$$

式中 G_g——烟气量，kg 烟气/kg 燃料；

w_S——雾化蒸汽量，kg 蒸汽/kg 燃料。

在管式炉设计计算中，根据所用燃烧器的种类，一般可按下列值选取 w_S：

内混式蒸汽雾化 $w_S = 0.3 \sim 0.5$ (2-20)

Y 型蒸汽雾化 $w_S = 0.03 \sim 0.1$ (2-21)

(4) 烟气组成

烟气有二氧化碳(CO_2)、二氧化硫(SO_2)、水蒸气(H_2O)、氧(O_2)和氮(N_2)等组成。各组分的含量按下列各式计算：

$$G_{CO_2} = \frac{44}{12} \cdot \frac{w_C}{100} = 0.0367w_C \quad \text{kg/kg 燃料} \tag{2-22}$$

$$G_{SO_2} = \frac{64}{32} \cdot \frac{w_S}{100} = 0.02w_S \quad \text{kg/kg 燃料} \tag{2-23}$$

$$G_{H_2O}=\frac{18}{2}\cdot\frac{w_H}{100}\cdot\frac{w_{H_2O}}{100}+w_S=0.09w_H+0.01w_{H_2O}+w_S \quad \text{kg/kg 燃料} \tag{2-24}$$

$$G_{O_2}=0.232L_o(\alpha-1) \quad \text{kg/kg 燃料} \tag{2-25}$$

$$G_{N_2}=0.768\alpha L_o \quad \text{kg/kg 燃料} \tag{2-26}$$

而

$$G_g=G_{CO_2}+G_{SO_2}+G_{H_2O}+G_{O_2}+G_{N_2} \quad \text{kg 烟气/kg 燃料} \tag{2-27}$$

(5) 烟气相对分子质量和密度

烟气的公斤分子数 M_g 为:

$$M_g=\frac{G_{CO_2}}{44}+\frac{G_{SO_2}}{64}+\frac{G_{H_2O}}{18}+\frac{G_{O_2}}{32}+\frac{G_{N_2}}{28} \quad \text{kg·mol 烟气/kg 燃料} \tag{2-28}$$

烟气的平均相对分子质量 M 为:

$$M=\frac{G_g}{M_g} \tag{2-29}$$

标准状态下的烟气密度:$\rho_{go}=\frac{G_g}{22.4M_g}$ kg/Nm³ 烟气

t℃下的烟气密度:

$$\rho_{gt}=\frac{273}{283+t_g}\rho_{go} \quad \text{kg/m}^3\ \text{烟气} \tag{2-30}$$

(6) 烟气热焓和比热容

当基准温度为 t_b℃时,t_g℃时烟气各组分的热焓可用式(2-31)计算:

$$\begin{aligned}I_i=&A\times10^{-2}(t_g-t_b)+1.8B\times10^{-4}[(t_g+273.16)^2-(t_b+273.16)^2]+\\&3.24C\times10^{-6}[(t_g+273.16)^3-(t_b+273.16)^3]+\\&0.3087D\times10^2\left[\frac{1}{t_g+273.16}-\frac{1}{t_b+273.16}\right]\end{aligned} \tag{2-31}$$

式中的计算系数 A、B、C、D 列于表 2-3。

表 2-3 计算系数 *A*、*B*、*C*、*D* 之值

气 体	*A*	*B*	*C*	*D*
氧(O_2)	82.714	1.041	-0.011	78.972
氢(H_2)	1429.145	-0.734	0.098	-542.466
水蒸汽(H_2O)	170.955	1.537	0.003	144.125
氮(N_2)	99.225	0.409	0.002	65.326
二氧化碳(CO_2)	58.621	2.806	-0.037	-35.896
二氧化硫(SO_2)	46.499	1.772	-0.025	2.842

烟气的热焓 I_g 为:

$$I_g=G_{CO_2}I_{CO_2}+G_{SO_2}I_{SO_2}+G_{H_2O}I_{H_2O}+G_{O_2}I_{O_2}+G_{N_2}I_{N_2} \quad \text{kJ/kg} \tag{2-32}$$

烟气的比热容 C_g 为:

$$C_g=\frac{I_g}{t_g} \quad \text{kJ/kg·℃} \tag{2-33}$$

(7) 理论燃烧温度

燃料在理论空气量下完全燃烧所产生的热量全部被烟气所吸收时,烟气所达到的温度叫

理论燃烧温度 t_{max}。燃料完全燃烧所产生的热量为其低热值及燃料(Q_s)、空气(Q_k)和雾化蒸汽(Q_r)所带入的显热之和，即：

$$I_{gtmax} = Q_l + Q_s + Q_k + Q_r \tag{2-34}$$

故：

$$t_{max} = \frac{Q_l + Q_s + Q_k + Q_r}{c_{gtmax}} \approx t_k + \frac{Q_l}{c_{gtmax}} \tag{2-35}$$

$$Q_k = LI_k \tag{2-36}$$

式中 Q_k——空气显热，kJ/kg 燃料。

在工业的实际生产中，燃料都是在一定的过剩空气量下燃烧的，并且一边燃烧一边散热(被吸热面吸收或散失于大气)，因此实际火焰的最高温度要比理论燃烧温度低得多。

2. 燃料气

(1) 发热量(热值)

燃料气的低热值由式(2-37)可求得：

$$Q_l = \sum X_i Q_{li} \tag{2-37}$$

式中 Q_l——燃料气低热值，kJ/Nm^3 燃料气；

Q_{li}——单一气体的低热值，kJ/Nm^3。

按质量计算的燃料气低热值：

$$Q_l = \sum Y_i Q_{li} \tag{2-38}$$

式中 Q_l——燃料气低热值，kJ/Nm^3 燃料气；

Y_i——单一气体的质量分数，如 H_2 占 2%，则 $Y_{H_2}=0.02$；

Q_{li}——单一气体的低热值，kJ/Nm^3。

(2) 空气量

燃料气的理论空气量和实际空气量按下列各式计算：

$$V_0 = \sum X_i V_{0i} \quad 或 \quad L_0 = \frac{1.293 V_0}{\rho_0} = \sum Y_i L_{0i} \tag{2-39}$$

$$V = \alpha V_0 \quad 或 \quad L = \alpha L_0 \tag{2-40}$$

式中 $V_{0i}(L_{0i})$——单一气体的理论空气量，Nm^3 空气/Nm^3(kg 空气/kg)；

V_0、V——燃料气的理论空气量和实际空气量，Nm^3 空气/Nm^3；

L_0、L——燃料气的理论空气量和实际空气量，kg 空气/kg。

(3) 烟气组成

燃料气燃烧后的烟气中各组分的质量为：

$$w_{CO_2} = \sum Y_i \alpha_i + w_{CO_2} \quad \text{kg/kg 燃料气} \tag{2-41}$$

$$w_{H_2O} = \sum Y_i b_i \quad \text{kg/kg 燃料气} \tag{2-42}$$

$$w_{CO_2} = 1.88 w_{H_2S} \quad \text{kg/kg 燃料气} \tag{2-43}$$

$$w_{N_2} = 0.768 \alpha L_0 + w_{N_2} \quad \text{kg/kg 燃料气} \tag{2-44}$$

$$w_{O_2} = 0.232(\alpha - 1) L_0 + w_{O_2} \quad \text{kg/kg 燃料气} \tag{2-45}$$

式中 w_{CO_2}、w_{H_2S}、w_{N_2}、w_{O_2}——分别为燃料气中二氧化碳、硫化氢、氮和氧的质量分数；

α_i、b_i——计算系数。

(4) 烟气热焓 I_g(kg/kg 燃料气)

$$I_g = \sum W_i I_i \tag{2-46}$$

式中 W_i——烟气中各组分的质量，kg/kg 燃料气；

I_i——烟气中各组分的热焓。

(5) 烟气量

$$W_g = \sum W_i \quad \text{kg/kg 燃料气} \tag{2-47}$$

燃料气燃烧产生的烟气的相对分子质量、密度、比热容及理论燃烧温度等计算方法与燃料油相同，这里不再重复。

二、炼油厂常用的燃料油、燃料气

1. 炼油厂常用燃料油

炼油厂常用的燃料油都是厂内自产的重质油，如减压渣油、常压重油、裂化残油及其他装置的残渣油等；用得最多的是减压渣油。这些油品并不符合商品燃料油的规定，并且随加工方案和操作条件不同其性能也有变化。

2. 炼油厂常用燃料气

炼油厂管式炉常用的燃料气是炼油厂各装置的副产气，其成分和性质随原油性质、加工方案、操作条件等的变化而有很大的差别。其主要成分是 H_2 和 $C_1 \sim C_5$ 的烃类气体。产气量较大的炼油装置有催化裂化、热裂化、焦化和催化重整等装置。

第三节　管式炉的热平衡和热效率

过去习惯上使用一个很简单的公式来计算炉子效率，即：

$$\eta = 1 - q_1 - q_2 - q_3 - q_4 \tag{2-48}$$

式中 q_1——排烟热损失，%；

q_2——化学不完全燃烧热损失，%；

q_3——机械不完全燃烧热损失，%；

q_4——炉墙散热损失，%。

用上述公式计算时，没有包括由外界提供给炉子的电和功(如风机的耗电量)，因而算出的效率 η 还不是一个衡量全炉“能量”利用水平的综合指标，而只反映了“热量”被炉子有效利用的程度。

一、热平衡

1. 热平衡通式

热平衡是计算管式炉热效率的基础，也是考察管式炉体系热能分布、流向和利用水平的重要手段。对于连续生产的管式炉，根据能量守恒定律，在稳定状态下有下列关系式：

单位时间的输入能量 = 单位时间的输出能量

或

$$Q_{GG} = Q_{YX} + Q_{SS} \tag{2-49}$$

式中 Q_{GG}——单位时间的供给能量，MW；

Q_{YX}——单位时间的有效能量，MW；

Q_{SS}——单位时间的损失能量，MW。

2. 热平衡体系的划分

为进行热平衡计算而划分的范围，叫做热平衡体系。体系划分范围不同，热平衡计算所包括的项目也不同，在此基础上计算的热效率也不相同。只有对管式炉体系划分的范围作出明确规定，才能使各炉的热效率具有相互比较的共同基础。体系范围的划定主要取决于评价对象、测试目的和要求。划分体系范围时，应该考虑整个体系的收入和支出项目尽可能地少，同时所有项目的测量应是简单可行的。循环使用的能量和本体系中回收使用的能量应力求包括在体系范围之内，这样可以减少测量项目，提高测试精度。根据这些原则，常见的管式炉及其余热回收系统的体系划分如图 2－1 所示。

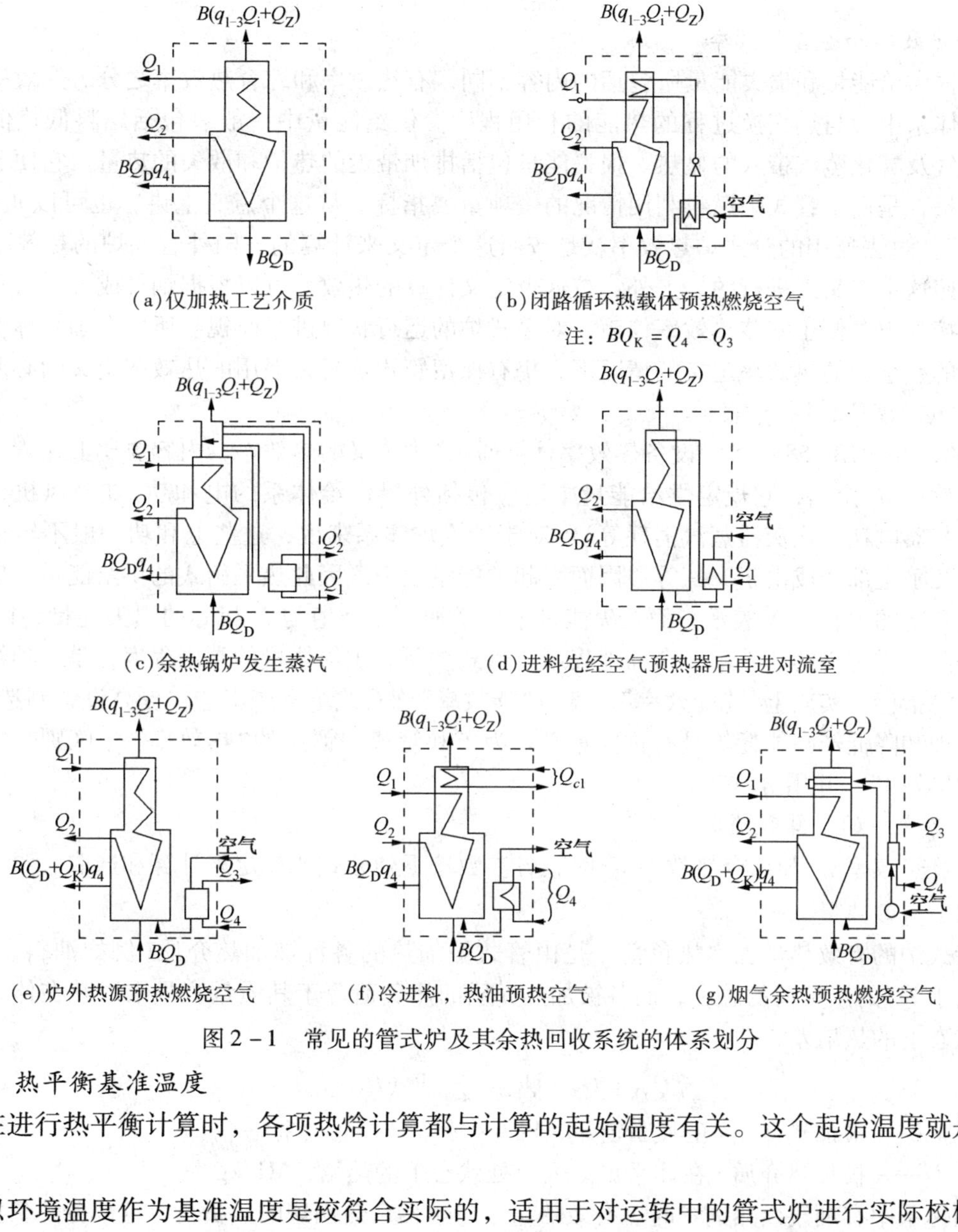

(a)仅加热工艺介质

(b)闭路循环热载体预热燃烧空气

注：$BQ_K = Q_4 - Q_3$

(c)余热锅炉发生蒸汽

(d)进料先经空气预热器后再进对流室

(e)炉外热源预热燃烧空气

(f)冷进料，热油预热空气

(g)烟气余热预热燃烧空气

图 2－1　常见的管式炉及其余热回收系统的体系划分

3. 热平衡基准温度

在进行热平衡计算时，各项热焓计算都与计算的起始温度有关。这个起始温度就是基准温度。

以环境温度作为基准温度是较符合实际的，适用于对运转中的管式炉进行实际校核。但是，环境温度是一个变量，用于设计炉子或对全国各地同类炉子进行热效率比较时，又会产生困难。在这种情况下还是以某一固定的温度（如 15.6℃或 0℃）为基准温度较为方便。

二、热效率

1. 热效率计算通式

管式炉的热效率是指为达到规定的加热目的，供给能量利用的有效程度在数量上的表示。即有效能量对供给能量的百分数。

$$\eta = \frac{Q_{YX}}{Q_{GG}} \times 100 \quad (正平衡) \tag{2-50}$$

或

$$\eta = \left(1 - \frac{Q_{SS}}{Q_{GG}}\right) \times 100 \quad (反平衡) \tag{2-51}$$

2. 热效率和综合热效率

根据供给能量和损失能量所包括的内容不同，有热效率和综合热效率之分。热效率表示管式炉体系中参与热交换过程的热能的利用程度。供给能量中一般只包括燃料低热值和燃料、空气及雾化蒸汽带入的显热。损失能量包括排烟带走的热量和散失的热量。它便于计算燃料耗量，是衡量管式炉燃料利用情况的一项重要指标。从这个意义上讲，也可以叫做“燃料效率”。过去通用的管式炉热效率就是按照这个定义来计算的。国外管式炉的热效率计算也是按照这个定义来进行的。另外，按这个定义计算的热效率可以根据烟气成分分析和排烟温度直接算出，便于安装热效率仪表，对管式炉的运行状况进行监视。所以在国家标准给出了广义的、全面的热效率定义的情况下，仍有保留管式炉过去惯用的热效率定义的必要，并命名为“热效率”，用 η_1 表示。

国家标准 GB 2588—81《设备热效率计算通则》中定义的热效率，内容要比上述管式炉常用的热效率 η_1 全面，它规定供给能量中还应包括外界供给体系的电和功(如鼓风机、引风机和吹灰器电耗、吹灰器蒸汽消耗等)。对于管式炉体系来说，这些电和功一般不转换成有效能，几乎全部变成由于摩擦等原因而引起的能量损失。因此热平衡式的供给能量中应增加表示电和功的项，用 N 表示，而损失能量中也增加一项数值与 N 相等的损失能量，以 N' 表示。按照这样定义的热效率，全面地表示了管式炉所有供给能量的利用程度，是一项综合的技术经济指标，实质上是“能效率”。衡量“能效率”，对改革生产工艺，提高设备制造水平、改善管理和降低产品能耗等具有重要意义。为了和管式炉惯用的“热效率” η_1 区别，命名为“综合热效率”，并用 η_2 表示。

3. 各参数的计算和确定

计算热效率 η_1 和综合热效率 η_2 时，各参数按下列公式或规定来计算和选取。

(1) 有效热量

管式炉的有效热量也称热负荷，是由管式炉加热的各种被加热介质(例如油料、蒸汽、锅炉给水等)的热负荷的总和，而各被加热介质的热负荷等于其质量流量乘以其在体系出入口处状态下的热焓差，即：

$$Q_{YX} = Q_2 - Q_1 = \sum W_i (I_{iZ} - I_{i1}) \tag{2-52}$$

式中 W_i——被加热介质 i 的质量流量，kg/s；

I_{iZ}、I_{i1}——被加热介质 i 在体系出、入口处状态下的热焓，MJ/kg。

当体系中有烟气余热锅炉时，有效热量中应包括余热锅炉的热负荷。这部分热负荷虽然可以按式(2-48)计算，由水或蒸汽等介质的焓升求出，但更方便的方法是计算烟气进入和离开余热锅炉时的焓降，即：

$$Q_2' - Q_1' = BQ_1(q_c - q_1) \tag{2-53}$$

式中　q_c、q_1——烟气进入和离开预热锅炉的热焓与燃料低热值之比。

当被加热介质在体系中有吸热化学反应时，其反应热也应计入有效热量。

对于一个确定体系，无论是热效率 η_1，还是综合热效率 η_2，其有效热的计算都是一样的。

（2）供给热量

热效率 η_1 和综合热效率 η_2 的供给热量是不相同的。对于热效率 η_1，其供给热量一般包括下列各项中的一项或几项：①燃料低发热值 Q_1；②燃料带入体系的显热；③雾化蒸汽带入的显热；④燃烧空气带入的显热；⑤被加热介质在体系中有放热化学反应时的反应热等。

由于管式炉在目前和将来的一段较长时间内，不能将排烟温度降到水蒸气凝结温度以下，水蒸气的汽化潜热不能被利用，因此热效率计算中采用燃料的低热值，而不采用高热值等。

热效率 η_1 中的供给热量按式(2-54)计算：

$$Q_{GG} = B(Q_D + Q_K) \tag{2-54}$$

其中

$$Q_D = Q_1 + (I_{rt} - I_{rtb}) + W_s(I_{st} - 2.512) \tag{2-55}$$

式中　B——燃料用量，kg/s；

Q_D——燃料低热值和显热及雾化蒸汽显热之和，MJ/kg 燃料；

I_{rt}、I_{rtb}——燃料在体系入口处和基准温度下的热焓，MJ/kg。燃料气带入的显热一般很小，这一项可忽略不计；

I_{st}——雾化蒸汽在体系入口处状态下的热焓，MJ/kg；

2.512——基准温度下饱和蒸汽的热焓的大约值，MJ/kg 汽。国标 GB 2588 规定雾化蒸汽带入或带出体系的热量均为蒸汽焓减去基准温度下水的焓，即包括了汽化潜热。但由于管式炉中水蒸气的汽化潜热还不能利用，因而目前管式炉的热效率计算不能按国际标准进行，而只能计其显热，即雾化蒸汽带入体系的热量为雾化用过热蒸汽的热焓 I_{st} 减去基准温度下饱和蒸汽的热焓，约 2.512MJ/kg 汽；

Q_K——燃烧空气带入的显热，MJ/kg 燃料。

综合热效率 η_2 中的供给能量按式(2-56)计算：

$$Q_{GG} = BQ_D + \Delta Q_Y + N \tag{2-56}$$

其中

$$Q_D = Q_1 + (I_{rt} - I_{rtb}) + 3.768W_s \tag{2-57}$$

式中　ΔQ_Y——燃烧空气带入的有用热，即高温位热源预热空气的热量，MW；

3.768——计算综合热效率时应根据能耗折算雾化蒸汽带入体系的能量，即 3.768MJ/kg 蒸汽；

N——外界供给体系的电和功之总和，其中包括鼓风机、引风机、吹灰器等的电耗，按 1 度电 = 12.56MJ 折算，还包括吹灰器消耗的蒸汽和抽汽式烟囱消耗的蒸汽等，按 3.768MJ/kg 蒸汽折算。

（3）损失热量

对于热效率 η_1 和综合热效率 η_2，其损失热量也是不相同的。热效率 η_1 中的损失热量包括下列各项：①烟气带走的热量，它包括烟气在排烟温度和基准温度下的热焓差、化学不完全燃烧造成的损失和机械不完全燃烧造成的损失；②烟气中雾化蒸汽带走的热量；③炉前、烟风道及空气预热器等的散热损失。按式(2-58)计算：

$$Q_{SS}=B[q_{1-3}Q_1+q_4(Q_D+Q_K)+Q_Z] \tag{2-58}$$

$$q_{1\sim3}=q_1+q_2+q_3 \tag{2-59}$$

各参数按下列方法计算或确定。

烟气在排烟温度和基准温度下的热焓差与燃料低热值之比 q_1。

$$q_1=\frac{I_g}{Q_1} \tag{2-60}$$

设计计算或按标准方法计算时，基准温度可取 $t_b=15.6℃$。

为反算燃料量进行现场测算时，基准温度应取 t_b = 环境温度。这时 q_1 值按式(2-61)计算：

$$q_1=q_{1tg}-q_{1tb} \tag{2-61}$$

q_{1tg} 和 q_{1tb} 分别根据排烟温度 t_g 和基准温度 t_b 取得。

应该指出的是：燃料相态不同(燃料油和燃料气)或组成不同时，其烟气的热焓值相差很大，但烟气热焓与燃料低热值之比 q_1 却相差很少，在目前管式炉的排烟温度下($t_g \leqslant$ 400℃)，最大差值不超过1%，一般不超过0.5%。在辐射室热平衡计算时，由于烟气出辐射室的温度比较高，q_1 值的误差也就比较大(可能大于1%)，由此可能给烟气出辐射室的温度带来十几度的误差，这样大的误差对于一般工程设计计算还是允许的。

化学不完全燃烧损失的热量与燃料低热值之比：化学不完全燃烧损失的热量是由于烟气离开体系含有可燃气体(CO、H_2 和 CH_4 等)造成的。其值等于这些可燃气体的发热量之和。于是：

$$q_2=\frac{V'_g}{Q_1}(0.1264V_{CO}+0.1074V_{H_2}+0.3571V_{CH_4} \tag{2-62}$$

式中 V'_g——干烟气量，Nm^3/kg 燃料(可由燃料的热工计算得到)；

V_{CO}、V_{H_2}、V_{CH_4}——干烟气中 CO、H_2和 CH_4的体积分数。

机械不完全燃烧损失的热量与燃料低热值之比 q_3：机械不完全燃烧损失的热量，是由于烟气离开体系含有可燃固体(炭粒)造成的，所以也叫“炭不完全燃烧损失”，可用式(2-63)计算：

$$q_3=\frac{0.0033V'_gN_C}{Q_1} \tag{2-63}$$

式中 N_C——烟气中的炭黑浓度，mg/Nm^3 干烟气。

散热损失与供给热量之比 q_4：管式炉体系散热损失包括炉墙、烟风道和空气预热器等散失于大气中的热量。它与许多因素有关，敷管率、炉墙结构、烟风道及空气预热器保温状况、大气温度、风力大小等都会影响散热损失。

排烟中雾化蒸汽带走的热量 Q_Z(MJ/kg 燃料)，计算热效率时：

$$Q_Z=W_s(I_{stg}-2.512) \tag{2-64}$$

式中 I_{stg}——排烟温度 t_g 和常压下蒸汽的热焓，MJ/kg；

2.512——基准温度和常压下饱和蒸汽热焓的大约值，MJ/kg。

计算综合热效率时，应按能耗指标计算：

$$Q_Z=3.768W_s \tag{2-65}$$

例题：设计一管式加热炉，设计参数如下：

(1) 大庆常压重油(燃料油)

化学成分：w_C—87.57%　w_H—12.26%　w_S—0.17%

密度：$\gamma = 916.3 kg/m^2$

黏度：80℃—58.4mPa · s　　100℃—29.2mPa · s

（2）原油工艺条件

入炉温度280℃，出炉温度370℃，汽化率30%，出炉压力0.2MPa。

（3）过热蒸汽条件

流量为原油处理量的10%，入炉温度142℃（饱和），出炉温度420℃（过热）。

（4）原油产品分率

汽油：4.6%，煤油：6.6%，轻柴油：10.8%，重柴油：8%，其余为常压重油：70%。

计算该加热炉的热负荷及燃烧过程中的各项参数。

解：

（1）加热炉热负荷计算

① 管式加热炉工艺计算所需的基础数据：

a. 被加热介质的组成：w_C—87.57%　　w_H—12.26%　　w_S—0.17%；

b. 被加热介质的密度：$\rho = 916.3 kg/m^3$；

c. 燃料的种类：大庆常压重油；

d. 原油质量流量：

$$W_n = \frac{200 \times 10^4 \times 10^3}{365 \times 24} \times (1 - 30\%) = 159.81 \times 10^3 (kg/h)$$

e. 蒸汽的质量流量：

$$W_v = \frac{200 \times 10^4 \times 10^3}{365 \times 24} \times 30\% = 68.49 \times 10^3 (kg/h)$$

f. 管内介质质量流量：

$$W_F = W_n + W_v = 159.81 \times 10^3 + 68.49 \times 10^3 = 228.3 (kg/h)$$

② 被加热介质的比焓：

被加热原油相对密度：

$$S_{15.56℃} = \frac{916.3}{1000} = 0.916$$

被加热原油的碳氢比：

$$\frac{87.57\%}{12.26\%} = 7.14$$

查得物性系数 $k_w = 11.9$（近似取 $k_w = 11.8$）的焓表图知API重度为27，查得加热介质的各部分焓值：

（a）原油入口焓：$I_{il} = 848.99 kJ/kg$；

（b）原油出口焓：$I_{ol} = 1116.48 kJ/kg$；

（c）蒸汽入口焓：$I_{ig} = 767.58 kJ/kg$；

（d）蒸汽出口焓：$I_{og} = 1465.38 kJ/kg$。

③ 被加热介质的热负荷：

a. 加热炉原油介质的热负荷：

$$Q_n = \frac{W_n (I_{ol} - I_{il})}{3.6 \times 10^3} + q$$

式中　Q_n——加热炉中原油介质热负荷，kW；

W_n——被加热原油的质量流量，kg/h；

I_{il}——被加热原油入炉的焓值，kJ/kg；

I_{ol}——被加热原油出炉的焓值，kJ/kg；

q——其他热负荷，kW。

其他热负荷忽略不计，即 $q=0$。

$$Q=\frac{159.81\times(1116.48-848.99)}{3.6\times10^3}=11.87(\text{MW})$$

b. 加热炉蒸汽介质的热负荷：

$$Q_v=\frac{W_v(I_{og}-I_{ig})}{3.6\times10^3}+q$$

式中 Q_v——加热炉蒸汽介质的热负荷，kW；

q_v——蒸汽介质的质量流量，kg/h；

I_{ig}——被加热蒸汽入炉的焓值，kJ/kg；

I_{og}——被加热蒸汽入炉的焓值，kJ/kg；

q——其他热负荷，kW。

其他热负荷忽略不计，即 $q=0$。

$$Q_v=\frac{68.49\times(1465.38-767.58)}{3.6\times10^3}=13.28(\text{MW})$$

c. 加热炉的总的热负荷：

$$Q=Q_n+Q_v=11.87+13.28=25.15(\text{MW})$$

设计热负荷 Q_c：

$$Q_c=1.1Q=1.1\times25.15=27.67(\text{MW})$$

（2）燃烧过程计算

① 燃料油燃烧物性：

所用的燃料为大庆常压重油，查阅相关资料，可知燃料的燃烧物性：

（a）高热值：$Q_H=45.11\text{MJ/kg}=45.11\times10^3(\text{kJ/kg})$；

（b）低热值：$Q_L=42.34\text{MJ/kg}=42.34\times10^3(\text{kJ/kg})$；

（c）理论空气量：$L_o=14431$kg 空气/kg 燃油（$\alpha=1$ 时）；

（d）理论燃烧温度：2020℃（$\alpha=1$ 时）。

② 加热炉设计的热效率计算：

a. 过剩空气系数和加热炉排烟温度的确定：拟采用强制送风燃油燃烧器，根据相关标准选取过剩空气系数 $\alpha=1.20$。

燃料的含硫量为 1.7%，大于规定的 1.0%，为了防止加热炉尾部换热面的露点腐蚀，在设计参数、结构或选材上缺乏必要的防治露点腐蚀措施，查燃料含硫量与最低金属表面温度图得 t_s不得低于 140℃。同时考虑到被加热介质是热流体进入炉体，为了保证对流室的换热效果，烟气的出炉温度应高于被加热介质进炉温度 120℃以上。取 $t_s=280+120=400$℃。

b. 加热炉本身的设计热效率：

$$\eta=100\%-q_1-q_2-q_3$$

式中 η——加热炉的设计热效率，%；

q_1——烟气离开加热炉带走的热量损失，%；

q_2——加热炉表面散热损失，%；

q_3——机械和化学不完全燃烧损失，%。

根据烟气的出炉温度，查“烟气热量损失图”，得 $q_1=18\%$，q_2与 q_3根据经验取 $q_2+q_3=3\%$。

$$\eta=100\%-18\%-3\%=89\%$$

c. 燃料油用量：

$$B=3.6\times10^3\frac{Q}{(Q_e+Q_a+Q_f+Q_s)\cdot\eta}$$

$$Q_a=L_0 i_a\alpha$$

$$Q_s=W_s i_s$$

$$Q_f=C_f\Delta t_f$$

式中 B——燃料用量，kg/h；

Q_a——空气进炉显热，kJ/kg；

Q_s——雾化蒸汽进炉显热，kJ/kg 燃料；

Q_f——燃料进炉显热，kJ/kg 燃料；

i_a——空气进炉温度的焓值，kJ/kg 空气；

t_a——燃烧空气进燃烧器前的温度，℃；

d_a——环境空气的温度，℃；

W_s——雾化蒸汽的消耗量，kg 蒸汽/kg 燃料；

i_s——雾化蒸汽的焓，kJ/kg；

C_f——燃料的比热容，kJ/(kg·K)；

Δt_f——燃料进炉温度与基准温度差，K。

（a）燃料的低热值 Q_e：

$$Q_e=42.34\times10^3(\text{kJ/kg})$$

（b）空气的进炉显热 Q_a：

空气不预热，$Q_a=0$

（c）雾化蒸汽的进炉显热 Q_s：

加热炉的燃烧器采用内混式蒸汽雾化，雾化蒸汽量可取：

$W_s=0.4$kg 蒸汽/kg 燃料

雾化蒸汽的焓：查蒸汽焓表得，雾化蒸汽的焓 $i_s=505.9$kJ/kg

雾化蒸汽进炉显热：$Q_s=W_s\cdot i_s=0.4\times505.9=202.4$(kJ/kg 燃料)

（d）燃料进炉显热 Q_f：燃料时冷流体进炉，可以忽略燃料的进炉显热，即：

$$Q_f=0$$

燃料用量：

$$\begin{aligned}B&=3.6\times10^3\frac{Q}{(Q_e+Q_a+Q_f+Q_s)\cdot\eta}\\&=3.6\times10^3\times\frac{27.67\times10^3}{(42.34\times10^3+202.4)\times89\%}\\&=2545.1(\text{kg/h})\end{aligned}$$

d. 烟气流量

计算公式：

$$W_g=G_g\cdot B$$

$$G_g = 1 + L + W_s$$

式中　W_g——烟气流量，kg 烟气/h；

B——燃料用量，kg 燃料/h；

G_g——烟气量，kg 烟气/kg 燃料；

W_s——雾化蒸汽量，kg 蒸汽/kg 燃料。

实际空气量：

$$L = \alpha \cdot L_0 = 1.2 \times 14.43 = 18.72 \text{(kg 空气/kg 燃料)}$$

烟气量：

$$G_g = 1 + 17.32 + 0.4 = 18.72 \text{(kg 烟气/kg 燃料)}$$

烟气流量：

$$W_g = 18.72 \times 2545.1 = 47.64 \times 10^3 \text{(kg 烟气/h)}$$

内容提要：

燃料和燃烧计算
- 燃料
  - 常用燃料油
  - 常用燃料气
- 燃烧的计算
  - 燃料油的热工性质
  - 燃料气的热工性质
- 热平衡
- 热效率

复习思考：

1. 提高加热炉的热效率有什么意义？
2. 加热炉烟气取样点设在哪些位置？
3. 加热炉的烟气中一氧化碳含量应控制在什么范围内？
4. 影响加热炉的热效率有哪些因素？
5. 提高加热炉的热效率有哪些措施？
6. 什么叫“三门一板”？
7. 什么叫过剩空气系数？
8. 减小过剩空气系数 α 应该注意什么问题？
9. 过剩空气系数 α 太大有什么害处？
10. 如何减小过剩空气系数？
11. 加热炉的排烟温度一般是根据什么来确定的？

第三章　辐射传热计算

第一节　辐射传热基本理论

热辐射、热传导和对流传热是热传热的三种基本方式。在加热炉炉膛内，热辐射是重要的传热方式。

一、辐射、热辐射和辐射波谱

1. 辐射和辐射波谱

辐射是物质固有的属性。热辐射则是许多辐射现象中的一种。

辐射具有横波(电磁波)和粒子(光子)的二象性。物体原子内部电子的振动或激发，会产生交替变化的电磁场，实现电磁波的发射和传播，或者说，会释放光子，光子以射线方式传播，直到被所遇到的其他原子吸收为止。

辐射的过程就是物体的内能转变为辐射能，以发射电磁波或以发射光子的形式对外放射，当辐射能落在其他物体上被吸收时，可以转化为该物体的内能增量而产生热效应、化学效应或光电效应等。各种不同效应的产生取决于投射的电磁波的波长和受投射物体的性质。

2. 热辐射及其波长

任何温度大于绝对零度的物体，都会将它的热能不断地转换为辐射能向外发射，这种由于温度的原因而发生的电磁波(光子)辐射称为热辐射。从理论上说，物体热辐射的电磁波波长可以包括电磁波的整个波谱范围，即波长从零到无穷大。然而在工业上所遇到的温度范围内($T \leqslant 1400$K)，有实际意义的热辐射波长位于波谱的0.38～1000μm之间，即在可见光与红外线范围。而且，热辐射的大部分能量位于0.76～20μm范围内，故红外线有时俗称热射线。当热辐射线投射到受射物体而被其吸收时，就产生了加热效应。显然，当热辐射的波长大于0.76μm时，人们的眼睛看不见它们。

3. 辐射波的速率和光子的能量

各种电磁辐射波，包括热辐射线都以光速在空间进行传播。电磁波的速率等于辐射波长与其频率的乘积。

$$c = \lambda \upsilon \tag{3-1}$$

式中　c——电磁辐射波的传播速率，m/s；在真空中，$c = 3 \times 10^8$m/s，在大气中，则略低于此值；

υ——电磁波的频率，1/s；

λ——电磁波的波长，m(其常用单位为μm)。

由此可见，不同的电磁波可由波长或频率来确定其性质。当辐射线从一种介质进入另一种介质而出现折射的情况下，其频率不变，而速率及波长将发生变化。

电磁波或者光子所携带的能量，即辐射能。1900年普朗克(Planck)把辐射的关于波和粒子的二象性联系了起来，创立了量子学说，把光子看作一种具有能量和质量的粒子，提出了一个光子的能量为：

$$e = h\upsilon \tag{3-2}$$

式中　e——光子的能量，J；

h——6.624×10^{-34} J·s，即普克朗常数；

υ——电磁波的频率，1/s。

想一想：什么是吸收率、反射率、透过率？

二、黑体、白体、镜体、透明体

吸收率 $\alpha=1$ 的物体叫做绝对黑体，简称黑体；反射率 $\rho=1$ 的漫反射的物体叫做绝对白体，简称白体；反射率 $\rho=1$ 的镜面反射的物体叫做镜体；透过率 $\tau=1$ 的物体叫做绝对透明体，简称透明体。这些都是假想的物体。对于红外辐射，绝大多数固体和液体实际上都是不透明体，但玻璃和石英等对可见光则是透明体。注意：所谓黑体或白体是指物体表面能全部吸收或全部反射所投射的辐射能而言，所以黑体并不一定是黑色，白体并不一定是白色。看起来是白色的表面，也可能具有黑体的性质。这是因为大部分热辐射的波长在 0.1～100μm 之间，而可见光辐射能的波长约在 0.38～0.76μm 之间。这样，如果一个表面除可见光辐射范围外对其余所有的热辐射具有很高的吸收率，则它将几乎吸收全部的投射辐射，而反射的部分只有很小的份额，从这个意义上说，该物体表面近似黑体，可是，它所反射的那很小的份额都处在可见光的波长范围内，因而该物体表面呈现白色。例如，冰雪对人眼来说是白色的，它对可见光是极好的反射体，但它却能几乎全部吸收红外长波辐射（$\alpha=0.96$），接近于黑体。

对红外辐射的吸收和反射具有重要影响的，不是物体表面的颜色，而是表面的粗糙度。不管什么颜色，平整磨光面的反射率要比粗糙面高很多倍，即其吸收率要比粗糙面小很多。

气体无反射性，$\rho\doteq0$；单原子气体，对称性双原子气体等不吸收热辐射线，透过率 $\tau=1$，可称为“透明体”或“透明介质”。空气中有蒸汽、CO_2 时，就变成有吸收性的介质。

实际固体的吸收率除了与表面性质有关外，还与投入辐射的波长有关，即物体的单色吸收率 α_λ 随投射辐射的波长而变。

三、辐射能力

辐射能力 E 是指在单位时间内物体的微元表面，由于本身温度的原因发射辐射线时，以单位辐射面积计算，向微元表面上方的“半球空间”所有方向发射出去的全部波长（λ 为 $0\sim\infty$）的辐射能量的总和，其常用单位是 $kJ/m^2\cdot h$ 或 W/m^2。辐射能力有时亦称“半球辐射能力”、“辐射力”或“自身辐射”。

想一想：什么是“半球空间”？

四、黑度（辐射率）、单色黑度、定向黑度

前已述及黑体可全部吸收投射辐射，即 $\alpha=1$。自然界一切物体的辐射能力都小于同温度下黑体的辐射能力 E_b。

物体的黑度及辐射率ε，为该物体（表面）的半球辐射能力E与同温度下黑体的半球辐射能力E_b的比值。即：

$$\varepsilon = E/E_b \tag{3-3}$$

单色黑度ε_λ是指物体（表面）的单色辐射能力E_λ与同温度下黑体的单色辐射能力$E_{b\lambda}$的比值。

定向黑度ε_φ是指物体（表面）在φ方向的辐射强度I_φ与同温度下黑体在φ方向辐射强度$I_{b\varphi}$的比值。

查一查：什么是灰体？

第二节　热辐射基本定律

一、普朗克定律——辐射能按波长分布的定律

普克朗1900年运用量子统计热力学理论，推导出黑体在不同温度下向真空辐射的能量按波长分布的规律，即黑体单色辐射能力与波长及温度的定量关系。

$$E_{b\lambda} = \frac{c_1\lambda^{-5}}{e^{c_2/\lambda T} - 1} \tag{3-4}$$

式中　λ——黑体辐射波的波长，m；

T——黑体的绝对温度，K；

c_1——普朗克第一常数，$c_1 = 3.742 \times 10^{-16}\,\text{W} \cdot \text{m}^2$；

c_2——普朗克第二常数，$c_2 = 1.4387 \times 10^{-2}\,\text{m}^2 \cdot \text{K}$；

$E_{b\lambda}$——黑体半球单色辐射能力，W/m^3。

二、斯蒂芬－波尔兹曼定律——四次方定律

黑体的辐射能力E_b为黑体表面向所有半球方向发射的波长从$0\to\infty$的所有单色辐射能力之总和。即：

$$E_b = \int_0^\infty E_{b\lambda}\mathrm{d}\lambda = \int_0^\infty \frac{c_1\lambda^5}{e^{c_2/\lambda T} - 1}\mathrm{d}\lambda = \sigma T^4 \quad \text{W/m}^2 \tag{3-5}$$

式中　σ——黑体的辐射常数（斯蒂芬－波尔兹曼常数），$\sigma = 5.67 \times 10^{-8}\,\text{W/(m}^2 \cdot \text{K}^4)$；

或

$$E_b = c_0\left(\frac{T}{100}\right)^4$$

式中　c_0——黑体的辐射系数，$c_0 = 5.67\,\text{W/(m}^2 \cdot \text{K}^4)$。

上述两式即为斯蒂芬－波尔兹曼定律，它表明，黑体的半球总辐射能力与其绝对温度的四次方成正比。可见黑体的辐射能力随温度的增加而迅速上升。

三、兰贝特定律——余弦定律

黑体能向任何方向发出辐射线。黑体辐射不同于激光的定向发射，而是理想的漫射，即“漫辐射”，或称“各向同性辐射”，或称“扩散辐射”，故黑体是一种漫辐射体。

对于各向同性辐射，辐射强度I_φ与辐射方向φ无关，即I_φ沿各个方向都一样，与法向

辐射强度 I_n 相同，即 $I_\varphi = I_n = I$ 为兰贝特定律。

兰贝特定律又称余弦定理，是指黑体等漫辐射体的微元表面 dA_1 向其上半球空间的各个方向每单位时间、每单位辐射面积、每单位立体角辐射的能量按余弦规律分配，以该微元辐射表面的法线方向上的能量为最大，切线方向的能量等于零。

余弦定律的数学表达式：

$$\frac{dQ_\varphi}{dA_1 \cdot d\omega} = \cos\varphi \cdot \frac{dQ_n}{dA_1 \cdot d\omega} \tag{3-6}$$

即

$$dQ_\varphi = \cos\varphi dQ_n$$

亦可推导出：

$$I_\varphi = I_n = I \tag{3-7}$$

式中 I_φ——漫射表面向 φ 方向的辐射强度，W/m^2；

I_n——漫射表面向 n 方向的辐射强度，W/m^2；

I——漫射表面向任何方向的辐射强度，W/m^2。

对于服从兰贝特定律的表面(即漫射表面)，其辐射能力与辐射强度的关系推导如下：

根据辐射能力 E 的定义：

$$E = \int_{\omega=0}^{\omega=2\pi} \frac{dQ_\varphi}{dA_1} \tag{3-8}$$

则

$$E = \int_{\omega=0}^{\omega=2\pi} I_\varphi d\omega \cdot \cos\varphi \tag{3-9}$$

又

$$d\omega = \frac{dA_2}{R^2} = \frac{R \cdot d\varphi \cdot r \cdot d\theta}{R^2} = \frac{R \cdot d\varphi \cdot R\sin\varphi d\theta}{R^2} = \sin\varphi d\varphi d\theta \tag{3-10}$$

合并上述两式，可得：

$$E = \int_{\omega=0}^{\omega=2\pi} I_\varphi \cdot \cos\varphi \cdot \sin\varphi d\varphi d\theta = I\int_{\theta=0}^{\theta=2\pi} d\theta \int_{\varphi=0}^{\varphi=\frac{\pi}{2}} \sin\varphi\cos\varphi d\varphi \tag{3-11}$$

$$E = \pi I$$

因此，对于各向同性辐射表面，其辐射能力 E 为辐射强度的 π 倍。

温射表面的定向黑度 ε_φ 也不随方向而变，即等于其黑度 ε，这是因为：

$$\varepsilon_\varphi = \frac{I_\varphi}{I_{b\varphi}} = \frac{I}{I_b} = \varepsilon \tag{3-12}$$

第三节 管式炉辐射传热计算

一、罗伯－依万斯法

自罗伯－依万斯法提出以来，一直是管式加热炉辐射室的主要设计方法之一。现在使用的计算机已经对罗伯－依万斯法的原型作了某些修改。又由于电子计算机的普及，把罗伯－依万斯原来的图解法改为编程数值计算，可以提高计算的精度及速度。

下面分别介绍罗伯－依万斯图解法和罗伯－依万斯法的编程数值计算。

罗伯－依万斯法对辐射室的传热过程作了四条简化假定：

（1）在加热炉的辐射室中，作为辐射室传热热源的烟气只有一个温度 t_g（或称烟气平均温度），并与辐射室的烟气出口温度相等。

（2）将管排看作一个吸热面，其温度等于管排的平均温度，把炉内除去辐射管排以外的其他耐火砖墙看作反射面，也具有相同的温度 t_R。

（3）烟气对流传递给反射面的热量全部被炉墙散失到大气中，而烟气辐射传递给反射面的热量全部炉墙反射给管排。

（4）烟气为灰体，吸热面为灰表面。

罗伯－依万斯法的实质是一个气体，一个受热面和一个反射面的传热模型，简称一个气体区的模型。

基于上述辐射室传热模型，罗伯－依万斯给出了辐射室的传热计算方法。

（一）基本计算式

1. 辐射室的传热速率方程式

由上所述，辐射室中高温的火焰及烟气，在单位时间内传给辐射管的热量由两部分组成。一部分是火焰及烟气以辐射方式传给炉管的，它包括火焰及烟气以直接辐射的方式传给炉管的热量，以及火焰及烟气通过反射墙间接传给炉管的热量，另一部分是烟气以对流的方式传给炉管的。

烟气以辐射方式对炉管的传热速率用式(3－13)计算：

$$Q_{Rr}=5.67\varphi A_{cp}F\left[\left(\frac{T_g}{100}\right)^4-\left(\frac{T_w}{100}\right)^4\right] \tag{3-13}$$

式中 Q_{Rr}——烟气以辐射的方式直接或通过其他反射面间接对辐射管的传热速率，W；

T_g——辐射室中烟气的平均温度（等于辐射室的烟气出口温度），K；

T_w——辐射管外壁平均温度，K；

φ——角系数（有效吸收因素或形状因素），无因次；

A_{cp}——冷平面面积，为管排所占据的全部面积（包括管间空隙面积），m^2；

F——总辐射交换因素，它是用于考虑火焰的黑度、反射墙的布置、辐射室的体积等的一个校正因素。

烟气以对流方式对炉管的传热速率用式(3－14)计算：

$$Q_{Rc}=h_{Rc}A_{Rt}(T_g-T_w) \tag{3-14}$$

式中 Q_{Rc}——烟气以对流方式对炉管的传热速率，W；

h_{Rc}——辐射室内烟气对炉管表面的对流传热系数，$W/m^2\cdot℃$；

A_{Rt}——辐射管外表面积；m^2。

于是辐射室的传热速率方程式可以改写成：

$$Q_R=Q_{Rr}+Q_{Rc}=5.67\varphi A_{cp}F\left[\left(\frac{T_g}{100}\right)^4-\left(\frac{T_e}{100}\right)^4\right]+h_{Rc}A_{Rt}(T_g-T_w) \tag{3-15}$$

2. 传热速率方程式中各参数及其计算

（1）烟气对管排的角系数 φ 及冷平面面积 A_{cp}

辐射室中的管排是按一定的间隔排列而成，这是吸热表面。火焰及高温烟气发生的热辐射只有一部分能够直接到达管子的表面，其余部分则从管子之间的空隙通过。如果管排后面有耐火砖墙，则耐火砖墙反射回来的热辐射同样地也只有一部分落在管子表面上。余下部分从管子之间的空隙通过。由此可见，首先要解决的问题是从火焰及高温烟气发出的辐射能中有多少落在管排表面上。换言之，这就是求火焰及烟气对管排的角系数问题。

为了求出火焰及烟气对管排的角系数，霍特尔用拉线法求得火焰及烟气对单排管排直接辐射的角系数的公式如下：

$$\varphi_D = 1 + \frac{d_0}{S_1}\arccos\frac{d_0}{S_1} - \left[1 - \left(\frac{d_0}{S_1}\right)^2\right]^{\frac{1}{2}} \tag{3-16}$$

式中 φ_D——火焰及烟气对单排管排直接辐射的角系数(或称为管排的有效吸收因素)；

d_0——辐射管的外径，m；

S_1——辐射管管心距，m。

如果单排管的后面有反射墙，则有火焰及烟气辐射至管排的辐射能，除一部分落在管子表面上，将有一部分穿过管子之间的空隙到达反射墙。显然，这一部分辐射能应等于火焰及烟气辐射至管排的总辐射能减去落在管排表面上的辐射能。假设由火焰及烟气辐射至管排的总辐射能为1，直接辐射落在管排表面的辐射能可由式(3－16)算出，并以 φ_D 表示，则到达反射墙的能量为 $1-\varphi_D$。由反射墙反射出来的辐射能中，显然也是只有一部分落在管排的表面上，其大小以 φ_r 表示，则 $\varphi_r=(1-\varphi_D)\cdot\varphi_D$，其余的则通过管间的空隙。于是，落在管排表面上的辐射能应等于由火焰及烟气对管排的直接辐射加上反射墙对管排的反射两部分能量之和，以 φ_{D+r}表示，则：

$$\varphi_{D+r} = \varphi_D + \varphi_r = \varphi_D + (1-\varphi_D)\varphi_D = \varphi_D(2-\varphi_D) \tag{3-17}$$

由于假定从火焰及烟气辐射至管排(包括管间的空隙)的总能量为1，因此 φ_{D+r}表示从火焰及烟气辐射至管排的总能量中，直接及间接落在管排表面上的分率。式(3－17)便是求有反射墙时，火焰及烟气对单排管角系数的公式。

用类似的方法可以求出火焰及烟气对无反射墙双排管及对有反射墙双排管的角系数。

对单排管，若两面均受到火焰及烟气的辐射，角系数等于火焰及烟气对管排直接辐射时角系数的两倍。若以 φ_{D+D}表示单排管受双面辐射时的角系数，则：

$$\varphi_{D+D} = 2\varphi_D \tag{3-18}$$

类似地可求出双排管受双面辐射时的角系数。

在以后的叙述中，如果条件明确，φ_D、φ_{D+r}、φ_{D+D}等都简写成 φ_D。

在手算时，火焰及烟气对管排的角系数往往绘制成图，以便查找。

值得注意的是这里所有的讨论，都是把管排看做一个整体的平均情况，实际上管表面上每个点沿纵向或沿圆周方向受热的情况都是极不均匀的。

所谓冷平面是指管排所占据的炉墙面积，即包括管子本身及管子间隙在内的面积的投影，由式(3－19)计算。

$$A_{cp} = (n-1)\cdot L_{ef}\cdot S_1 + d_0\cdot L_{ef} \tag{3-19}$$

一般炉管数量较多，上式也可简化为：

$$A_{cp} = nL_{ef}S_1 \tag{3-20}$$

式中 A_{cp}——冷平面面积，m^2；

n——辐射管管数；

L_{ef}——辐射管有效长度，m；

S_1——辐射管管心距，m；

d_0——辐射管外径，m。

由冷平面的定义可知，火焰及烟气直接辐射至冷平面的辐射能全部落在冷平面上，即角系数等于1。引入冷平面的概念是为了便于计算火焰及烟气对管排进行辐射传热时的有效面积。因为如果按管排的所有管子表面积来计算辐射传热，由于气体辐射的特点是体积辐射，计算时很困难。引用冷平面的概念以后，可以把管排接受热辐射的能力等效于一个平面，它的大小等于火焰及烟气对管排的角系数乘以冷平面的面积，即 φA_{cp}。这一点是很容易理解的，因为冷平面能够接受由火焰及烟气辐射来的全部能量，而管排只能接受其中 φ 的那一部分能量。换言之，管排接受辐射能的能力相当于面积为 φA_{cp} 大小的平面接受辐射能的能力。在辐射传热计算中，面积为 φA_{cp} 的平面称为当量冷平面。

在辐射室上方的对流室中，在最下几排管子称为遮蔽管。从传热的角度来看，遮蔽管既接受辐射室的辐射传热，也接受对流室的对流传热。因为对流室通常装有排数较多的管子，可以认为，有火焰及烟气辐射来的能量将全部落在对流室的管排上。为了简化计算，认为辐射至对流室的全部能量都落在对流室最下一排管子上，即遮蔽管只有一排管，并且火焰及烟气对这排遮蔽管的角系数 φ 等于1。这种简化的实质是把遮蔽管当作特殊的辐射管来处理，当然，这种处理方法不尽合理，但是可以使计算大大简化。

由于遮蔽管的热强度较大，因此，常常需要作较为精确的计算。

（2）总辐射交换因素 F

前面已经提到辐射室中的传热是很复杂的，罗伯－依万斯法的实质又是一个气体区的模型。对于这样的传热模型，霍特尔曾从理论上导出了气体对吸热面的传热速率方程式，在罗伯－依万斯法中，总辐射交换因素 F 引用了霍特尔推导的结果。

霍特尔的气体对吸热面的传热速率方程式如下：

$$Q = 5.67\mathrm{AF}(\mathrm{T}_g^4 - \mathrm{T}_w^4) \tag{3-21}$$

式中 A——吸热面的面积，m^2；

T_g——气体的温度，K；

T_w——吸热面的温度，K；

F——总辐射交换因素。

这里，总辐射交换因素是包括了气体对吸热面的直接辐射传热及气体通过反射面间接对吸热面传热的一个参数，它的具体形式如下：

$$F = \frac{1}{\dfrac{1}{\varepsilon_t} + \dfrac{1}{\varepsilon_F} - 1} \tag{3-22}$$

其中

$$\varepsilon_F = \varepsilon_g\left(1 + \frac{A_R}{A} \cdot \frac{1}{1 + \dfrac{\varepsilon_g}{1 - \varepsilon_g}\dfrac{1}{\varphi_{RC}}}\right) \tag{3-23}$$

式中 ε_t——吸热面的黑度；

ε_g——气体的黑度；

A_R——有效反射面的面积，m^2；

A——吸热面的面积，m^2；

φ_{RC}——反射面对吸热面的角系数。

当吸热面为管排时，式(3－23)中的 A 用管排的当量冷平面面积代替，同时，式中的 φ_{RC} 表示反射面对当量冷平面的角系数，则式(3－23)改为：

$$\varepsilon_F = \varepsilon_g\left(1 + \frac{A_R}{\varphi A_{cp}} \cdot \frac{1}{1 + \frac{\varepsilon_g}{1 - \varepsilon_g}\frac{1}{\varphi_{RC}}}\right) \tag{3-24}$$

罗伯-依万斯利用上述的结果，在研究辐射室内的辐射传热时，做了下面的处理：

a. 用离开辐射室烟气的温度作为炉膛内气体的平均温度；

b. 反射面对当量冷平面的角系数 φ_{RC} 的计算式比较复杂，罗伯-依万斯为了简化 φ_{RC} 的计算，研究了20多个设计上不同的炉子，得出如下的规律：

当 $0 < \frac{A_R}{\varphi A_{cp}} < 1$ 时，$\varphi_{RC} = \frac{\varphi A_{cp}}{A_R + \varphi A_{cp}}$

当 $3 < \frac{A_R}{\varphi A_{cp}} < 6.5$ 时，$\varphi_{RC} = \frac{\varphi A_{cp}}{A_R}$

其中有效反射面面积 A_R 为辐射室炉墙内总表面积减去当量冷平面面积，即 $A_R = \sum A - \varphi A_{cp}$。

c. 用离开辐射室烟气的真实黑度代替式(3-24)中气体的黑度。

(3) 气体黑度 ε_g

气体的黑度的定义及计算已在第三章中详细讨论过。从式(3-22)及式(3-24)可知，烟气的黑度对辐射传热的影响是较大的，采用不同的方法求取烟气的黑度，计算的结果将有很大的差别。

(4) 炉管外壁温度

炉管外表面的温度与管内介质的温度、管内介质的对流传热系数、管壁的热阻及热流强度等因素有关。管壁外表面的平均温度可由传热速率方程式求出。

$$t_w = \tau_{cp} + \left(\frac{1}{h_i} + R_i + \frac{\delta}{\lambda_s}\right) q_{cp} \frac{d_o}{d_i} \tag{3-25}$$

式中 t_w——管外壁温度，℃；

τ_{cp}——管内介质的平均温度，℃。

$$\tau_{cp} = \frac{1}{2}(\tau_1' + \tau_2) \tag{3-26}$$

式中 τ_1'——原料进入辐射室的温度，℃；

τ_2——原料离开辐射室的温度，℃；

h_i——管内介质的传热系数，$W/m^2 \cdot ℃$；

R_i——管内结垢热阻，$m^2 \cdot ℃/W$；

δ——管壁厚度，m；

λ_s——管材导热系数，$W/m^2 \cdot ℃$；

q_R——辐射管的平均热强度(以管外表面为基准)，W/m^2；

d_i、d_o——炉管内径、外径，m。

如果原料先进入对流室然后进入辐射室，则原料入辐射室的温度可按式(3-27)估算。

$$\tau_1' = \tau_2 - (\tau_2 - \tau_1) \times (70\% \sim 80\%) \tag{3-27}$$

式中 τ_1——原料入对流室的温度，℃。

当管外表面温度低于500℃时，管外表面的温度对辐射传热速率的影响不大，通常可以将管内介质的平均温度再加上30~60℃作为管壁外表面的温度进行计算。但是，如果管壁表面的温度很高时，例如在裂解炉中，管壁温度可高达680℃，这种情况需做详细的计算。

（5）辐射室内烟气对炉管表面的对流传热系数

管外对流传热系数 h_{RC} 与烟气的成分、温度及流动状况有关，而烟气的温度及流动状况又与炉型、火嘴形式、安装位置及操作情况有关。目前还没有一种数学模型可供使用，因此尚难准确地计算管外对流传热系数。但是，在辐射室中，对流传热所占的比例较少，一般为10% ~15%，可以做一些简化。

3. 辐射室热平衡方程式

从传热速率方程式(3－15)可以看出，参数 φA_{cp}、F、T_w 等都已确定，仅剩下两个未知数 Q_R 与 T_g。要求解这两个数值，必须结合辐射室的热平衡方程式。

进入辐射室的热量：燃料燃烧放出总热量，燃料、空气以及雾化蒸汽带入的显热。

辐射室输出的热量：被辐射管吸收的热量，被遮蔽管吸收的热量，离开辐射室烟气带走的热量以及辐射室炉墙对外的散热损失。

于是，辐射室的热平衡方程式可写成：

$$Q_n + Bq_a + Bq_f + Bq_s = Q_R + Bq_L + Bq_g \qquad (3-28)$$

或

$$Q_R = Q_n + Bq_a + Bq_f + Bq_s - Bq_L - Bq_g \qquad (3-28a)$$

式中 Q_n——燃料总发热量，W；

q_a——空气带入热量，J/kg 燃料；

q_f——燃料带入热量，J/kg 燃料；

q_s——雾化蒸汽带入的显热，J/kg 燃料；

Q_R——辐射管吸收的热量及遮蔽管吸收的辐射热量，J/kg 燃料；

q_L——辐射室炉墙对外的散热损失，J/kg 燃料；

q_g——离开辐射室烟气带走的热量，J/kg 燃料；

B——燃料用量，kg/s。

4. 热平衡方程式中各参数的计算

（1）燃料总发热量

$$Q_n = BQ_l \qquad (3-29)$$

式中 Q_l——燃料低发热值，J/kg 燃料。

（2）空气、燃料、雾化蒸汽带入的热量

空气带入的热量：

$$q_a = \alpha L_0 C_a (T_a - 273.15)$$

式中 T_a——入炉空气的绝对温度，K；

α——过剩空气系数；

L_0——理论空气用量，kg/kg 液体燃料或 Nm^3/Nm^3 气体燃料；

C_a——空气在 273.15K 到 T_a 之间的平均比热容，J/kg·℃液体燃料或 J/Nm^3·℃气体燃料。

燃料带入的显热 q_f 为：

$$q_f = C_f (T_f - 273.15) \qquad (3-30)$$

式中 T_f——燃料入炉的温度，K；

C_f——燃料在 273.15K 到 T_f 之间的平均比热容，J/kg·℃液体燃料或 J/Nm^3·℃气体燃料。

雾化蒸汽带入的显热：

$$q_s = W_s C_s (T_s - 273.15) \tag{3-31}$$

式中 T_s——雾化蒸汽入炉的温度，K；

W_s——雾化蒸汽用量，kg/kg 燃料；

C_s——雾化蒸汽在 273.15K 到 T_s 之间的平均比热容，J/kg·℃。

(3) 离开辐射室烟气带走的热量

离开辐射室烟气带走的热量可按第二章燃料油热工性质中的方法精确计算。

(4) 辐射室炉墙对外散热损失

辐射室炉墙对外的散热损失与炉子的设计有关，一般可以根据经验取为燃料总发热量的1%～3%。

(二) 图解法

罗伯－依万斯是用图解的方法联解辐射室的传热速率方程式及热平衡方程式，以求解辐射室烟气的温度和辐射室传热量。

为了便于作图，把传热速率方程式(3－19)改写如下：因为在辐射室中，对流传热不占主要地位，因此可以做一些简化。罗伯－依万斯建议取 $h_{RC} = 11.36\text{W/m}^2 \cdot ℃$；总交换因素近似等于 0.57；辐射管的表面积近似等于当量冷平面的 2 倍，即 $A_{Rt} = 2\varphi A_{cp}$。把这些数字代入式(3－15)可得：

$$Q_{RC} = 11.36(2\varphi A_{cp})\left(\frac{F}{0.57}\right)(T_g - T_w) = 40\varphi A_{cp} F (T_g - T_w) \tag{3-32}$$

于是，传热速率方程式可改写成：

$$Q_R = 5.67\varphi A_{cp} F\left[\left(\frac{T_g}{100}\right)^4 - \left(\frac{T_w}{100}\right)^4\right] + 40\varphi A_{cp} F (T_g - T_w) \tag{3-33}$$

或

$$\frac{Q_R}{\varphi A_{cp} F} = 5.67\left[\left(\frac{T_g}{100}\right)^4 - \left(\frac{T_w}{100}\right)^4\right] + 40\varphi A_{cp} F (T_g - T_w) \tag{3-33a}$$

由式(3－33a)可见，$\dfrac{Q_R}{\varphi A_{cp}}$仅是烟气温度 T_g 及炉管表面温度 T_w 的函数。

热平衡方程式(3－28a)可改写成：

$$\frac{Q_R}{\varphi A_{cp} F} = \left(1 + \frac{q_a}{Q_1} + \frac{q_f}{Q_1} + \frac{q_s}{Q_1} + \frac{q_L}{Q_1} + \frac{q_g}{Q_1}\right)\frac{BQ_1}{\varphi A_{cp} F} \tag{3-34}$$

当加热炉的总热负荷及全路热效率确定后，Q_R 即为定值，q_a、q_f、q_s 等由空气、燃料及雾化蒸汽的流量和入炉时的温度决定，q_L 可根据经验选定。于是，由式(3－34)可见，$Q_R/\varphi A_{cp} F$仅是出辐射室烟气带走热量 q_g 的函数。在燃料种类及过剩空气系数一定的情况下，q_g 是出辐射室烟气温度的函数。把式(3－34)在 $Q_R/\varphi A_{cp} F$ 对 t_g 的坐标图上标绘出来，近乎是一条直线。

图解的方法：根据式(3－25)算出管外壁表面温度 t_w，由图做出管壁温度为 t_w 的曲线，此曲线即代表该条件下的传热速率方程式，然后在此曲线的两边附近，任意选取两个烟气温度，根据式(3－34)分别算出相应的 $Q_R/\varphi A_{cp} F$，于是，可以在图上标出两个相应的点(t_g，$Q_R/\varphi A_{cp} F$)1，(t_g，$Q_R/\varphi A_{cp} F$)2，把这两点连成直线，此直线即代表了辐射室的热平衡方程式，它与管壁温度 t_w 的传热速率方程曲线的交点即为所求的解，交点的横坐标便是出辐射室烟气的温度 t_g。根据所求的 t_g，查得 q_g/Q_1，带入下式求出 Q_R。

$$Q_R = \left(1 + \frac{q_a}{Q_1} + \frac{q_f}{Q_1} + \frac{q_s}{Q_1} + \frac{q_L}{Q_1} + \frac{q_g}{Q_1}\right)BQ_1 \tag{3-35}$$

辐射室的热负荷 Q_R 也可以用下面的方法求出：由求出的 t_g 从图查得总交换因数 F，然后由交点的纵坐标 $Q_R/\varphi A_{cp}F$ 算出 Q_R。两种计算 Q_R 的方法结果是一样的。

（三）编程数值计算法

从上节可知，辐射室的传热速率方程式及热平衡方程式都是非线性方程。为了简化计算，罗伯－依万斯提出了图解法，但在进行方案比较时仍较麻烦，而且大多数的参数都是用查图的方法求取，有效数字位数较少，往往给计算结果带来误差。在计算机相当普及的今天，编程数值计算已不是困难的事情，因此有必要了解罗伯－依万斯法的编程数值计算方法。能做到快速准确的得出结果，尤其是做方案比较时，更显不出其优点。

把图解法改为数值计算的方法，首先需要处理的问题是那些没有公式表达的函数关系。常用的方法：①把要用到的图表读成数据表，用数学上的插值方法求出所需要的数据。②选用其他适当的公式代替所用的图表，此法的成功与否，全在于选用的公式是否能合理地代替原来的图表，否则结果将会相差较大。③对原有图表中的曲线或曲线族进行拟合。拟合中最关键的是选取经验公式的形式，经验公式的形式选取不当，则不会得到满意的结果。

其次，数值计算中遇到的问题是用什么方法联解辐射室中的传热速率方程式及热平衡方程式。

下面介绍联解传热速率方程式及热平衡方程式的数值解法，而对于图表的处理不作详细叙述。

1. 部分替换迭代法

辐射室传热速率方程为：

$$Q_R = 5.67\varphi A_{cp}F\left[\left(\frac{T_g}{100}\right)^4 - \left(\frac{T_w}{100}\right)^4\right] + h_{RC}A_{Rt}(T_g - T_w) \tag{3-36}$$

辐射室的热平衡方程为：

$$Q_n + Bq_a + Bq_f + Bq_s = Q_R + Bq_L + Bq_g \tag{3-37}$$

或

$$Q_R = Q_n + Bq_a + Bq_f + Bq_s - Bq_L - Bq_g \tag{3-38}$$

根据最高理论火焰温度的概念：

$$T_{max} = \frac{Q_n + Bq_a + Bq_f + Bq_s - Bq_L}{B(\sum m_i c_i)_{T_{max}}} \tag{3-39}$$

式中　T_{max}——最高理论火焰温度，K；

m_i——烟气中各组分的摩尔数，kmol/kg 燃料；

c_i——烟气中各组分的平均摩尔比热容，J/kmol·℃；

$(\sum m_i c_i)_{T_{max}}$——为烟气从 273.15K 至 T_{max} 的平均比热容，J/kg 燃料·℃。

因为 $(\sum m_i c_i)_{T_{max}}$ 是烟气从 273.15K 至 T_{max} 的平均比热容，故用式(3-39)求 T_{max} 时必须试算，为了辐射室传热计算的方便，采用 $(\sum m_i c_i)_{T_g}$，即以烟气从 273.15K 至 T_g 的平均比热容为基准计算火焰的最高温度，称为虚拟的火焰最高温度，即：

$$T_{max} = \frac{Q_n + Bq_a + Bq_f + Bq_s - Bq_L}{B(\sum m_i c_i)_{T_g}} \tag{3-40}$$

于是，辐射室的热平衡方程式可写成：

$$Q_R = B(\sum m_i c_i)_{T_g}(T_{max} - T_g) \tag{3-41}$$

$$T_g = \frac{Bq_g}{\left(\sum m_i c_i\right)_{T_g}} \tag{3-42}$$

式中 T_g——出辐射室烟气的温度，K。

联解式(3－36)与式(3－41)，即可求出离开辐射室烟气的温度 T_g 及辐射室的传热量 Q_R，进而算出辐射管表面热强度。

由于式(3－36)与式(3－41)是非线性联立方程组，欲求其解析解比较困难，可用下面的部分替换迭代法求其数值解。

经验证明，总辐射交换因数 F 随 T_g 的变化不大，可以看成是定值，则式(3－36)曲线的斜率可表示为：

$$\left(\frac{dQ_R}{dT_g}\right)_a = 5.67\varphi A_{cp}F\left(\frac{4}{100}\frac{T_g}{100}\right)^3 + h_{RC}A_{Rt} \tag{3-43}$$

同样，在一定的 T_g 变化范围内，烟气中各组分的平均摩尔比热容 c_i 随 T_g 的变化也不大，也可以看成定值，于是式(3－41)曲线的斜率为：

$$\left(\frac{dQ_R}{dT_g}\right)_b = -B\left(\sum m_i c_i\right) \tag{3-44}$$

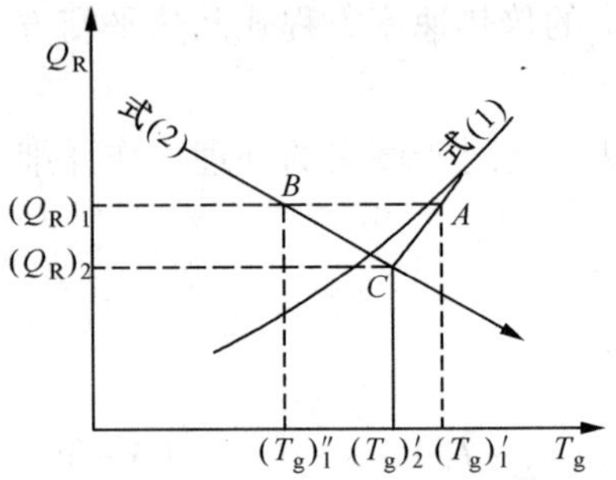

图 3－1 T_g 值试算图

给定 T_g 的一个初值$(T_g)_a$，由式(3－36)得$(Q_R)_1$，以此$(Q_R)_1$代入式(3－41)，求出$(T_g)_{b1}$。$[(T_g)_{a1}, (Q_R)_1]$及$[(T_g)_{b1}, (Q_R)_1]$两点在图 3－1 上分别以 A、B 表示。由图 3－1 可以看出：所要求的解在$(T_g)_{a1}$与$(T_g)_{b1}$之间。

过点 A 的切线方程为：

$$\frac{(Q_R)_1 - (Q_R)}{(T_g)_{a1} - (T_g)} = \left(\frac{dQ_R}{dT_g}\right)_a \tag{3-45}$$

过点 B 的切线方程为：

$$\frac{(Q_R)_1 - (Q_R)}{(T_g)_{b1} - (T_g)} = \left(\frac{dQ_R}{dT_g}\right)_b \tag{3-46}$$

式(3－45)及式(3－36)两切线的交点$[(T_g)_{a2}, (Q_R)_2]$更逼近于原方程组的解。

$$(T_g)_{a2} = (T_g)_{a1} + \frac{(T_g)_{b1} - (T_g)_{a1}}{1 - \dfrac{\left(\dfrac{dQ_R}{dT_g}\right)_a}{\left(\dfrac{dQ_R}{dT_g}\right)_b}} \tag{3-47}$$

用式(3－43)及式(3－44)算出的$\left(\frac{dQ_R}{dT_g}\right)_a$及$\left(\frac{dQ_R}{dT_g}\right)_b$代入式(3－47)，便可得到部分替换迭代法的迭代公式为：

$$(T_g)_{an+1} = (T_g)_{an} + \beta_n[(T_g)_{bn} - (T_g)_{an}] \tag{3-48}$$

其中

$$\beta = \frac{B\left(\sum m_i c_i\right)T_g}{5.67\varphi A_{cp}F\left(\frac{4}{100}\right)\left(\frac{T_g}{100}\right)^3 + h_{RC}A_{Rt} + B\sum m_i c_i} \tag{3-49}$$

迭代过程进行至：

$$\left|(T_g)_{bn} - (T_g)_{an}\right| \leqslant \varepsilon \tag{3-50}$$

即可求得离开辐射室的烟气温度：$T_g=(T_g)_{bn}$

式中　ε——迭代要求的精度，一般可取为0.01。

在迭代过程中，同时算出了辐射室的热负荷 Q_R。

2. 牛顿迭代法

辐射室传热速率方程与热平衡方程的联解也可以采用牛顿迭代法。

设已知函数的形式为：

$$f(x)=0$$

则牛顿迭代公式为：

$$x_{k+1}=x_k-\frac{f(x_k)}{f'(x_k)}$$

式中　$f'(x_k)$——为 $f(x_k)$ 的一阶导数。

对辐射室的传热计算，若忽略燃料、空气以及雾化蒸汽带入的热量，可令：

$$f(T_g)=5.67\varphi A_{cp}F\left[\left(\frac{T_g}{100}\right)^4-\left(\frac{T_w}{100}\right)^4\right]+h_{RC}A_{Rt}(T_g-T_w)-BQ_1\left(1-\frac{q_L}{Q_1}-\frac{q_g}{Q_1}\right)=0 \tag{3-51}$$

在一定的 T_g 范围内，总辐射交换因数 F 随 T_g 而变化的幅度不大，可以认为是常数。

迭代公式为：

$$T_{gk+1}=T_{gk}-\frac{f(T_{gk})}{f'(T_{gk})} \tag{3-52}$$

注意：这里必须把$\frac{q_g}{Q_1}$与 T_g 之间的图表关系处理成关联式的形式后，方能求 $f(T_{gk})$ 的一阶导数。

$$\text{迭代过程进行至}\ |T_{gk+1}-T_{gk}|\leqslant\varepsilon_1\quad\text{及} \tag{3-53}$$

$$\left|\frac{(Q_R)_R-(Q_R)_B}{(Q_R)_R}\right|\leqslant\varepsilon_2 \tag{3-54}$$

即可求得离开辐射室烟气温度 $T_g=T_{gk+1}$ 及辐射室的热负荷 $Q_R=(Q_R)_B$，式中 ε_1、ε_2 为迭代要求的精度，可取为0.01。

式中，$(Q_R)_R$、$(Q_R)_B$ 分别为由式(3-33a)及式(3-35)算出的 Q_R。

查一查：什么是遮蔽管？

二、别洛康法

别洛康法与罗伯-依万斯法相比，二者的基本原则是相同的，但辐射室中火焰及烟气对辐射管的传热速率方程不同。尽管两种方法都可以用于工艺计算，但通常罗伯-依万斯法用于加热型炉子，而别洛康法用于化工反应炉。

别洛康认为辐射室中，辐射管接受的辐射热是由火焰及烟气直接辐射炉墙表面的反射之和。其中火焰及烟气的辐射是主要的，炉墙的反射则由于烟气的存在，烟气将会吸收其中一部分辐射能，因此反射的作用受到削弱，只居次要的地位。此外，辐射管还受烟气的对流传热，它属于自然对流传热。对流传热量约占辐射室总传热量的10%~20%。

别洛康法的特点是引入了当量绝对黑表面的概念。设想辐射室中辐射换热是有两个面积相等、相距极近、互相平行的绝对黑表面之间进行的。其中一个平面的温度等于管壁的平均温度，代表管排的作用；另一个平面的温度等于离开辐射室烟气的温度，代表火焰、烟气的直接辐射作用。这种平面称为当量绝对黑表面，两个当量绝对黑表面间的辐射传热速率恰等于火焰、烟气及炉墙辐射管的辐射传热速率。

别洛康法也是用联解辐射室的传热速率方程式及热平衡方程式，来求解辐射室的传热问题。

1. 传热速率方程式

$$Q_R = Q_{Rr} + Q_{Rc} = C_s H_s \left[\left(\frac{T_p}{100} \right)^4 - \left(\frac{T_w}{100} \right)^4 \right] + h_{Rc} A_{Rt} (T_p - T_w) \tag{3-55}$$

式中 Q_R——辐射室的传热速率，W；

Q_{Rr}——辐射室中火焰、烟气对辐射管的直接辐射及炉墙对炉管反射的传热速率，W；

Q_{Rc}——辐射室中的烟气对辐射管的对流传热速率，W；

C_s——绝对黑体的辐射系数，$C_s = 5.67 W/m^2 \cdot K^4$；

H_s——当量绝对黑表面，m^2；

T_p——离开辐射室烟气的温度，K；

T_w——辐射管外表面的平均温度，K；

h_{Rc}——烟气对辐射管的对流传热系数，$W/m^2 \cdot ℃$；

A_{Rt}——辐射管外表面积，m^2。

2. 辐射室传热速率方程式中各参数及其计算

（1）当量绝对黑表面

当量绝对黑表面是用联解传热速率方程式及热平衡方程式求得的。

烟气对辐射管管排的辐射传热速率方程式为：

$$Q_1 = \varepsilon_g \varepsilon_w \varphi A_{cp} (E_g - E_w) \tag{3-56}$$

烟气对辐射室炉墙的辐射传热速率方程式为：

$$Q_2 = \varepsilon_g \varepsilon_R A_w (E_g - E_R) \tag{3-57}$$

辐射室炉墙对辐射管反射的传热速率方程式为：

$$Q_3 = (1 - \varepsilon_g) \varepsilon_R \varepsilon_w \prod (E_R - E_w) \tag{3-58}$$

式中 ε_g、ε_R、ε_w——为烟气、辐射室炉墙和辐射管表面的黑度；

A_w——辐射室炉墙的有效面积，m^2；

φ——火焰及烟气对管排的角系数；

A_{cp}——冷平面面积，m^2；

φA_{cp}——当量冷平面面积，m^2；

$\prod$——辐射管管排与炉墙间直接辐射的计算表面积，m^2。

$$\prod = F_{CR} \varphi A_{cp} = F_{RC} A_w \tag{3-59}$$

式中 F_{CR}、F_{RC}——为 φA_{cp} 对 A_{Rt} 及 A_w 对 φA_{cp} 的角系数；

E_g——烟气的黑体辐射能力，$E_g = C_s \left(\frac{T_g}{100} \right)^4$，$W/m^2$；

E_w——辐射管的黑体辐射能力，$E_w = C_s \left(\frac{T_w}{100} \right)^4$，$W/m^2$；

E_R——辐射室炉墙的黑体辐射能力，$E_R=C_s\left(\frac{T_R}{100}\right)^4$，$W/m^2$；

T_g——烟气的平均温度，K；

T_w——辐射管外表面的平均温度，K；

T_R——辐射室炉墙的平均温度，K。

因此，火焰、烟气对辐射管的直接辐射及炉墙对炉管反射的传热速率为：

$$Q_{Rr}=Q_1+Q_3=\varepsilon_g\varepsilon_w\varphi A_{cp}(E_g-E_w)+(1-\varepsilon_g)\varepsilon_R\varepsilon_w\prod(E_R-E_w) \quad (3-60)$$

烟气以辐射和对流两种方式把热量传给辐射室的炉墙。假定辐射室炉墙对外界的散热损失恰好被烟气以对流方式传给炉墙的热量补偿，则烟气以辐射的形式传给炉墙的热量又全部以反射的方式传给辐射管，即：

$$Q_2=Q_3 \quad (3-61)$$

由式(3-57)及式(3-58)可以写出辐射室炉墙的热平衡方程式：

$$\varepsilon_g\varepsilon_R A_w(E_g-E_R)-(1-\varepsilon_g)\varepsilon_R\varepsilon_w\prod(E_R-E_w)=0 \quad (3-62)$$

或

$$E_R-E_w=\frac{\varphi_v A_w}{\varepsilon_g A_w+(1-\varepsilon_g)\varepsilon_w\prod}(E_g-E_w) \quad (3-63)$$

把式(3-63)带入式(3-60)得：

$$Q_{Rr}=\varepsilon_R\varepsilon_w\varphi A_{cp}(E_g-E_R)-(1-\varepsilon_R)\varepsilon_R\varepsilon_w\prod\cdot\frac{\varepsilon_v A_w}{\varepsilon_g A_w+(1-\varepsilon_g)\varepsilon_w\prod}(E_g-E_w)$$

$$=\left[\varepsilon_g\varepsilon_w\varphi A_{cp}+(1-\varepsilon_g)\varepsilon_R\varepsilon_w\prod\frac{\varepsilon_v A_w}{\varepsilon_g A_w+(1-\varepsilon_g)\varepsilon_w\prod}\right](E_g-E_w) \quad (3-64)$$

将 $E_g=C_s\left(\frac{T_g}{100}\right)^4$ 与 $E_w=C_s\left(\frac{T_w}{100}\right)^4$ 代入式(3-64)得：

$$Q_R=C_s\varepsilon_g\left[\varepsilon_w\varphi A_{cp}+\frac{(1-\varepsilon_g)\varepsilon_R\varepsilon_w\prod A_w}{\varepsilon_g A_w+(1-\varepsilon_g)\varepsilon_w\prod}\right]\times\left[\left(\frac{T_g}{100}\right)^4-\left(\frac{T_w}{100}\right)^4\right] \quad (3-65)$$

比较式(3-64)与式(3-65)得：

$$H_s=\varepsilon_g\left[\varepsilon_w\varphi A_{cp}+\frac{(1-\varepsilon_g)\varepsilon_R\varepsilon_w\prod A_w}{\varepsilon_g A_w+(1-\varepsilon_g)\varepsilon_w\prod}\right]\times\left(\frac{T_g^4-T_w^4}{T_p^4-T_w^4}\right) \quad (3-66)$$

令

$$\beta=\frac{(1-\varepsilon_g)\varepsilon_w\prod}{\varepsilon_g A_w+(1-\varepsilon_g)\varepsilon_w\prod} \quad (3-67)$$

则

$$\beta=\frac{1}{1+\frac{\varepsilon_g}{1-\varepsilon_g}-\frac{1}{\varepsilon_w F_{Rc}}} \quad (3-68)$$

令

$$\frac{1}{\varphi(\mathrm{T})}=\frac{T_g^4-T_w^4}{T_p^4-T_w^4} \quad (3-69)$$

把式(3-67)及式(3-69)代入式(3-66)得：

$$H_s=\frac{\varepsilon_g}{\varphi(T)}(\varepsilon_w\varphi A_{cp}+\beta\varepsilon_R A_w) \quad (3-70)$$

式中　$\varphi(T)$——与辐射室的温度分布有关的函数，平均为 $\varphi(T)=0.80\sim0.85$；

ε_g——烟气的黑度，根据别洛康总结出的数据，得出

$$\varepsilon_g \approx \frac{2}{1+2.15\alpha} \tag{3-71}$$

α——过剩空气系数；

ε_w——辐射管表面黑度，一般为0.9~0.95；

ε_R——辐射室炉墙黑度，一般为0.85~0.9。

为了计算式(3-70)中的β值，需要知道辐射室炉墙对辐射管管排的角系数F_{Rc}，别洛康采用了罗伯-依万斯的数据，即：

$$当\ 0 \leqslant \frac{A_w}{\varphi A_{cp}} \leqslant 1\ 时，F_{Rc} = \frac{\varphi A_{cp}}{A_t} \tag{3-72}$$

$$当\ 3 \leqslant \frac{A_w}{\varphi A_{cp}} \leqslant 6.5\ 时，F_{Rc} = \frac{\varphi A_{cp}}{A_w} \tag{3-73}$$

式中 A_t——辐射室内总表面积，m^2；

φA_{cp}——辐射管管排的有效面积，m^2，即罗伯-依万斯法中的当量冷平面面积，m^2；

A_w——辐射室炉墙的有效面积，m^2。

$$A_w = A_t - \varphi A_{cp} \tag{3-74}$$

由此可见，别洛康法与罗伯-依万斯法一样，在计算F_{Rc}时，都采用了简化的经验数据，对于不同的炉型，需要积累经验加以补充和修改，才能获得比较满意的结果。

(2) 烟气对辐射管的对流传热系数

别洛康提出烟气对辐射管的对流传热系数可以用式(3-75)计算：

$$h_{Rc} = 1.8\sqrt[4]{T_p - T_w} \tag{3-75}$$

式中 h_{Rc}——对流传热系数，$W/m^2 \cdot ℃$。

(3) 辐射管外表面平均温度

辐射管外表面平均温度T_w可以按照罗伯-依万斯法计算。

3. 辐射室的热平衡方程

燃料燃烧后放出的热量，除炉膛的散热损失外，应等于传给辐射管的热量与出辐射室带走热量值和，即：

$$BQ_l\eta_T = B\left(\sum m_i c_i\right)_{T_p}(T_P - T_o) + Q_R \tag{3-76}$$

或者，辐射管吸收的热量应等于火焰及烟气从最高理论火焰温度降至出辐射室温度所放出的热量，即：

$$Q_R = B\left(\sum m_i c_i\right)_{T_p}(T_{max} - T_P) + Q_R \tag{3-77}$$

式中 B——燃料消耗量，kg/s液体燃料或Nm^3气体燃料/s；

Q_l——燃料低发热值，J/kg液体燃料或J/Nm^3气体燃料；

η_T——辐射室的有效率(考虑辐射室对外的散热损失)，一般等于0.97~0.99；

$\left(\sum m_i c_i\right)_{T_p}$——烟气在273.15K至$T_p$的平均比热容，J/kg液体燃料·℃或$J/Nm^3$气体燃料·℃。

别洛康是用解高次方程的方法联解辐射室传热速率方程式即热平衡方程式，来求解析解的。

其方法为把式(3-55)代入式(3-76)得：

$$BQ_1\eta_T = B\left(\sum m_i c_i\right)_{T_p}(T_P - T_o) + C_s H_s\left[\left(\frac{T_p}{100}\right)^4 - \left(\frac{T_w}{100}\right)^4\right] + h_{Rc}A_{Rt}(T_p - T_w) \quad (3-78)$$

根据虚拟最高火焰温度的定义知：

$$BQ_1\eta_T = B\left(\sum m_i c_i\right)_{T_p}(T_{max} - T_o) \quad (3-79)$$

把式(3－79)代入式(3－78)得：

$$B\left(\sum m_i c_i\right)_{T_p}(T_{max} - T_o) = B\left(\sum m_i c_i\right)_{T_p}(T_P - T_o) + C_s H_s\left[\left(\frac{T_p}{100}\right)^4 - \left(\frac{T_w}{100}\right)^4\right] + h_{Rc}A_{Rt}(T_p - T_w) \quad (3-80)$$

式(3－80)两端各加上 $h_{Rc}A_{Rt}(T_{max} - T_p)$，经移项合并后得：

$$T_{max} - T_p = \frac{10^{-8}C_s H_s T_p^4}{B\left(\sum m_i c_i\right)_{T_p} h_{Rc}A_{Rt}} + \frac{h_{Rc}A_{Rt}(T_{max} - T_p) - 10^{-8}C_s H_s T_w^4}{B\left(\sum m_i c_i\right)_{T_p} + h_{Rc}A_{Rt}} \quad (3-81)$$

令

$$\Delta\theta = \frac{h_{Rc}A_{Rt}(T_{max} - T_w) - 10^{-8}C_s H_s T_w^4}{B\left(\sum m_i c_i\right)_{T_p} + h_{Rc}A_{Rt}} \quad (3-82)$$

式(3－82)中 $h_{Rc}A_{Rt}(T_{max} - T_w)$ 的意义可以理解为，以对流方式所能传给辐射管的最大传热速率，$10^{-8}C_s H_s T_w^4$ 是辐射管发辐射的传热速率，$\Delta\theta$ 叫作辐射室内传热的温度校正系数。若 $\Delta\theta > 0$ 表示对流的最大传热速率超过反辐射的传热速率，若 $\Delta\theta < 0$，则反之。

将式(3－82)代入式(3－81)得：

$$\frac{10^{-8}C_s H_s}{B\left(\sum m_i c_i\right)_{T_p} + h_{Rc}A_{Rt}} T_p^4 + T_p = T_{max} - \Delta\theta \quad (3-83)$$

令

$$\beta_s = \frac{T_p}{T_{max} - \Delta\theta} \quad (3-84)$$

或

$$T_p = \beta_s(T_{max} - \Delta\theta) \quad (3-85)$$

式中　β_s——辐射特性因数。

将式(3－85)代入式(3－83)得：

$$\frac{10^{-8}C_s H_s}{B\left(\sum m_i c_i\right)_{T_p} + h_{Rc}A_{Rt}} \beta_s^4 + (T_{max} - \Delta\theta) + \beta_s(T_{max} - \Delta\theta) = T_{max} - \Delta\theta \quad (3-86)$$

移项并简化后得：

$$\beta_s^4 \frac{10C_s H_s}{B\left(\sum m_i c_i\right)_{T_p} + h_{Rc}A_{Rt}}\left(\frac{T_{max} - \Delta\theta}{1000}\right)^8 + \beta_s = 1 \quad (3-87)$$

令

$$x = \frac{10C_s H_s}{B\left(\sum m_i c_i\right)_{T_p} + h_{Rc}A_{Rt}}\left(\frac{T_{max} - \Delta\theta}{1000}\right)^8 \quad (3-88)$$

其中，x——辐射参变数。

将式(3－88)代入式(3－87)得：

$$x\beta_s^4 + \beta_s = 1 \quad (3-89)$$

式(3－89)的解析解为：

$$\frac{1}{\beta_s} = \frac{1}{4}\sqrt{\frac{3}{16} + \sqrt{\frac{9}{64} + x + \varphi(x)}} \quad (3-90)$$

别洛康认为在工程计算上可取 $\varphi(x) \approx 0$，求得 β_s 代回到式(3－85)及式(3－77)，即可

得到离开辐射室烟气的温度 T_p 及辐射室的热负荷 Q_R。实际上，由于很多参数(例如 ε_g、c_i 等)与 T_p 有关，因此，在计算之前应假设一个 T_p 然后进行计算，当假设值与计算值之差符合规定的精度要求时，便可停止计算，否则需要重新假设 T_p 进行计算。

计算结果表明，若取 $\varphi(x)\approx 0$，得出的 T_p 及 Q_R 并不是传热速率方程及热平衡方程的真解，且有较大的误差。

编程数值计算：

与罗伯－依万斯法一样，别洛康法也可以采用部分替换迭代法或牛顿迭代法进行编程数值计算，而且可以得到任意精度的近似解。

区域法相对于罗伯－依万斯法和别洛康法要复杂得多，本节仅介绍三个方面的内容，即区域法及其意义、怎样分区、用区域法计算管式加热炉的总步骤。

前述的罗伯－依万斯法和别洛康法都对辐射传热计算作了简化。例如，整个炉膛的烟气温度相同，耐火墙的温度相同等。因此，这些方法虽简便，但有很大的经验性，并且不能计算炉膛的温度分布，只能计算传热的总结果。我们知道，在管式加热炉中，主要以辐射的方式将热量传递到炉管表面。因火嘴的结构、排列、供热量，燃料的种类、状态，耐火墙的结构、性质，管内被加热介质的性质、物理或化学变化的过程不相同，烟气的混合、扩散等因素使炉膛空间各点的温度、黑度以及烟气的化学组成等都不尽相同。当设备大型化，或对管内进行化学反应过程模拟计算，而该过程对温度又很敏感，或对加热炉进行优化、自控时，则上述的假定过于失真，只能寻求其他的辐射传热计算方法，才能达到准确设计加热炉的目的。因此，各种能准确描述辐射传热规律的三维模型越来越受到人们的重视，区域法、蒙特卡罗法就是公认的较好的方法。

霍特尔提出的区域法计算炉膛内的辐射传热，因理论上较为完备，用该法可以计算出炉膛的烟气温度分布、炉墙温度分布、管壁温度分布，精度较高，从而受到推崇。

前面提及：管式加热炉炉膛空间中的烟气、耐火墙、炉管各自的温度、性质不均匀又不相同。如果把他们分成若干块，并把每一块称为一个区，而这些区足够小的话，或者说炉膛一定，区的数量足够多的话，每个区内的温度、性质势必趋于相同。不过划分的区域数多，计算结果虽精确，但工作量太大。一般工业设计中，把区域数控制在 100 个左右已经足够精确。每个区在发射辐射能的同时又接受来自其他各区的辐射能。如果该区为管表面区，它将传递一定的热量给管内介质；如果该区为耐火墙表面区，它将传递一定的热量给周围介质；如果该区为燃料燃烧区，它将接受一定量的燃烧热等。计算炉膛的辐射热交换就变成了具体的计算各区之间的辐射热交换，计算各区的温度，也就相应地得到了温度分布。

不同的炉型分区方法亦不同。在立式炉中(如立管立式炉、卧管立式炉等)把耐火墙表面或当量管表面划分成若干个正方形或长方形，把烟气空间划分为若干立方体或长方体；在圆筒炉中，把侧墙和当量管表面划分为若干圆柱面，把上下底耐火墙划分为若干环形和圆形，把烟气空间划分为若干圆柱体和环柱体。划分表面而形成的每一几何图形称为表面区，划分烟气空间而形成的每一几何图形成为气体区。所分区域形状应以便于计算而又能反映炉子的几何形状为原则。

管式加热炉的计算是一个多学科的综合课题，除计算辐射传热的数学模型外，尚须已知燃料的燃烧模型、烟气的流动模型、管内的过程模型等。在资料不足或进行简化时，往往做出某些假定，例如把烟气看作活塞流，烟气成分在炉膛中相同等。区域法计算的总步骤如下：

（1）由已知燃料量和成分，选定过剩空气系数以及雾化蒸汽量进行燃烧计算，得出烟气成分以及烟气量。

（2）估计一个烟气平均温度，即使不准确也不影响计算结果的精度。由炉型的特征尺寸射线平均行程长度，计算烟气的减弱系数，或称作吸收系数。该步骤属于气体辐射的内容。

（3）将计算对象，即已确定的炉型进行分区。由其集合尺寸和减弱系数，通过高斯积分法或概率积分法求表面区之间的直接交换面积的值。

（4）由已知耐火墙，当量管表面区的黑度、反射率、面积解线性方程组，求出总交换面积的大小。

（5）计算权因子，求定向通量面积。

（6）由燃料的燃烧模型、烟气流动模型、烟气对流放热、管壁与管内介质之间的传热，耐火砖墙与周围介质之间的传热等建立每个区的热平衡方程式。

（7）解非线性方程组，得出炉膛的温度分布。

上述(1)～(4)四步是区域法计算辐射传热的内容，他们有序地联系着，即一定要先计算直接交换面积，然后计算总交换面积，再计算定向通量面积。

概括起来，分区仅仅是把炉膛中从整体来看是不均匀的量变成局部均匀的量的一种方法，在其他计算辐射传热的模型中(例如蒙特卡罗法)也是这样做的。而区域法计算辐射传热的基本点是提出交换面积这个概念，用以计算受热区接受发射区热量的大小。所以计算各种交换面积是区域法的核心。

三、蒙特卡罗法

蒙特卡罗法又称统计模拟法，是为分析核反应堆里中子流而导出的。20 世纪 60 年代初首先由 Howell 用这种方法对辐射热交换进行了分析。后来人们对该法进行开拓，应用于锅炉燃烧室计算、圆筒形炉膛计算以及烃类蒸气转化炉计算等。理论和实践都证明蒙特卡罗法计算辐射传热具有数学模型简单、易于掌握、计算机程序短、计算时间省、在相同计算机容量的条件下可以求更多的未知温度等优点。对于炉型结构复杂、表面发射与反射不遵守兰贝特定律以及烟气实际性质等情况，相对区域法来说，其上述优点就更为突出。但鉴于统计法的固有特点，其误差相对较大。

在区域法中，用分区法把炉膛中从整体来看是不均匀的物理量和性质视为局部均匀；蒙特卡罗法沿用这一做法，在进行计算时把系统分为若干表面区和气体区。在区域法中，提出交换面积这一概念，并用于计算辐射热交换，在蒙特卡罗法中则用能束来模拟发射、吸收、反射等实际过程，统计每区能束的得失从而计算辐射热交换，下面做一简单介绍。

蒙特卡罗法把辐射能看成由能束或能量子组成，在性质上能束类似于光子，不过在数量上后者要比前者大得多，且每一能束所具有的能量是不变的，即不随温度、波长以及发射点的位置改变而改变。

为了使问题简化，把炉膛的表面近似地看作灰体，遵守兰贝特定律，把烟气看作灰气或由几个虚拟灰气和一个透明气组成，他们的减弱系数(吸收系数)不变。今有一灰气的封闭系统，令任一表面区的温度为 T_{s_i}，任一气体区的温度为 T_{g_i}，它们的辐射热量分别为：

$$Q_{s_i} = A_{s_i}\varepsilon_{s_i}\sigma T_{s_i}^4 \tag{3-91}$$

$$Q_{g_i} = 4kv_{g_i}\sigma T_{g_i}^4 \tag{3-92}$$

式中　Q_{s_i}、Q_{g_i}——表示表面区和气体区热源的辐射热流量，W；

A_{s_i}、v_{g_i}——表示表面区与气体区的面积与体积，m^2、m^3；

ε_{s_i}、k——表示表面区黑度和烟气区的减弱系数，无因次、m^{-1}；

σ——表示斯蒂芬－波尔兹曼常数。

将辐射热流量看作由若干能束组成，倘假定每一能束具有相同能量，记为 Q_0，表面与气体辐射的能束数应为：

$$N_{s_i} = \frac{Q_{s_i}}{Q_0} \tag{3-93}$$

$$N_{g_i} = \frac{Q_{g_i}}{Q_0} \tag{3-94}$$

前已提及，蒙特卡罗法用能束来模拟辐射传热中的发射、反射、吸收等实际物理过程，能束从发射开始直到最后被表面或气体吸收的全部历程是由一系列随机数来决定的。这些随机数决定其发射位置、方向、光谱区间、行程长短以及反射和吸收，与热射线的运行一样，能束在均匀介质中按直线前进。如果对能束进行跟踪，记录它自发射到被吸收的历程，并为吸收区记分，最后可以统计出系统中各区发射和吸收能束数的多少，作为工程上感兴趣的温度分布、热通量的计算基础。

例如，上述系统中表面区 S_i 单位时间内发射出了 N_{s_i} 个能束，接受了来自其他各区(包括自身)的 B_{s_i} 个能束，如果用 Q_{net} 表示该区的净热交换，则：

$$Q_{net} = Q_0(N_{s_i} - B_{s_i}) \tag{3-95}$$

在稳定状态下，系统中烟气区接受能束数为 B_{g_i}，因为无热量积累，能束在区域中某点被接受必然在同一点被发射出去。如果烟气中无热源则式(3－96)成立。

$$Q_o B_{g_i} = 4kv_{g_i}\sigma T_{g_i} \tag{3-96}$$

可以很方便地算出烟气区的温度：

$$T_{g_i} = \left(\frac{Q_o B_{g_i}}{4kv_{g_i}\sigma}\right) \tag{3-97}$$

从以上的叙述中可以看出，用蒙特卡罗法计算辐射传热主要要解决两大问题，一个是抽样问题，由随机数决定能束的发射位置、方向、行程长度、吸收还是反射；另一个是跟踪问题，统计各区的能束得失数。当然还有如何加速收敛与提高精度等方面的问题。

以上介绍了辐射室传热计算的四种方法，尽管区域法和蒙特卡罗法更接近加热炉辐射室的部分传热过程，但由于这两种方法与罗伯－依万斯法和别洛康法相比仍显得复杂、繁琐，因此，国内目前各种炉型的设计计算与核算主要采用罗伯－依万斯法和别洛康法。

四、辐射室表面热强度及主要结构尺寸的确定

对于正在运转的加热炉，炉子的结构尺寸是已知的，可以直接进行辐射室的传热计算。但在设计新的加热炉时，由于炉膛大小、炉管直径、管心距、管数等各种结构因素尚未确定，所以实际上传热计算还无法进行。因此，必须首先根据炉内辐射传热的基本规律并结合已有的实际经验，分别将各个结构参数加以确定，然后再利用辐射室传热速率方程和热平衡方程进行校核计算。如果校核结果不能满足工艺上的要求，则应重新改变某些参数值，再次进行核算，直至达到规定的工艺要求为止。

辐射管表面热强度是指单位时间内通过每平方米炉管表面积所传递的能量，即：

$$q_R = \frac{Q_R}{A_{Rt}} \tag{3-98}$$

式中 q_R——辐射管表面热强度，W/m^2；

Q_R——辐射室热负荷，W；

A_{Rt}——辐射管外表面积，m^2。

因此，要确定辐射管表面积 A_{Rt}，必须首先选择一个合适的辐射管表面热强度 q_R，同时，由式(3－98)可以看出，当辐射室热负荷 Q_R 一定时，选用辐射管表面热强度 q_R 越高，所需的炉管面积越少，加热炉的基建投资费用越低。在管式加热炉的设计或操作中，都希望尽可能地提高辐射管的表面热强度，但由于下述因素的影响，热强度的数值不能任意提高，而是有一定的限制，这个限制的数值叫做容许热强度。这些影响因素如下：

（一）被加热介质的热稳定性

因为提高辐射管表面热强度时，辐射管的壁温也会随之增加，当管壁温度超过一定限度后，管内壁附近的介质就可能过热分解而结焦，严重时甚至引起炉管破裂，危及安全生产。所以，容许热强度的提高，受到被加热介质热稳定性的限制。

通常，介质的热稳定性越差，越容易结焦；对于油品，若其越重、含芳香烃越多，则越容易结焦；同时温度越高，越容易结焦。而当被加热介质流速加快时，则不容易结焦，这是因为提高流速能使管内对流传热系数增大和减少介质在管内的停留时间的缘故。但介质流速受到炉管压力降的限制，也不能任意提高。

（二）选用炉管的材质

不同材质的炉管，其抗高温性能不同，因此有不同的允许温度和相应的辐射管容许热强度。由于各种级别材质的相对价格差别很大，所以实际上如非工艺要求所必需，而当增加热强度致使壁温升高较多，需升级选用炉管材质时，反而不如选用较低的热强度更加合理。

必须注意，根据式(3－98)计算出的辐射管热强度只不过是一个平均值，而实际情况是当平均值尚未达到容许热强度以前，可能在个别炉管的局部表面，早已超过了容许热强度，甚至引起了炉管的鼓包或破裂，这是因为炉管的受热是不均匀的。一是沿管长方向受热不均匀，这主要是由于火嘴布置的位置在炉子的一端所引起的。二是沿每根炉管的圆周方向受热不均匀，一面受辐射、一面受反射的单排炉管，最低热强度与最高热强度的比值为0.312，而受两面辐射的炉管，上述比值为0.752，炉管受热的不均匀性与许多因素有关：如炉型、炉管与火嘴的布置、燃料的种类、火嘴的型式、有无反射锥等。通常用炉管的平均热强度与最高热强度比值来表示炉管受热的不均匀程度，称为热强度的不均匀系数 ξ。

如选用较高的炉管容许热强度，应尽力设法改善炉管受热的不均匀性。容许热强度的计算式：

$$q_{max} = \xi \cdot h_i(\theta_{max} - \tau) \tag{3-99}$$

式中 ξ——热强度的不均匀系数；

h_i——管内介质的对流传热系数，$W/m^2 \cdot ℃$；

θ_{max}——管壁最高允许温度，℃；

τ——管内介质的温度，℃。

实际上，近几十年来各种新炉型的出现，基本上就是在改善辐射室受热分布，提高炉管容许热强度的过程中发展起来的。

综上所述，加热炉内影响辐射管热强度的因素很多，也很复杂，所以目前国内外只能靠经验选取。

在设计新的加热炉时，首先根据选定辐射管表面热强度 q_R，如已知辐射室的热负荷 Q_R，则由式(3－98)即可得到辐射管的表面积为：

$$A_{Rt}=\frac{Q_R}{q_R} \tag{3-99a}$$

其中辐射室的热负荷 Q_R 可以按全炉热负荷的70%～80%来估计，即：

$$Q_R=(70\%\sim80\%)Q \tag{3-100}$$

（三）辐射管管径及管心距

根据所推荐的管内介质流速 u，由式(3－101)可以算出所需的管内径为：

$$d_i=\frac{1}{30}\sqrt{\frac{W_F}{\pi Nu\rho}} \tag{3-101}$$

式中 W_F——管内介质流量，kg/h；

N——管程数，一般不使用奇数；

ρ——管内介质在20℃时的密度，kg/m^3；

u——管内介质流速，m/s。

管外径 d_o 等于管内径 d_i 加两个管壁厚，壁厚根据压强决定，一般为6～12mm。

在选用管内介质流速计算管径时，主要应考虑炉管压力降的限制。当压力降不是限制因素时，可以适当提高流速以减少管径，因为管径太大对传热不利。管径小介质停留时间短，可以减少介质的分解和结焦。

一般炉管用回弯头连接时，希望管径不超过 ϕ219mm。用焊接弯头连接时，管径不超过 ϕ250mm。为了降低炉管的压力降，一般可以将炉出口处的几根炉管的直径放大。

管心距 S_1 一般在1.8～2.25d_o 之间，但推荐使用2d_o。增加管心距，可以使靠墙一面的炉管表面得到较大的局部热强度，从而改善炉管沿圆周方向的受热不均匀性，提高炉管表面的平均热强度。所以，使用较大的管心距，特别有利于加热与烟气温度接近的管内高温介质。在某些使用高合金钢管的情况下，可以使用较大的管心距。

（四）辐射室(或炉膛)尺寸

1. 圆筒炉

(1) 高径比：高径比是炉管的有效长度与中心节圆的比值(炉管有效长度指被加热炉管的直管长度，不包括弯头；节圆指辐射管中心点形成的圆周)，国外一般采用2.5～3.0，国内所设计的辐射－对流型加热炉多为无反射锥的空心圆筒炉，所以高径比应比国外的小，以保证沿管长方向受热均匀，通常可取为1.7～2.5。一般中心节圆越大时，所采用的高径比越小。

辐射管的有效长度 L_{ef} 和中心节圆直径 D' 可按下式确定：

因为

$$A_{Rt}=n\pi d_oL_{ef} \tag{3-102}$$

$$n=\frac{\pi D'}{S_1} \tag{3-103}$$

故

$$A_{Rt}=\frac{\pi^2D'd_oL_{ef}}{S_1} \tag{3-104}$$

如取

$$L_{ef}=(1.7\sim2.5)D' \tag{3-105}$$

则
$$D' = \sqrt{\frac{S_1 A_{Rt}}{(1.7 \sim 2.5)\pi^2 d_o}} \quad (3-106)$$

（2）炉膛高度：根据国产钢管规格选用合适的管长。炉膛的高度应根据炉管采用何种支撑形式来决定，一般应比炉管有效长度高出 1m 左右。

（3）炉管总数：

$$n = \frac{A_{Rt}}{\pi d_o L_{ef}} \quad (3-107)$$

式中　n——辐射室炉管数。

实际的炉管总数应选为管程数的整倍数。

（4）炉膛直径：根据实际炉管数算出实际的中心节圆直径，再加上 2 倍的管中心至炉壁的距离（一般距离取 $1.5d_o$），即为实际炉膛的直径。

2. 立式炉

立式炉炉体大致尺寸：宽/长 >0.25，宽/高 >0.25（一般约为 0.5）。

双式立式炉炉体大致尺寸：长/高 <4（一般宽/高 =0.5 ~0.6）。

在固体与固体之间辐射换热中，都假定两固体间的介质对热辐射是透明的，没有涉及气体与固体之间的辐射换热。这时介质的存在并不影响固体间的辐射换热。在工业上常见的高温范围内，O_2、H_2、N_2 等分子结构对称的双原子气体实际上并无发射与吸收辐射能的能力，可以认为是不参与辐射换热的透明体。但是，CO_2、H_2O、SO_2、CH_4、CO 等三原子、多原子以及结构不对称的双原子气体则具有相当大的辐射与吸收能力。当有这类气体出现在换热场合中时，就要涉及到气体与固体间的辐射换热。由于加热炉的燃烧产物中含有一定浓度的 CO_2 和 H_2O 等，而且它们是烟气中的主要辐射成分，所以这两种气体的辐射在工程计算中是很重要的。

（1）气体辐射的选择性：实验发现，有辐射能力的气体，不像固体那样具有连续的辐射光谱，而只是在某些波段范围内具有辐射能力，相应地也只在同样的波段范围内才具有吸收能力。这些有辐射能力的波段称为光带。在光带之外，气体既不辐射也不吸收，对热辐射呈现透明体的性质。也就是说，气体的辐射和吸收对波长具有选择性。

（2）气体辐射和吸收在全容积中进行：固体和液体的辐射和吸收都在表面上进行，而对于具有辐射能力的气体来说，辐射能力的发射和吸收则在整个盛装气体的容积中进行。对于工业上所能遇到的气层来说，气体容积的任何地方发出的辐射能总有一部分可以达到气体的界面（包壁）上，因此气体界面上所感受到的气体辐射应为到达界面上整个容积气体辐射之和。同样，气体（包壁）界面上发出的辐射能，可以射入到气体容积内的一切地方去，但辐射能在射线行程中被有吸收能力的气体分子部分吸收而逐渐削弱。这种削弱的程度取决于中途所碰到的气体分子数目。以上表明，气体的辐射能力，即黑度，气体的吸收能力，即吸收率，除了气体本身的性质之外，还与气体所处的容器的形状和体积有关，即与气体的温度、压力和热射线通过的气层厚度有关。再者，气体的吸收率还与包围气体的固体壁面摄入其体内的辐射能的光谱有关。如果这些固体壁面接近黑体或灰体，则入射光谱只决定于壁面温度。因而气体的吸收率与其包壳的内壁面温度有关。气体是典型的非灰体（发射和吸收光谱不是连续的），其辐射能力实际上不遵守四次方定律。但在工程计算上，为了方便仍应用四次方定律，而把误差归到气体的黑度（辐射率）中去进行修正（不同的温度有不同的黑度）。气体黑度和固体黑度的含义是一样的。

五、火焰辐射

1. 火焰类型及辐射特点：

（1）不发光火焰：当气体或没有灰分的燃料完全燃烧时，得到略带蓝色而近于无色的火焰，通常称为不发光火焰。这种火焰主要的辐射成分是二氧化碳和水蒸气，因此不发光的火焰的辐射具有选择性。另外，在其他类型的火焰中，总是伴随着有三原子气体辐射灰分。

（2）发光火焰：液体以及预先没有和空气充分混合的气体燃料燃烧室，由于有烃高温裂解成的炭黑粒子出现在燃烧器的根部，而使该处的火焰发光。辐射强烈而无选择性的炭黑粒子是发光火焰的主要辐射成分，随着火焰气流向上流动，炭黑粒子逐渐燃尽。炭黑粒子燃尽部分的火焰不发光，这时，总的火焰辐射取决于发光部分所占的比例。

（3）半发光火焰：各种固体燃料燃烧时形成半发光火焰。这种火焰的主要辐射成分是焦炭粒子和灰粒。焦炭粒子是指颗粒煤粉在逸出水分和挥发物后的剩余部分，焦炭粒子在燃尽后形成灰粒。焦炭粒子辐射强烈，灰粒也有一定的辐射能力，两者的辐射均无选择性。不难看出，发光和半发光火焰除三原子气体的辐射之外，都有许多悬浮的固体颗粒（炭黑、焦炭和灰粒），而且火焰辐射主要取决于这些微粒的辐射。为了着重分析这些微粒在火焰辐射中的作用，需要把问题概括为具有悬浮固体颗粒的集体辐射，且假定气体对辐射是透明体。值得指出的是，微粒尺寸相对于波长的大小不仅影响到辐射量，而且有时也影响到计算的方法。较小的微粒对辐射呈现部分透明性，这时不能用简单的几何光学规律来分析，问题十分复杂。例如，天燃气在未完全燃烧时，聚合前的炭黑粒子直径约为0.03μm，即属此种类型。较大的微粒对辐射呈不透明性，它对射线有完全的遮蔽作用。这种带微粒的火焰的辐射和吸收，随着微粒质量浓度的增加以及微粒直径的减小而增加。

（4）火焰的黑度：火焰辐射是一个十分复杂的现象。首先，各种火焰的辐射成分不同，而各种成分的辐射特性又有差异。其次，燃烧室中不同部分的温度及辐射成分的浓度也不一样，并且他们与燃料种类、燃烧方式以及燃烧工况有关。再次，各种辐射成分之间还互有一定的影响。

因此，要得到一个比较一致的计算火焰黑度的公式是比较困难的，常由经验公式或图表来求得。

① Koel 关于油或气燃烧形成火焰本身黑度 ε_f 按式（3－108）计算。

$$\varepsilon_f = \frac{L_f}{H} \cdot \frac{d_f}{D} \cdot x \tag{3-108}$$

式中 H——辐射室沿火焰方向的高度或长度，m；

L_f——火焰长度，m；

D——辐射室的当量直径，m；

d_f——火焰的平均直径，m；

ε_f——火焰本身的黑度；

x——无因此准数。

火焰总黑度 ε_{gf} 等于三原子气体的黑度 ε_g 与火焰本身黑度 ε_f 之和，即 $\varepsilon_{gf} = \varepsilon_g + \varepsilon_f$。

② Holiday 关于液体燃料燃烧的火焰总黑度计算：

$$\varepsilon_{gf} = 0.282\ln\left(\frac{C/H - 0.5}{4}\right) + 0.002(t - 200) + 0.484 \tag{3-109}$$

式中　C/H——液体燃料的C元素和H元素的质量比；

t——液体燃料的平均沸点温度,℃。

③ Hottel认为，对炉内(烧气或烧油)的辐射传热，如果取火焰的平均温度为准，火焰总黑度ε_{gf}为：

$$\varepsilon_{gf}=\varepsilon_g+0.1 \quad (3-110)$$

式中　ε_g——三原子气体黑度。

例题：设计一管式加热炉，设计参数如下：

(1) 大庆常压重油(燃料油)

化学成分：C—87.57%；H—12.26%；S—0.17%；

密度：$\gamma=916.3\text{kg/m}^3$；

黏度：80℃—58.4mPa·s，100℃—29.2mPa·s。

(2) 原油工艺条件：

入炉温度：280℃；

出炉温度：370℃；

汽化率：30%；

出炉压力：0.2MPa。

(3) 过热蒸汽条件

流量为原油处理量的10%；

入炉温度：142℃(饱和)；

出炉温度：420℃(过热)。

(4) 原油产品分率

汽油：4.6%；煤油：6.6%；轻柴油：10.8%；重柴油：8%；其余为常压重油：70%。

对辐射段进行基本计算。

解：(1) 辐射段基础数据

① 辐射段热负荷。辐射段的热负荷取加热炉总热负荷的70%。

$$Q_R=70\%\times Q_c=70\%\times 27.67=19.37(\text{MW})$$

② 辐射炉管管壁平均温度。炉管介质的平均温度：

$$T'_w=(142+420)/2=281(℃)$$

辐射管的平均温度可取比炉管介质平均温度高42℃，即：

$$T_w=T'_w+42=281+42=323(℃)$$

③ 辐射管平均表面热流密度。被加热介质为原油，采取单面辐射，取辐射管表面的平均热流密度为25kW/m^2。

④ 辐射管表面强度。参考"辐射炉管表面强度和管内质量流速经验数据"，取辐射炉管表面强度$q_R=287000\text{W/m}^2$。

⑤ 辐射管加热面积。计算公式：

$$A_R=\frac{Q_R}{q_R}=\frac{19.37\times10^6}{28000}=691.8(\text{m}^2)$$

式中　A_R——辐射管加热面积，m^2；

Q_R——辐射段的热负荷，W；

q_R——辐射炉管的表面热强度，W/m^2。

(2) 辐射段炉体尺寸确定

① 辐射管管径。参考“辐射炉管表面强度和管内质量流速经验数据”，取辐射炉管管内质量流速 $G_F = 1200\text{kg}/(\text{m}^2 \cdot \text{s})$。

$$W_F = 228.3 \times 10^3 (\text{kg/h})$$

选用管程数 $N = 4$，

$$d_i = \frac{1}{30}\sqrt{\frac{W_F}{\pi \cdot NG_F}} = \frac{1}{30}\sqrt{\frac{228.3 \times 10^3}{\pi \times 4 \times 1200}} = 0.129(\text{m})$$

式中 d_i——辐射炉管内径，m；

G_F——管内流体质量流速，$\text{kg/m}^2 \cdot \text{s}$；

W_F——管内流体流量，kg/h；

N——管程数。

选用公称直径 ϕ127mm 的炉管，管间距为 250mm。

② 辐射段炉管长度和节圆直径。辐射管长度和炉膛高度满足下式关系：

$$A_R \frac{c}{\pi} = \pi D'L$$

式中 A_R——辐射管总表面积，m^2；

c——管心距与辐射管外径之比；

L——辐射管长度，m；

D'——辐射室节圆直径，m。

根据要求，试确定高径比 $L/D' = 2.0$，可以得到：

$$6.25 \times 10^3 \frac{2}{\pi} = \pi D'L$$

计算得：$D' = 8.38$ m，$L = 16.76$ m。

根据相关标准选用炉管的长度为 15000mm，

$$D' = 6.25 \times 10^3 \frac{2}{\pi^2 \cdot L} = 6.25 \times 10^3 \frac{2}{\pi^2 \cdot 15} = 8.45(\text{m})$$

③ 炉膛高度。$H = L +$ 上下弯头高度 + 膨胀长度 + 上部间隙，上下弯头高度为：

$$\frac{3 \times d_o}{2} \times 2 = \frac{3 \times 0.127}{2} \times 2 = 0.38(\text{m})$$

炉管每米的膨胀长度为 10mm，则膨胀长度为：$0.01 \times 15 = 0.15(\text{m})$。

上部间隙为 0.3m，则炉膛高度为：

$$H = 15 + 0.38 + 0.15 + 0.3 = 15.83(\text{m})$$

④ 炉管数：

$$n = \frac{A_R}{\pi dL} = \frac{691.8}{3.14 \times 0.127 \times 3} = 103.4(\text{根})$$

取炉管的根数为 $n = 104$ 根。

⑤ 炉膛直径：$D = D' + 3d$。

实际节圆直径：

$$D = \frac{n \cdot S}{\pi} = \frac{104 \times 0.250}{\pi} = 8.28(\text{m})$$

炉膛直径：

$$D = 8.28 + 3 \times 0.127 = 8.66(\text{m})$$

（3）辐射段热平衡计算

① 当量平面面积：

$$A_{cp} = nL_aS = 104 \times 16.79 \times 0.250 = 279.8(\text{m}^2)$$

式中 A_{cp}——当量平面，m^2；

n——辐射管根数；

L_a——辐射管有效长度，m；

S——辐射管管心距，m。

② 气体的交换因数：

a. 烟气中二氧化碳(CO_2)和水蒸气(H_2O)的分压值 p：根据加热炉的过剩空气系数，由“烟气中 CO_2和 H_2O 的分压”图查得：$P = 0.24$ atm(0.272kPa)。

b. 平均气体的辐射长度 L：所采用的是圆筒型加热炉，高径比为 2，根据要求确定平均气体的辐射长度为 1 倍的炉体直径。即：$L = D = 8.66(\text{m})$。

c. 烟气辐射率 ε_g：

$$PL = 0.24 \times 8.66 = 2.08(\text{atm} \cdot \text{m}) = 210.76\text{kPa} \cdot \text{m};$$

试确定炉膛烟气平均温度 $T_g = 825℃ = 1098\text{K}$；根据 PL 值和 T_g查“烟气辐射率”图得：$\varepsilon_g = 0.63$。

d. 炉膛总内表面积 $\sum F$：

$$\sum F = \pi DL + \frac{\pi}{4}D^2 = \pi \times 8.66 \times 15 + \frac{\pi}{4} \times 8.66^2 = 466.76(\text{m}^2)$$

式中 $\sum F$——炉膛总内表面积，m^2。

e. 炉膛有效辐射率 ε_s：

$$\varepsilon_s = \varepsilon_g\left[1 + \left(\frac{\sum F}{F_a \cdot A_{cp}} - 1\right)\Big/\left(1 + \frac{\varepsilon_g}{1 - \varepsilon_g} + \frac{\sum F}{F_a \cdot A_{cp}}\right)\right]$$

$$= 0.63 \times \left[1 + \left(\frac{466.76}{0.88 \times 279.8} - 1\right)\Big/\left(1 + \frac{0.63}{1 - 0.63} \times \frac{466.76}{0.88 \times 279.8}\right)\right]$$

$$= 0.763$$

式中 F_a——有效吸收因数(对于管心距 $S = 2D$，取 $F_a = 0.88$)。

f. 气体交换因数 F：

$$F = \frac{1}{\dfrac{1}{\varepsilon_f} + \dfrac{1}{\varepsilon_s} - 1}$$

式中 ε_s——炉膛有效辐射率；

ε_f——炉膛表面辐射率；

ε_g——烟气辐射率。

对于炉管材料是碳钢、铬钼钢，取炉膛表面辐射率 $\varepsilon_f = 0.9$。

$$F = \frac{1}{\dfrac{1}{0.9} + \dfrac{1}{0.763} - 1} = 0.70$$

③ 辐射段热平衡。辐射段传热速率方程式：

$$Q_R = [4.93\times10^{-8}F_aA_{cp}F(T_g^4 - T_w^4) + C_1F_aA_{cp}F(T_g - T_w)]\times1.163\times10^{-3}$$

辐射段热平衡方程式：

$$Q_R = 70\% \cdot \frac{B}{3.6}(Q_e + Q_a + Q_f + Q_s)\cdot(1 - q_R - q_g)\times10^{-3}$$

式中 Q_R——辐射段热负荷，kW；

A_{cp}——当量平面，m^2；

F——气体交换因数；

F_a——有效吸收因数；

q_R——辐射段表面散热损失,%；

q_g——离开辐射段炉膛烟气带走的热量损失,%；

C_1——系数。

a. 试确定 $T_g = 825℃ = 1095K$，辐射段采用的圆筒型，系数 $C_1 = 40.60$ 时辐射段热负荷。

$$\begin{aligned}Q_R &= [4.93\times10^{-8}0.88\times279.8\times0.7\times(1298^4 - 596^4)\\ &\quad +40.600.88279.80.7(1098-596)]\times1.163\times10^{-3}\\ &= 19.99(kW)\end{aligned}$$

b. 有效吸收因数：$F_a = 0.88$，辐射段表面损失：$q_R = 3\%$，烟气带走的损失：$q_g = 18\%$。

$$\begin{aligned}Q_R &= 70\%\times\frac{2545\times10^3}{3.6}(42.34\times10^3 + 202.4)\times(1 - 18\% - 3\%)\times10^{-3}\\ &= 19.37\times10^3(kW)\end{aligned}$$

由热负荷平衡确定的 $T_g = 825℃$ 符合条件。

内容提要：

- 辐射传热计算
  - 辐射传热基本理论
    - 辐射、热辐射和辐射波谱
    - 黑体、白体、镜体、透明体
    - 辐射能力
    - 黑度、单色黑度、定向黑度
  - 辐射传热基本定律
    - 普朗克定律
    - 斯蒂芬－波尔兹曼定律
    - 兰贝特定律
  - 管式炉辐射传热计算
    - 罗伯－依万斯法
    - 别洛康法
    - 蒙特卡罗法
    - 辐射表面热强度及主要结构尺寸的确定
    - 火焰辐射

复习思考：

1. 辐射炉管和对流炉管的材质是否要求牌号一致？
2. 辐射炉管直径如何确定？

3. 对流炉管直径如何确定？
4. 炉管壁厚是怎样确定的？
5. 如何考虑炉管壁厚的使用寿命？
6. 如何考虑炉管的腐蚀裕量？
7. 炉管壁厚加厚有什么优缺点？
8. 为什么炉管外径与工艺管线的外径不同？
9. 炉管常用哪几种管径？
10. 炉管常用哪几种长度？

第四章 对流传热计算

在上一章中已经提到，管式加热炉辐射室内以辐射传热为主，同时也存在着对流传热；而在加热炉的对流室内，则以对流传热为主，同时高温烟气和炉墙也以辐射方式进行传热。关于一般的对流传热机理和计算方法，许多有关传热学方面的书籍都有详细的论述，此处就不一一列举了。本章仅就与管式加热炉有关的对流传热问题分述如下。

第一节 管内对流传热系数

一、单向流的内膜传热系数

加热炉炉管内，当流体温度尚未达到泡点以前，只存在着液相，故为单相流。流体的流动一般为受迫运动，紊流。1930 年，Dittus 和 Boelter 用在圆管中得到的紊流传热数据进行关联，得到了如下的准数方程式。

$$Nu = 0.023\ Re^{0.8} Pr^{b} \tag{4-1}$$

式(4 -1)适用于下列条件：$Re > 10^4$，$0.7 < Pr < 100$，$L/D_i > 60$。当加热时，$b = 0.4$，冷却时 $b = 0.3$。

查一查：什么是雷诺准数、普兰特准数及其意义？

二、混相流流动状态的确定

当加热炉炉管内流体温度达到泡点时，管内开始出现气相。随着温度的升高，气相所占的比例愈来愈大。两相流或称混相流，起初的流动状态是气泡流，逐渐发展为块状流、环状流，最后为喷雾流。水平管与垂直管内混相流的发展情况见图 4 -1 所示。

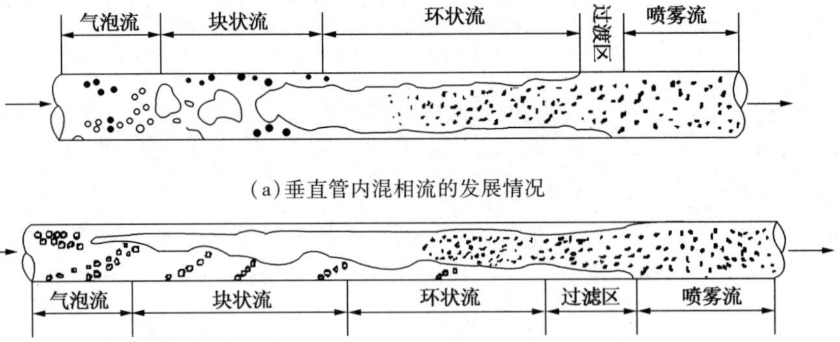

(a)垂直管内混相流的发展情况

(b)水平管内混相流的发展情况

图 4 -1 管内混相流的发展情况

关于判断水平管或垂直管内混相流流动状态的方法有许多种：如 Baker 对水平管的判断，Griffith 和 Wallis、Govier、Fair 对垂直管管内流动状态判断的方法等，此处只介绍 Fair

提出的方法，供计算对流传热系数使用。参考图 4－2 所示，以气、液两相总的质量流速 $G_\circ$ 为纵坐标，以参数 X_{tt} 的倒数为横坐标，定义系数 b 为泡核沸腾的影响因数。当 $b=1.0$ 时为气泡流区，$0<b<1$ 时为块状流区，$b=0$ 时为环状流或喷雾流区。

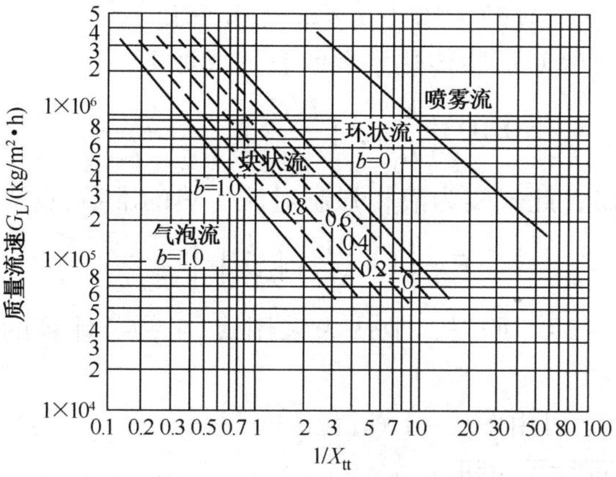

图 4－2　垂直管内混相流流动状态的确定

参数 X_{tt} 的定义为：

$$X_{tt}=\left(\frac{W_L}{W_g}\right)^{0.9}\left(\frac{\rho_g}{\rho_L}\right)^{0.5}\left(\frac{\mu_L}{\mu_g}\right)^{0.1} \tag{4-2}$$

式中　W_L、W_g——表示液体和气体的流量，kg/h；

ρ_L、ρ_g——表示液体和气体的密度，kg/m^3；

μ_L、μ_g——分别表示液体和气体的黏度，kg/(m·h)。

三、混相流的内膜传热系数

1. 气泡流、块状流和环状流区域

在气泡流、块状流和环状流区域中，实质上是泡核沸腾传热与混相流强制对流传热的综合传热过程。在气泡流区，泡核沸腾传热占主导地位；而在环状流区，则强制对流传热占主导地位。所以，混相流的内膜传热系数的计算式为泡核沸腾膜传热系数 h_b 与影响因子 S 的乘积，和混相流强制对流膜传热系数 h_{tp} 之和。影响因子即表示泡核沸腾影响的程度。此处的 S 与图 4－2 的 b 有相同的含义。下面为 Chen 的混相流内膜传热系数的计算方法，其计算结果与实验结果的误差为 ±12%。混相流内膜传热系数为：

$$h_i=S\cdot h_b+h_{tp} \tag{4-3}$$

式中，h_b 为泡核沸腾膜传热系数，其计算式系 Chen 利用 Foster 和 Zuber 的结果修正得到，即：

$$h_b=0.00122\left(\frac{k_L^{0.78}\cdot C_L^{0.45}\cdot\rho_L^{0.49}\cdot g_c^{0.25}}{\sigma^{0.5}\cdot\mu_L^{0.28}\cdot\lambda^{0.24}\cdot\rho_g^{0.24}}\right)\cdot(\Delta t)^{0.24}\cdot(\Delta p)^{0.75}\quad kJ/(m^2\cdot h\cdot K) \tag{4-4}$$

式中　k_L——液相的导热系数，kJ/(m·h·K)；

C_L——液相的比热容，kJ/(kg·K)；

σ——液体的表面张力，kg/m；

μ_L——液相的黏度，kg/(m·h)；

λ——液体的汽化潜热，kJ/kg；

ρ_L、ρ_g——为液相和气相的密度，kg/m³；

Δt——管壁温度和液体沸腾温度之差，℃；

Δp——在对应的管壁温度和液体沸腾温度之差 Δt 下，液体的蒸气压之差，kg/m²；

g_c——换算系数，$g_c = 1.27 \times 10^8 (\text{kg} \cdot \text{m})/(\text{h}^2 \cdot \text{kg})$。

Chen 提出的混相流强制对流膜传热系数的表达式如下：

$$h_{tp} = 0.023\left(\frac{k_L}{D_i}\right) \cdot \left(\frac{D_i G_L}{\mu_L}\right)^{0.8} \cdot \left(\frac{C_1 \mu_L}{k_L}\right)^{0.4} F \qquad (4-5)$$

从式(4－5)可以看出，此式实为液相强制对流传热的准数方程式乘以一校正系数 F。

$$F = \left[1 + \frac{21}{X_{tt}} + \left(\frac{1}{X_{tt}}\right)^2\right]^{0.445} \qquad (4-6)$$

式中参数 X_{tt} 见式(4－2)。同时，他认为采用式(4－6)计算的结果与实验室所得结果(如图 4－3)两者是一致的。

泡核沸腾影响系数 S，可由图 4－4 查得。

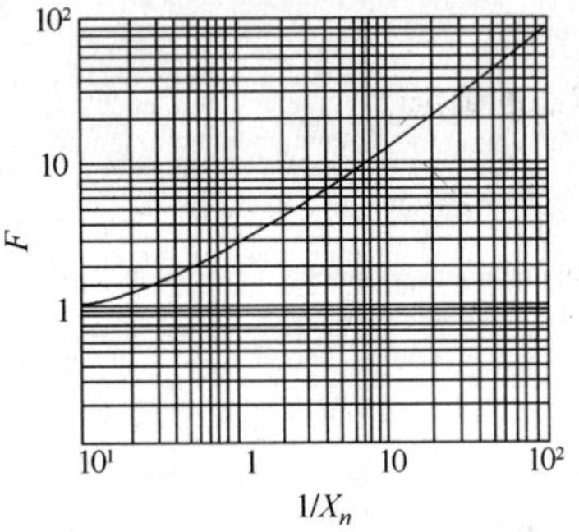

图 4－3　混相流强制对流的校正系数

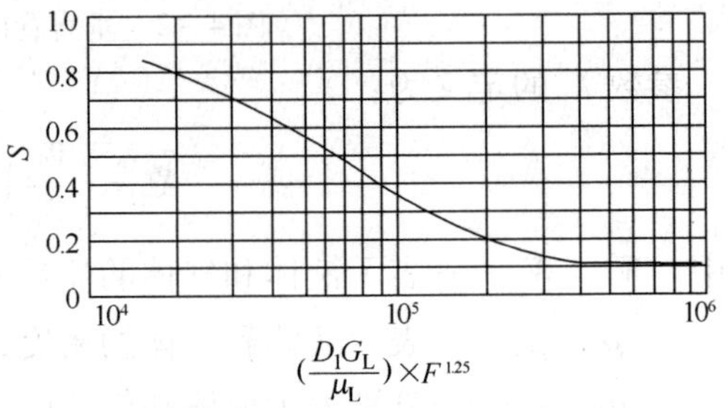

图 4－4　泡核沸腾影响系数

亦可采用下面用逐步回归方法得到的多项式进行计算。式中设 $y = \ln\left(\frac{D_i G_L}{\mu_L} \cdot F^{1.25}\right)$，则有：

$$S = 7.093334 - 0.954186y + 0.032170y^2 \qquad (4-7)$$

式(4－7)的适用范围为：$10^4 \leqslant y \leqslant 10^6$。

2. 喷雾流区域

在喷雾流区域的管内膜传数系数，Lavin 和 Young 曾用弗利昂 12 和弗利昂 22 实验的结果，归纳出了下述关系式：

$$h_i = 0.0162\left(\frac{k_g}{D_i}\right) \cdot \left(\frac{D_i G_g}{\mu_g}\right)^{0.84} \cdot \left(\frac{C_g \mu_g}{k_g}\right)^{\frac{1}{8}} \cdot (1-x)^{6.1} \qquad (4-8)$$

式(4－8)中各种物性，如导热系数 k，比热容 C，黏度 μ 等均标以下标 g，表示气相性质。

式中　G_g——气体的质量流速，kg/(m² · h)；

x——气相的流量分率，$x = \frac{W_g}{W_L + W_g}$；

W_L、W_g——表示液体和气体的流量，kg/h。

四、管内结垢热阻

加热炉炉管在操作一段时间以后，管内流体可能会析出一部分固体，或者是炉管局部过热，使流体分解、缩合引起结焦，这种现象一般叫做管内结垢。结垢随着操作时间的延长而愈来愈厚，严重妨碍传热的进行。这种由于结垢而产生的热阻叫做结垢热阻。

对流管的总传热系数 K_c 与管内、外膜传热系数（h_i、h_0），管内、外结垢热阻（R_i、R_0）及金属壁热阻 δ/k_w 的关系式表示如下：

$$\frac{1}{K_o}=\frac{1}{h_i}\left(\frac{D_o}{D_i}\right)+R_1\left(\frac{D_o}{D_i}\right)+\frac{\delta}{k_w}\left(\frac{D_o}{D_m}\right)+R_o+\frac{1}{h_o} \tag{4-9}$$

式中 K_o——以管外表面积为基准的总传热系数，kJ/(m^2·h·K)；

δ——管壁厚，m；

k_w——管壁的导热系数，kJ/(m·h·K)；

D_i、D_o、D_m——表示管内径、外径和平均直径，$D_m=\frac{D_i+D_o}{2}$，m。

如果忽略金属壁热阻及 D_o 和 D_i 的差别，则式(4-9)可简化为：

$$\frac{1}{K_e}=\frac{1}{h_i^*}+\frac{1}{h_o^*} \tag{4-10}$$

式中 h_i^*——包括结垢热阻在内的管内膜传热系数，$\frac{1}{h_i^*}=\frac{1}{h_i}+R_i$，kJ/($m^2$·h·K)；

h_o^*——包括结垢热阻在内的管外膜传热系数，$\frac{1}{h_o^*}=\frac{1}{h_o}+R_o$，kJ/($m^2$·h·K)。

管式加热炉炉管内的结垢热阻 R_i，可以根据美国管式换热器制造商协会(TWMA)指定的通用污垢系数表选取，见表4-1。

表4-1 炉管内的结垢热阻

管内流体	R_i/(m^2·h·K)/kJ	管内流体	R_i/(m^2·h·K)/kJ
石脑油和轻油		粗汽油和轻油全部汽化，温度超过干点墨油、原油、塔	
工业用干净循环油	0.000048	底油和残渣油	0.000019
工业用有机溶剂	0.000048	进脱离氢装置原料	0.000096
从润滑油精制来的溶剂和精炼油	0.000048	脱水原油，温度<260℃，流速≥1.3m/s	0.00014
从脱沥青来的溶剂和精炼油	0.000048	脱水原油，≥260℃，流速1.3m/s	0.00019
从脱蜡装置来的溶剂润滑油和蜡	0.000048	拔头原油，低硫常压蒸馏原料	0.00019
天燃气油	0.000048	未脱盐脱水原油，温度<260℃	0.00024
轻烷烃	0.000096	未脱盐脱水原油，温度≥260℃，流速1.3m/s	0.00024
天燃气油回收装置贫油	0.000096	相对密度小于0.93的减压装置塔底残油	0.00024
炼厂气体回收装置贫油	0.000096	拔头原油，含硫2%，≥260℃	0.00024
进裂化装置的粗汽油原料，温度<260℃	0.000096	塔底残油，残炭20%，硫4%	0.00024
进裂化装置的柴油原料，温度<260℃	0.000096	工业用燃料油	0.00024
相对密度大于0.93的减压蒸馏塔底馏出物	0.000096	从润滑油精制装置来的胶质和沥青	0.00024
进润滑油精制装置的溶剂油混合原料	0.000096	从脱沥青装置来的沥青和树脂物	0.00024
进裂化装置的柴油原料，>260℃	0.00014	进减黏或焦化装置的残渣原料	0.00024
进裂化装置的粗汽油原料，>260℃	0.00019	从裂化装置来的残渣	0.000048

第二节 管外对流传热系数

在管式加热炉中，烟气对炉管的外膜传热系数，应根据管子的种类(光管，翅片管或钉头管)以及烟气的流向与管子的相互关系(平行，垂直或斜交)，而采用不同的计算公式。同时，不论烟气是自然对流或是强制对流，一般都可认为流动状态处于紊流区内。

一、光管的外膜传热系数

1. 烟气流动的方向与管束平行

如某些直立式带反射锥的圆筒炉，它的对流室的设计就是使烟气的流动方向与管子中心线相平行的。所不同的是对于气体，准数方程式的系数改用0.023，管内径改为对流室的当量直径。此外，还由于对流室的高度与当量直径之比较小，所以，还应对入口端突然收缩所产生的影响进行校正。故管外膜传热系数的公式为：

$$h_0 = 0.023 \frac{k_g}{D_e} \cdot Re_G^{0.8} \cdot Pr_G^{\frac{1}{8}} \left[1 + \left(\frac{D_e}{L_W}\right)^{0.7}\right] \quad \mathrm{kJ/(m^2 \cdot h \cdot K)} \tag{4-11}$$

式中 k_g——延期的导热系数，kJ/(m·h·K)；

Re_G——延期的雷诺数，$Re_G = \frac{D_e G_g}{\mu_g}$；

Pr_G——烟气的普兰特准数，$Pr_G = \frac{C_e \mu_g}{k_g}$；

G_g——烟气的质量流速，kg/(m^2·h)；

C_e——烟气的比热容，kJ/(kg·K)；

μ_g——烟气的黏度，kg/(m·h)；

D_e——对流室的当量直径，m；

L_W——对流室高，m。

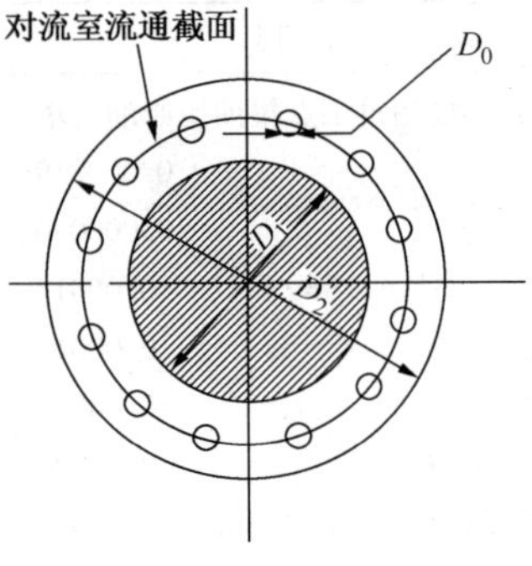

图4－5 对流室流通截面

当量直径 D_e 定义为4倍自由截面积除以传热周边的长度。这里必须强调指出，此处所说的传热周边不同于水力学上的润湿周边。例如，对采用垂直立管为对流室炉管的特殊圆筒炉(其对流室流通截面如图4－5)，对流室内径为 D_1，外径为 D_2，炉管外径为 D_o，则对流室的当量直径为：

$$D_e = \frac{D_2^2 - D_1^2 - nD_o^2}{nD_o} \tag{4-12}$$

式中 n 为管数。

又如当管束在对流室中呈正方形排列时，当量直径为：

$$D_e = \frac{4S^2 - \pi D_o^2}{\pi D_o} = \frac{4S^2}{\pi D_o} - D_o \tag{4-13}$$

管束在对流室中呈正三角形排列时，当量直径为：

$$D_e = \frac{2\sqrt{3}S^2 - \pi D_o^2}{\pi D_o} \tag{4-14}$$

式中，S 为管心距。

2. 烟气流动的方向与管束垂直

烟气横过管束的管外膜传热系数，可用 Fishinden 和 Saunder 提出的准数方程式。

$$h_o = 0.33 C_H \cdot \psi \cdot \frac{k_g}{D_o} \cdot \left(\frac{D_o G_{max}}{\mu_g}\right)^{0.6} \cdot \left(\frac{c_g \mu_g}{k_g}\right)^{0.8} \tag{4-15}$$

式中　C_H——与管束的排列方式（正方形或三角形），管心距与管外径之比以及雷诺数有关的系数，由图4-6查得；

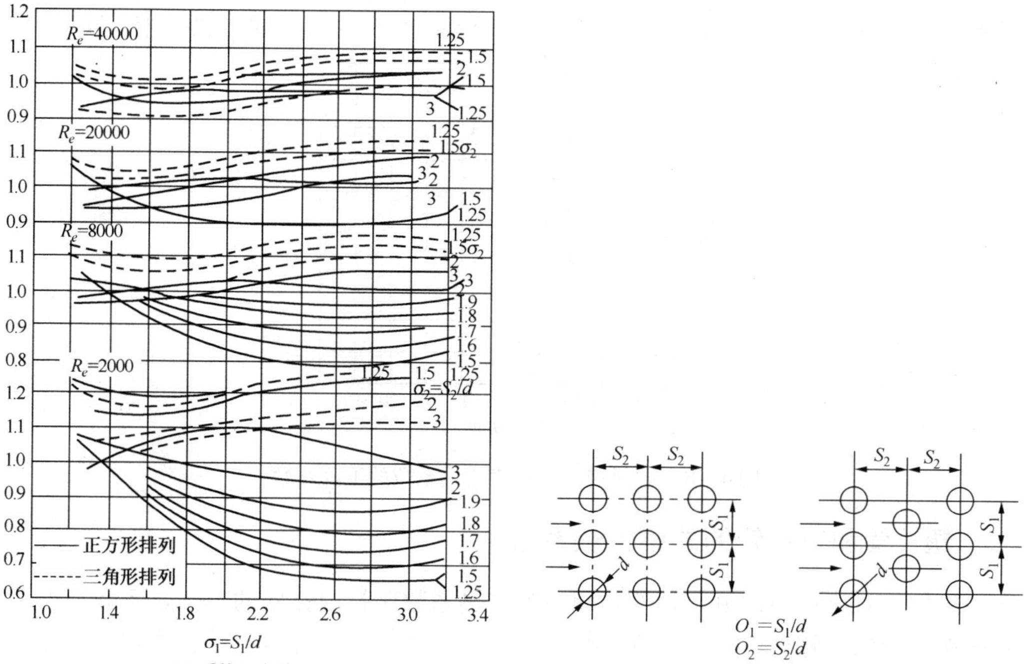

(a) 系数C_H之值　　(b) 管束的排列形式

图4-6　系数C_H值及管束的排列方式

ψ——管排数的校正系数。当管排在10排以上时，$\psi=1$；在10排以下，则由图4-7查出；

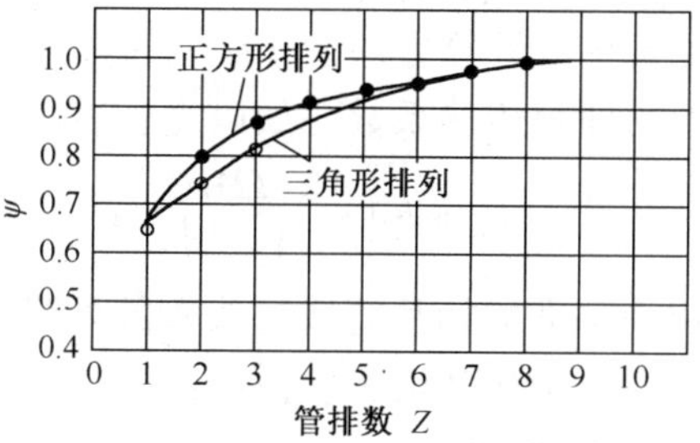

图4-7　管排数的校正系数

D_o——管外径，m；

G_{max}——烟气在最小自由截面处的质量流速。

Monrad在几种不同类型的加热炉上，采用不同的操作条件，得出了大量的实验数据，最后归纳出了一个比式(4-15)更简单的关系式，理论计算与实际结果误差在10%以内。由于准数式中的普兰特准数Pr_G仅与烟气的物理性质有关，即可将Pr_G看作烟气温度的函数，因此，光管管外传热系数的公式为：

$$h_o=16.8\times10^{-3}\psi\cdot\frac{G_{max}^{2/3}T_g^{0.3}}{D_o^{1/8}} \qquad (4-16)$$

式中　G_{max}——烟气在最小自由截面处的质量流速，kg/($m^2\cdot h$)；

T_g——烟气的平均温度，应等于管内介质的平均温度加上对数平均温度Δt，K；

D_o——管外径，m。

3. 烟气的流动方向与管束斜交呈 θ 角

当烟气流动方向与管束斜交呈 θ 角时，此时的管外膜传热系数，应采用烟气流动方向与管束垂直的计算公式(4－15)或式(4－16)，再乘以由图 4－8 查得的下降系数 c 进行计算。

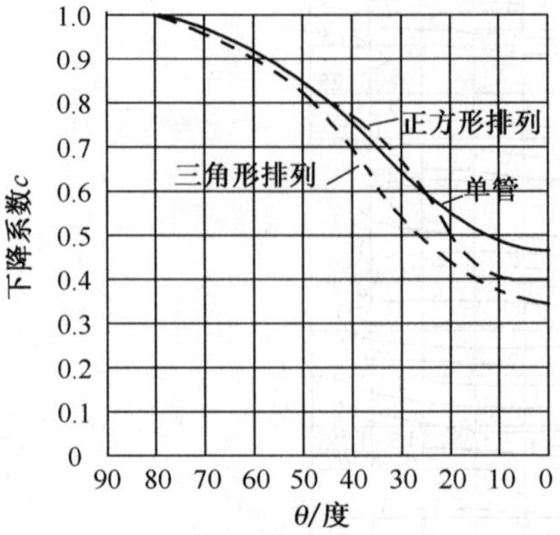

图 4－8　倾斜流时管外膜传热系数的下降系数

二、翅片管和钉头管的外膜传热系数

在加热炉的对流室中，由于管外延期的膜传热系数比管内介质的膜传热系数小得多，所以起控制作用的热阻就在烟气的一侧。一般为了提高对流室的传热速率，多在对流室设置或部分设置翅片管或钉头管。就对流管的表面热强度而论，如果都以光管外表面积为基准，光管的表面热强度只有 20000～28000kJ/(m^2·h·K)，而翅片管或钉头管则可达到 60000～120000kJ/(m^2·h·K)。翅片管分条形(纵向)翅片和环形(横向)翅片。

关于翅片管和钉头管的外膜传热系数的计算，Gardener 提出了翅片效率的概念及各种不同类型的翅片管和钉头管翅片效率的计算方法。于是通过与求光管的外膜传热系数相同的方法就可以得到翅片管或钉头管的外膜传热系数。如以光管表面为基准，则其关系式如下：

$$h_{f_o} = h_f\left(\frac{A_t + \Omega A_f}{A_o}\right) \tag{4-17}$$

式中　h_{f_0}——以光管外表面积为基准的翅片管或钉头管的外膜传热系数，kJ/(m^2·h·K)；

h_f——翅片管或钉头管表面膜传热系数，kJ/(m^2·h·K)；

A_t——翅片管或钉头管的光管部分的面积，m^2；

A_f——翅片管或钉头管的翅片或钉头部分的面积，m^2；

A_o——光管的外表面积，m^2；

Ω——翅片效率。

1. 条形翅片管表面膜传热系数

一般采用条形翅片的对流管，延期的流动方向必须与管束平行，以减少流动阻力。所以，这种翅片管的表面膜传热系数，可以采用与式(4－11)相似的关系式进行计算，即：

$$h_f = 0.023\,\frac{k_g}{D_e}\cdot Re_G^{0.8}\cdot Pr_G^{\frac{1}{8}}\cdot\left(\frac{\mu}{\mu_W}\right)^{0.14} \tag{4-18}$$

式中当量直径 D_e 和式(4－11)的定义是相同的，只不过在计算自由截面积和传热周边时，必须考虑翅片的具体情况。

2. 环形翅片管表面膜传热系数

环形翅片管一般多采用圆管和圆形翅片，且烟气流动的方向与管束垂直。对正三角形排列的管束，Briggs 通过实验提出了如下准数方程式：

$$h_f = 0.1378\frac{k_g}{D_b}\cdot Re_G^{0.718}\cdot Pr_G^{\frac{1}{8}}\cdot\left(\frac{d_p}{l}\right)^{0.296} \tag{4-19}$$

式中 D_b——翅片根部处管子的直径，m；

Re_G——烟气的雷诺准数，$Re_G=\frac{D_b G_{max}}{\mu_g}$；

Pr_G——烟气的普兰特准数，$Pr_G=\frac{c_g\mu_g}{k_g}$；

G_{max}——烟气在最小自由截面处的质量流速，kg/(m^2·h)；

d_p——翅片与翅片间的间隙，m；

l——翅片高，m。

3. 钉头管表面膜传热系数

钉头管一般采用烟气流动方向与管束垂直的方式，因此钉头管表面膜传热系数可以使用与式(4-15)或式(4-16)相同的关系式进行计算，只不过将式中的 D_o 改换成 D_e，即：

$$h_f = 16.8\times10^{-3}\psi\cdot\frac{G_{max}^{2/3}T_g^{0.3}}{D_e^{1/8}} \tag{4-20}$$

其中当量直径 D_e 与式(4-11)的定义相同。

4. 翅片效率

Gardner 定义翅片效率为翅片单位面积通过的平均热量与光管单位表面积通过的平均热量之比值，即：

$$\Omega=\frac{\int_0^A h_f(t_o-t_f)\mathrm{d}A_f}{h_f(t_o-t_b)A_f} \tag{4-21}$$

式中 t_o——管外流体的温度，℃；

t_f——翅片表面某一点处的温度，℃；因为管外流体温度高于管内流体，故翅片顶端至根部温度应逐渐下降；

t_b——翅片根部温度，℃；

A_f——一个翅片的外表面积，m^2；

h_f——翅片管表面膜传热系数，kJ/(m^2·h·K)。

以等厚度的条形翅片管和等直径的钉头管为例，说明翅片效率公式的推导过程如下。

首先，Gardner 作了下述假设：

（1）翅片或钉头的传热过程是稳定传热，即传热量和温度分布与时间无关；

（2）翅片的材质是均匀的，各项同性，形状对称；

（3）翅片本身不存在热源；

（4）翅片表面任意点处的热通量与流体和翅片的温度差成正比；

（5）翅片的导热系数为常数；

（6）整个翅片的表面膜传热系数相等；

（7）围绕翅片的流体温度是一样的；

（8）翅片根部的温度是一样的；

（9）翅片的厚度比高度小得多，因此横过翅片的温度梯度可以忽略不计；

（10）通过翅片外缘的热量比通过翅片侧面的热量小得多，可以忽略不计；

（11）翅片和管子的联结不存在结合阻力。

参考翅片效率公式推导说明图（图4－9），设管外流体温度为 t_o 距翅片顶端距离 l 处的翅片温度为 t，则流体与翅片的温差为：

$$\theta = t_o - t \tag{4-22}$$

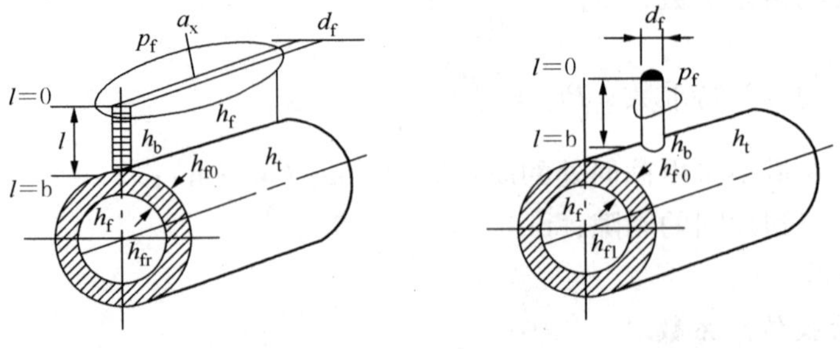

图4－9 翅片效率公式推导说明图

通过翅片或钉头的横截面积 a_x 的传热速率，根据 Fourier 公式有：

$$Q = -k_f \cdot a_x \cdot \frac{dt}{dl} = k_f \cdot a_x \cdot \frac{d\theta}{dl} \quad kJ/(m \cdot h \cdot K) \tag{4-23}$$

式中 k_f——翅片或钉头的导热系数，kJ/(m·h·K)；

a_x——翅片或钉头的横截面积，m^2。

进入 dl 段翅片或钉头侧表面的热量为：

$$dQ = h_f \cdot \theta \cdot P_f \cdot dl \text{ 或 } \frac{dQ}{dl} = h_f \cdot \theta \cdot P_f \tag{4-24}$$

将式（4－23）微分：

$$\frac{dQ}{dl} = h_f \cdot a_x \cdot \frac{d^2\theta}{dl^2} \tag{4-25}$$

将式（4－24）代入式（4－25）并移项：

$$k_f \cdot a_x \frac{d^2\theta}{dl^2} - h_f \cdot \theta \cdot P_f = 0 \tag{4-26}$$

式中 P_f——翅片或钉头的横截面积 a_x 的周边长。

微分方程式（4－26）的解为：

$$\theta = c_1 \exp\left[\left(\frac{h_f \cdot P_f}{k_f \cdot a_x}\right)^{\frac{1}{2}} \cdot l\right] + c_2 \exp\left[-\left(\frac{h_f \cdot P_f}{k_f \cdot a_x}\right)^{\frac{1}{2}} \cdot l\right] \tag{4-27}$$

令 $m = \left(\frac{h_f \cdot P_f}{k_f \cdot a_x}\right)^{\frac{1}{2}}$，则：

$$\theta = c_1 e^{ml} + c_2 e^{-ml} \tag{4-28}$$

由边界条件 $l=0$，则：

$$\theta = c_1 + c_2 \tag{4-29}$$

式中 e——表示翅片或钉头的顶端。

根据假定（10），通过翅片顶端的热量可以忽略，故当 $l=0$ 时，$\frac{d\theta}{dl}=0$，因而 $c_1 - c_2 = 0$。

故
$$c_1 = c_2 = \frac{\theta}{2} \tag{4-30}$$

由式(4－28)与式(4－29)相比得：

$$\frac{\theta}{\theta_e}=\frac{e^{ml}+e^{-ml}}{2}=\cosh(m\cdot l) \tag{4-31}$$

在翅片或钉头的根部 $l=b$，则：

$$\frac{\theta_b}{\theta_e}\cosh(m\cdot b) \tag{4-32}$$

式(4－32)中 θ 的下标 b 表示翅片的根部。其次，将式(4－24)进行二次微分：

$$\frac{d^2Q}{dl^2}=h_f\cdot P_f\cdot\frac{d\theta}{dl} \tag{4-33}$$

再将式(4－23)代入式(4－33)并移项，则：

$$\frac{d^2Q}{dl^2}-\frac{h_f\cdot P_f}{k_f\cdot a_x}\cdot Q=0 \tag{4-34}$$

式(4－34)和式(4－26)类似，故有解：

$$Q=c_1'e^{ml}+c_2'e^{-ml} \tag{4-35}$$

当 $l=0$，则 $c_1'+c_2'=0$，或 $c_1'=c_2'$及$\frac{dQ}{dl}=0$。

由式(4－24)及式(4－35)的微分得：

$$\frac{dQ}{dl}=h_f\cdot P_f\cdot\theta_e=mc_1'-mc_2'=0 \tag{4-36}$$

故

$$c_1'=\frac{h_f\cdot P_f\cdot\theta_e}{2m},\quad c_2'=\frac{h_f\cdot P_f\cdot\theta_e}{2m}$$

代入式(4－35)：

$$\begin{aligned}Q&=\frac{h_f\cdot P_f\cdot\theta_e}{2m}e^{ml}-\frac{h_f\cdot P_f\cdot\theta_e}{2m}e^{-ml}\\&=\frac{h_f\cdot P_f\cdot\theta_e}{m}\left(\frac{e^{ml}-e^{-ml}}{2}\right)\\&=\frac{h_f\cdot P_f\cdot\theta_e}{m}\sinh(m\cdot l)\end{aligned} \tag{4-37}$$

当 $l=b$，则：

$$Q_b=\frac{h_f\cdot P_f\cdot\theta_e}{m}\sinh(m\cdot b) \tag{4-38}$$

根据假定(1)传热过程为稳定传热，则式(4－21)的分子应等于 Q_b，即：

$$\int_0^A h_f(t_o-t_f)\,dA_f=Q_b \tag{4-39}$$

令式(4－21)的分母等于 Q_b'，即：

$$Q_b'=h_f(t_e-t_b)A_f=h_f\cdot\theta_b\cdot P_r\cdot b=h_f\cdot\theta_e\cdot\cosh(m\cdot b)P_f\cdot b \tag{4-40}$$

因而翅片效率为：

$$\Omega=\frac{Q_b}{Q_b'}=\frac{\tanh(m\cdot b)}{m\cdot b} \tag{4-41}$$

式中 b 为翅片高，有时改写为 l。如以 y_b 表示翅片根部厚度的一半或顶头根部的半径，则对等厚度的条形翅片，式(4－41)中的参数为：

$$m = \left(\frac{h_f}{k_f \cdot y_b}\right)^{1/2} \tag{4-42}$$

对等直径的钉头，式(4－41)中的参数为：

$$m = \left(\frac{2h_f}{k_f \cdot y_b}\right)^{1/2} \tag{4-43}$$

这里还须反复强调的是，式(4－41)只能适用于等厚度的条形翅片和等直径的钉头。对其他各种类型的条形翅片管、环形翅片管和钉头管的翅片效率，则不能采用一个简单的关系式来表示。

三、管外结垢热阻

管外结垢热阻 R_0 的大小和燃料的种类(液体燃料或气体燃料)、燃料的性质(燃料的组成及重金属含量)以及对流室中是否设置吹灰器、吹灰的次数等都有关。根据锅炉烧液体燃料和气体燃料的经验，一般烧油时，可取 $R_0 = 0.0024(\mathrm{m^2 \cdot h \cdot K})/\mathrm{kJ}$；烧气体燃料时，则取 $R_0 = 0.0012(\mathrm{m^2 \cdot h \cdot K})/\mathrm{kJ}$。还可引用锅炉行业关于结垢热阻对传热系数的定量影响来计算所需的传热面(所需管排)：以 Ψ 表示管外壁的热有效性系数，其定义为管外壁包括结构层的膜传热系数 h_o' 与无结垢时由理论计算得出的外膜传热系数 h_o 的比值，即 $h_o' = \psi h_o$。在有吹灰措施的情况下，燃烧重油时所生成的烟气，其流速为4～12m/s，Ψ 可取0.6～0.65；烟气流速为12～20m/s时，Ψ 取0.65～0.70；当烧气时，Ψ 可取0.85～0.9。

第三节　管壁温度和平均温度差

在辐射室中，管壁温度直接对传热和炉管材质的选择有很大影响。而在对流室中，主要是在烟气的高温部位如遮蔽管，管壁温度也具有同样的影响。在烟气的低温部位，当管壁温度低于烟气的露点温度时，则会导致酸性腐蚀。所以，在设计过程中必须对炉管的管壁温度进行正确的估算。

一、光管管壁温度的计算方法

由式(4－9)知，以对流管外表面积为基准的总传热系数 k_c 的关系式：

$$\frac{1}{k_c} = \frac{1}{k_i}\left(\frac{D_o}{D_i}\right) + R_i\left(\frac{D_o}{D_i}\right) + \frac{\delta}{k_w}\left(\frac{D_o}{D_m}\right) + \frac{1}{h_o} + R_o \tag{4-44}$$

对流室的热负荷为：

$$Q_c = k_c A_o \Delta t = \frac{\Delta t}{\dfrac{1}{k_c A_o}} \tag{4-45}$$

式中　A_o——对流管外表面积，$\mathrm{m^2}$；

Δt——管内、外流体的温度差，℃。

参考图4－10，根据稳定传热的概念，通过各层热阻的热量是相等的，故有：

$$Q_c = \frac{\Delta t_1}{\dfrac{1}{h_i A_i}} = \frac{\Delta t_2}{\dfrac{R_i}{A_i}} = \frac{\Delta t_3}{\dfrac{\delta}{k_w A_m}} = \frac{\Delta t_4}{\dfrac{R_o}{A_c}} = \frac{\Delta t_5}{\dfrac{1}{h_o A_o}} \tag{4-46}$$

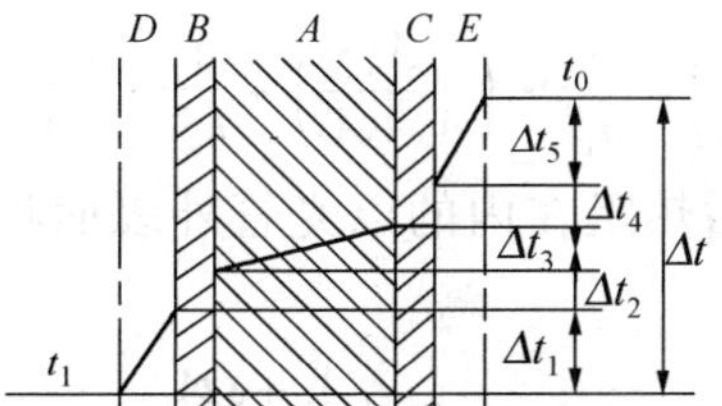

图 4-10 对流传热的温度差

A—管壁；B—管内结垢热阻；C—管外结垢热阻；D—管内侧膜阻；E—管外侧膜阻

式中 A_i、A_m——为管内表面积和外壁平均表面积，m^2，$A_m=\dfrac{A_i+A_o}{2}$；

h_i、h_o——为管内、管外膜传热系数，$kJ/(m^2\cdot h\cdot K)$；

R_i、R_o——为管内、管外结垢热阻，$(m^2\cdot h\cdot K)/kJ$；

δ——管壁厚度，m；

k_w——管壁导热系数，$kJ/(m^2\cdot h\cdot K)$。

由式(5-46)可知各热阻产生的温度差分别为：

$$\left.\begin{array}{ll}\text{管内侧膜阻产生的温度差} & \Delta t_1=Q_c/h_iA_i\\ \text{管内结垢热阻产生的温度差} & \Delta t_2=Q_cR_i/A_i\\ \text{管壁热阻产生的温度差} & \Delta t_3=Q_c\delta/k_wA_m\\ \text{管外结垢热阻产生的温度差} & \Delta t_4=Q_ch_o/A_o\\ \text{管外侧膜阻产生的温度差} & \Delta t_5=Q_c/h_oA_o\end{array}\right\}\qquad(4-47)$$

故光管的外壁温度为：

$$t_1=t_0-(\Delta t_4+\Delta t_5)\qquad(4-48)$$

此外 t_0 为管外烟气的温度,℃。

二、翅片管或钉头管管壁温度的计算方法

关于翅片管或钉头管管壁温度的计算与光管管壁温度的计算方法应该是相似的，所不同的是在式(4-9)中要增加翅片热阻 R_f 一项。对于 R_f 关系式的推导如下所述。

如图 4-11，管内流体至管内壁的传热速率为：

$$Q_c=h_i^*A_i(t_i-t_{wi})\qquad(4-49)$$

管内壁至管外壁的传热速率为：

$$Q_c=\frac{k_w}{\delta}A_m(t_{wi}-t_{wo})\qquad(4-50)$$

翅片管光管部分外壁至管外流体的传热速率为：

$$Q_b=h_f^*A_t(t_{wo}-t_o)\qquad(4-51)$$

翅片管翅片表面至管外流体的传热速率为：

$$Q_f=h_f^*\cdot\Omega\cdot A_f(t_{wo}-t_o)\qquad(4-52)$$

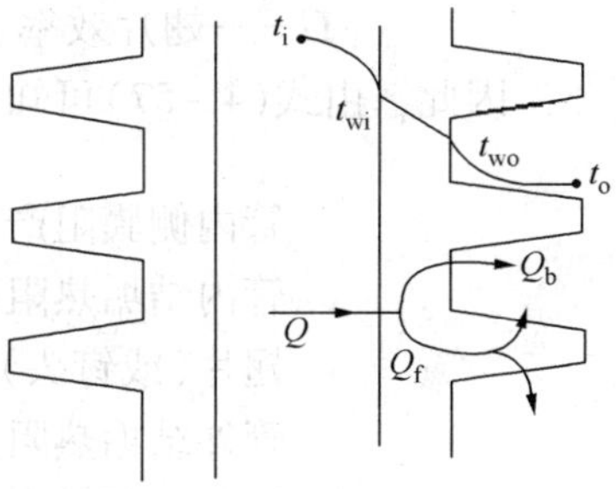

图 4-11 翅片管的传热

因为 $$Q_c=Q_b+Q_f=h_f^*(A_t+\Omega A_f(t_{wo}-t_o)\qquad(4-53)$$

式(4-49)、式(4-50)和式(4-53)相加并整理后得：

$$Q_o=\frac{(t_i-t_o)A_o}{\dfrac{1}{h_i^*}\cdot\dfrac{A_o}{A_i}+\dfrac{\delta}{k_w}\cdot\dfrac{A_o}{A_m}+\dfrac{1}{h_f^*}\cdot\dfrac{A_o}{A_t+\Delta A_f}}\qquad(4-54)$$

又因 $$\frac{1}{h_i^*}\cdot\left(\frac{A_o}{A_t+\Omega A_f}\right)=\frac{1}{h_i^*}\cdot\left(\frac{A_o}{A_t+A_f}\right)+\frac{1}{h_i^*}\cdot\left(\frac{A_o}{A_t+\Omega A_f}-\frac{A_o}{A_t+A_f}\right) \tag{4-55}$$

由式(4-17)知，包括结垢热阻在内的以光管外表面积为基准的翅片管的外膜传热系数为：

$$h_{fo}^*=h_f^*\left(\frac{A_t+\Omega A_f}{A_o}\right)$$

不考虑翅片效率时其外膜传热系数为：

$$h_{fo}^{*\prime}=h_f^*\left(\frac{A_t+A_f}{A_o}\right)$$

故 h_{fo}^* 与 $h_{fo}^{*\prime}$ 两者之差表示翅片的热阻 R_f：

$$\begin{aligned}R_f&=\frac{1}{h_{fo}^*}-\frac{1}{h'^*_{fo}}=\frac{1}{h_i^*}\cdot\left(\frac{A_o}{A_t+\Omega A_f}-\frac{A_o}{A_t+A_f}\right)\\&=\frac{1}{h_f^*}\cdot\frac{1-\Omega}{\left(\frac{A_t+\Omega A_f}{A_o}\right)\left(1+\frac{A_t}{A_f}\right)}=\frac{1}{h_{fo}^*}\cdot\frac{1-\Omega}{1+\frac{A_t}{A_f}}\end{aligned} \tag{4-56}$$

翅片管或钉头管以光管外表面为基准的总传热系数 k_c 的关系式有：

$$\frac{1}{k_c}=\frac{1}{h_f}\cdot\frac{A_o}{A_i}+R_i\cdot\frac{A_o}{A_i}+\frac{\delta}{k_w}\cdot\frac{A_o}{A_m}+R_f+R_o\cdot\frac{A_o}{A_t+A_f}+\frac{1}{h_f}\cdot\frac{A_o}{A_t+A_f} \tag{4-57}$$

式中 h_i^*、h_f^*——表示包括结垢热阻在内的翅片管内膜和表面膜传热系数，kJ/(m^2·h·K)；

h_i、h_f——表示不包括结垢热阻的翅片管内膜和表面膜传热系数，kJ/(m^2·h·K)；

R_i、R_o、R_f——表示管内、管外结垢热阻和翅片热阻，(m^2·h·K)/kJ；

A_i、A_o、A_m——表示管内表面积，光管外表面积和平均表面积，m^2，$A_m=\frac{A_i+A_o}{2}$；

A_t、A_f——表示翅片管光管部分和翅片管翅片部分的表面积，m^2；

δ——管壁厚度，m；

k_w——管壁导热系数，kJ/(m^2·h·K)。

Ω——翅片效率。

因此，由式(4-57)可知各热阻产生的温度差分别为：

$$\left.\begin{aligned}&\text{管内侧膜阻产生的温度差} && \Delta t_{f1}=Q_c/h_iA_i\\&\text{管内结垢热阻产生的温度差} && \Delta t_{f2}=Q_cR_i/A_i\\&\text{翅片(或钉头)和管壁产生的温度差} && \Delta t_{f3}=Q_c\left(\frac{\delta}{k_wA_m}+\frac{R_f}{A_o}\right)\\&\text{管外结垢热阻产生的温度差} && \Delta t_{f4}=Q_cR_0/(A_t+R_f)\\&\text{管外侧膜阻产生的温度差} && \Delta t_{f5}=Q_c/h_r(A_t+A_f)\end{aligned}\right\} \tag{4-58}$$

三、平均温度差

对流室的平均温度差，应根据烟气的流动方向与管束平行或是垂直，以及管内流体进出口与烟气进出口的相对位置不同而不同。如图4-12，对流室的平均温度差计算方法如下：

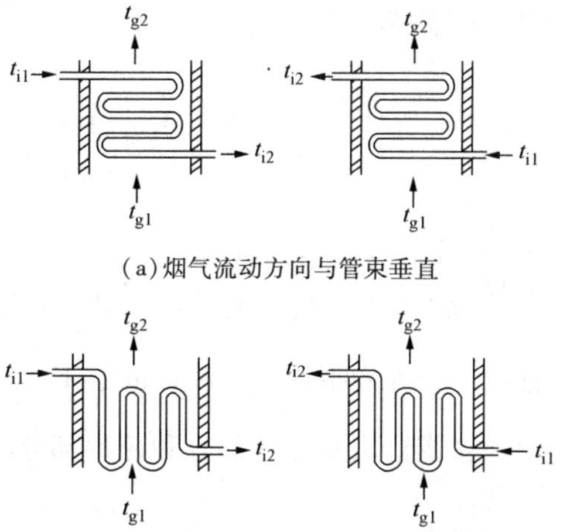

(a)烟气流动方向与管束垂直

(b)烟气流动方向与管束平行

图 4-12　管内、外流体流动方向的相互关系

1. 烟气流动方向与管束垂直

$$\Delta t=\frac{(t_{g1}-t_{i2})-(t_{g2}-t_{t1})}{\ln\left(\frac{t_{g1}-t_{i2}}{t_{g2}-t_{t1}}\right)} \tag{4-59}$$

2. 烟气流动方向与管束平行

$$\Delta t=\frac{\Delta t_1-\Delta t_2}{\ln\left(\frac{\Delta t_1}{\Delta t_2}\right)} \tag{4-60}$$

其中

$$\Delta t_1=\frac{(t_{g1}-t_{i1})-(t_{g1}-t_{t2})}{\ln\left(\frac{t_{g1}-t_{i1}}{t_{g1}-t_{t2}}\right)} \tag{4-61}$$

$$\Delta t_2=\frac{(t_{g2}-t_{i1})-(t_{g2}-t_{t2})}{\ln\left(\frac{t_{g2}-t_{i1}}{t_{g2}-t_{t2}}\right)} \tag{4-62}$$

第四节　对流管的总传热系数

一、对流段的传热计算

综上所述，如以管子外表面积为基准，则对流管的总传热系数 k_c 的计算式应修改如下。对光管，由式(4-9)得：

$$\frac{1}{k_c}=\frac{1}{h_i}\cdot\frac{A_o}{A_i}+R_i\cdot\frac{A_o}{A_i}+\frac{\delta}{k_w}\cdot\frac{A_o}{A_m}+R_o+\frac{1}{h_{rc}} \tag{4-63}$$

对翅片管或钉头管，由式(4-54)和式(4-57)有：

$$\frac{1}{k_c}=\frac{1}{h_f}\cdot\frac{A_o}{A_i}+R_i\cdot\frac{A_o}{A_i}+\frac{\delta}{k_w}\cdot\frac{A_o}{A_m}+R_o\cdot\frac{A_o}{A_t+\Omega A_f}+\frac{1}{h_{ro}}\cdot\frac{A_o}{A_t+\Omega A_f} \tag{4-64}$$

如以 $h_i^*=1/\left(\frac{1}{h_i}+R_i\right)$，表示包括结垢热阻在内的管内膜传热系数，$h_{re}^*=1/\left(\frac{1}{h_{rc}}+R_o\right)$，

表示包括结垢热阻在内的管外综合传热系数，则：

光管的总传热系数为：

$$k_c = 1/\left(\frac{1}{h_f^*} \cdot \frac{A_o}{A_i} + \frac{\delta}{k_w} \cdot \frac{A_o}{A_m} + \frac{1}{h_{re}^*}\right) \tag{4-65}$$

翅片管或钉头管的总传热系数为：

$$k_c = 1/\left(\frac{1}{h_f^*} \cdot \frac{A_o}{A_i} + \frac{\delta}{k_w} \cdot \frac{A_o}{A_m} + \frac{1}{h_{re}^*} \cdot \frac{A_o}{A_t + \Omega A_f}\right) \tag{4-66}$$

式中 A_i、A_o、A_m——表示管内、管外和平均表面积，m^2，$A_m = \frac{A_i + A_o}{2}$；

A_t、A_f——表示翅片管或钉头管光管部分和翅片部分的表面积，m^2；

δ——管壁厚度，m；

k_w——管壁导热系数，$kJ/(m^2 \cdot h \cdot K)$。

Ω——翅片效率。

例题：设计一管式加热炉，设计参数如下：

（1）大庆常压重油（燃料油）

化学成分：C—87.57%，H—12.26%，S—0.17%；密度：$\gamma = 916.3 kg/m^3$；黏度：80℃—58.4mPa·m，100℃—29.2mPa·m。

（2）原油工艺条件

入炉温度280℃，出炉温度370℃，气化率30%，出炉压力0.2mPa。

（3）过热蒸汽条件

流量为原油处理量的10%，入炉温度142℃（饱和），出炉温度420℃（过热）。

（4）原油产品分率

汽油：4.6%，煤油：6.6 %，轻柴油：10.8%，重柴油：8%，其余为常压重油：70%。

试计算对流段的基础数据。

解：对流段计算

（1）核算对流段热负荷

① 管内介质流动的雷诺数：

$$Re = \frac{d_i G_F}{\mu}$$

式中 Re——雷诺数；

d_i——炉管内径，m；

G_F——管内介质质量流速，$kg/m^2 \cdot s$；

μ——管内介质平均温度下的动力黏度，$Pa \cdot s$。

a. 炉管内径 d_i：壁厚按照标准试选用6mm。

$$d_i = d_c - 0.06 = 0.127 - 0.06 = 0.121(m)$$

b. 管内介质的质量流速 G_F：对流段和辐射段一样采用4管程。

$$G_F = \frac{q_n}{4 \times \frac{\pi}{4} d_i} \times \frac{1}{3600} = \frac{159.81 \times 10^3}{4 \times \frac{\pi}{4} \times 0.121^2} \times \frac{1}{3600} = 965.6[kg/(m^2 \cdot s)]$$

式中 q_n——管内介质质量流速，kg/h；

d_i——炉管内径，m。

c. 管内介质的平均温度：

$$t_m = \frac{280 + 370}{2} = 325(℃) = 598(K)$$

d. 管内介质平均温度下的黏度 υ：

已知任意两温度下的黏度，石油液体在其他温度下的黏度按下式计算：

$$\upsilon = \exp[\exp(a + b\ln T)] - 0.6$$

$$a = \ln[\ln(\upsilon_1 + 0.6)] - b\ln T_1$$

$$b = \frac{\ln[\ln(\upsilon_1 + 0.6)] - \ln[\ln(\upsilon_2 + 0.6)]}{\ln T_1 - \ln T_2}$$

式中 T_1、T_2、T_3——热学温度，K；

υ_1、υ_2、υ_3——液体分别在 T_1、T_2、T_3温度下的运动黏度。

根据给定参数得在基准温度下的黏度：

$$T_1 = 80℃ = 353K \qquad \upsilon_1 = 58.4mm^2/s$$

$$T_2 = 100℃ = 373K \qquad \upsilon_2 = 29.2mm^2/s$$

$$b = \frac{\ln[\ln(58.4 + 0.6)] - \ln[\ln(29.2 + 0.6)]}{\ln 353 - \ln 373} = -3.33$$

$$a = \ln[\ln(58.4 + 0.6)] - (-3.33)\ln 353 = 20.76$$

$$\upsilon = \exp[\exp(20.76 + (-3.33)\ln 598)] - 0.6 = 1.2(cst) = 1.2 \times 10^{-6}(m^2/s)$$

$$\mu = \upsilon \cdot \rho = 1.2 \times 10^{-6} \times 916.2 = 1.1 \times 10^{-3}[kg/(m \cdot s)]$$

f. 管内介质流动的雷诺数 Re：

$$Re = \frac{121.5 \times 10^{-3} \times 3830.71}{1.1 \times 10^{-3}} = 423.12 \times 10^3$$

$Re > 10^4$ 说明介质在管内的流动为紊流。

② 管内膜传热系数：

介质的流动为紊流，炉管流动介质为液体。管内膜传热系数按下式计算。

$$h_i = \frac{0.267}{d_i} Re^{0.8} \lambda\, Pr^{1/3} \left(\frac{\mu}{\mu'}\right)^{0.14}$$

$$Pr = \frac{c\mu}{\lambda} \times 10^3$$

$$\lambda = 0.13121 - 1.4199 \times 10^{-4} t_m$$

式中 h_i——管内膜传热系数；

Pr——普朗特准数；

λ——管内介质平均温度下的热导率，W/(m · K)；

μ——管内介质平均温度下的动力黏度，Pa · s。

c——管内介质在平均温度下的比热容，kJ/(kg · K)；

t——管内介质的平均温度，℃。

a. 管内介质平均温度下的热导率 λ：

$$\lambda = 0.13121 - 1.4199 \times 10^{-4} \times 325 = 0.8506[W/(m \cdot K)]$$

b. 管内介质在平均温度下的比热容 c：

查表得 $c = 2.67$ kJ/(kg · K)。

c. 普朗特准数 Pr：

$$Pr=\frac{2.67\times1.1\times10^{-3}}{0.08506}=34.53\times10^{-3}$$

d. 管内膜传热系数 h_i：

$$\left(\frac{\mu}{\mu_w}\right)=1.34\text{ 时，}\left(\frac{\mu}{\mu_w}\right)^{0.14}=1.2$$

$$h_i=\frac{0.267}{0.121}(423.12\times10^3)^{0.8}\times0.08506\times(34.53\times10^{-3})^{1/3}\times1.2=231.6$$

e. 包括结垢热阻在内的管内膜传热系数 h_i^*：

查阅相关资料得：

$$M_i=0.00019\ (\mathrm{m^2\cdot h\cdot K})/\mathrm{kg}=6.84\times10^{-4}\mathrm{m^2\cdot K/W}$$

$$h_i^*=\frac{1}{\frac{1}{231.6}+6.84\times10^{-4}}=199.9[\mathrm{W/(m^2\cdot K)}]$$

③ 管外传热系数：

$$h_s=10.98\times\frac{G_g^{0.667}\cdot T_s^{0.3}}{d_s^{0.333}}$$

$$h_s^*=\frac{1}{\frac{1}{h_s}+0.0043}$$

$$\Omega=\frac{\mathrm{Th}(m\cdot b)}{m\cdot b}$$

$$m=\left(\frac{h_s\cdot l_s}{0.86\lambda_s\cdot a_x}\right)^{1/2}$$

$$h_\infty^*=\frac{1}{\frac{1}{h_\infty}+0.0043}$$

$$h_o^*=1.163\times\frac{h_s^*\cdot\Omega\cdot a_s+h_\infty^*\cdot a_b}{a_o}$$

式中 h_s——钉头表面传热系数，W/(m^2·K)；

h_s^*——包括结垢热阻在内的钉头表面传热系数，W/(m^2·K)；

Ω——钉头效率；

b——钉头高，m；

l_s——钉头周长，m；

d_s——钉头直径，m；

λ_s——管材的热导率，W/(m^2·K)；

a_x——钉头的断面面积，m^2；

T_h——双曲正切；

G_g——烟气通过钉头管束的质量流速，kg/(m^2·K)；

h_∞^*——包括结垢热阻在内的钉头管光管部分对流传热系数，W/(m^2·K)；

m——系数；

h_∞^*——光管的对流传热系数，W/(m^2·K)；

h_{∞}^{*}——包括结垢热阻在内的钉头管管外膜传热系数，W/(m^2·K)；

h_{o}^{*}——包括结垢热阻在内的管外膜传热系数，W/(m^2·K)；

a_s——每米钉头管钉头部分外表面积，m^2；

a_b——每米钉头管光管部分的外表面积，m^2；

a_o——每米钉头管管外表面积，m^2。

a. 管材的热导率λ_s：管材选用的是碳钢材料，查得碳钢的热导率：

$$\lambda_s = 40.1\text{W/(m·K)}$$

b. 炉内烟气的平均温度T_a：

$$T_a = (T_g + T_s)/2 = (825 + 400)/2 = 612.5(℃) = 885.5(\text{K})$$

c. 钉头的断面面积a_x：

$$l_s = \pi \cdot d_s = 3.14 \times 0.012 = 37.68 \times 10^{-3}(\text{m})$$

$$a_x = \frac{\pi}{4}d_s^2 = \frac{3.14}{4} \times 0.012^2 = 1.13 \times 10^{-4}(\text{m}^2)$$

d. 每米钉头管钉头部分外表面积a_s：

$$\begin{aligned} a_s &= (l_s \times b + a_x) \times \frac{1}{d_p'' + d_s} \times N_s \\ &= (37.68 \times 10^{-3} \times 0.025 + 1.13 \times 10^{-4}) \times \frac{1}{0.016 + 0.012} \times 12 \\ &= 0.452(\text{m}^2) \end{aligned}$$

e. 每米钉头管光管外表面积a_o：

$$a_o = \pi \cdot d_c \times 1 = 3.14 \times 0.127 = 0.399(\text{m}^2)$$

f. 每米钉头管光管部分的外表面积a_b：

$$a_b = a_o - \frac{1}{d_p'' + d_s} \cdot N_s \cdot a_x = 0.399 - \frac{1}{0.016 + 0.012} \times 12 \times 1.13 \times 10^{-4} = 0.351(\text{m}^2)$$

g. 钉头表面传热系数h_s：

$$\begin{aligned} h_s &= 10.98 \times \frac{G_g^{0.667} \cdot T_s^{0.3}}{d_s^{0.333}} = 10.98 \times \frac{2.53^{0.667} \times 885.5^{0.3}}{0.012^{0.333}} \\ &= 644.19[\text{W/(m}^2 \cdot \text{K)}] \end{aligned}$$

h. 包括结垢热阻在内的钉头表面传热系数h_s^*：

$$h_s^* = \frac{1}{\frac{1}{h_s} + 0.0043} = \frac{1}{\frac{1}{644.19} + 0.0043} = 170.87[\text{W/(m}^2 \cdot \text{K)}]$$

i. 系数m：

$$m = \left[\frac{h_s \cdot l_s}{0.86\lambda_s \cdot a_x}\right]^{\frac{1}{2}} = \left(\frac{644.19 \times 37.68 \times 10^{-3}}{0.86 \times 40.1 \times 1.13 \times 10^{-4}}\right)^{1/2} = 78.91$$

j. 钉头效率Ω：

$$\Omega = \frac{\text{Th}(m \cdot b)}{m \cdot b} = \frac{\text{Th}(78.91 \times 0.025)}{78.91 \times 0.025} = 0.488$$

k. 光管的对流传热系数h_{∞}：

$$h_{\infty} = 10.98 \times \frac{2.53^{0.667} \times 885.5^{0.3}}{0.127^{0.333}} = 679.26[\text{W/(m}^2 \cdot \text{K)}]$$

l. 包括结垢热阻在内的钉头管管外膜传热系数 h_{∞}^*：

$$h_{\infty}^* = \frac{1}{\frac{1}{h_{\infty}} + 0.0043} = \frac{1}{\frac{1}{679.26} + 0.0043} = 173.24[\mathrm{W/(m^2 \cdot K)}]$$

m. 包括结垢热阻在内的管外膜传热系数 h_o^*；

$$h_o^* \frac{1.163 \times h_s^* \cdot \Omega \cdot a_s + h_{\infty}^* \cdot a_s}{a_0} = 1.163 \times \frac{170.87 \times 0.488 \times 0.452 + 173.24 \times 0.351}{0.399}$$

$$= 287.10[\mathrm{W/(m^2 \cdot K)}]$$

式中 h_s——钉头表面传热系数，W(m^2·K)；

h_s^*——包括结垢热阻在内的钉头表面传热系数，W(m^2·K)；

Ω——钉头效率；

b——钉头高，m；

T_s——对流段烟气出口温度,℃；

l_s——钉头周长，m；

d_s——钉头直径；m；

λ_s——管材的热导率，W/(m^2·K)；

a_x——钉头的断面面积，m^2；

Th——双曲正切；

G_g——烟气通过钉头管束的质量流速，kg/(m^2·K)；

m——系数；

h_{∞}——光管的对流传热系数，W/(m^2·K)；

h_{∞}^*——包括结垢热阻在内的钉头管管外膜传热系数，W/(m^2·K)；

h_o^*——包括结垢热阻在内的管外膜传热系数，W/(m^2·K)；

a_s——每米钉头管钉头部分外表面积，m^2；

a_b——每米钉头管光管部分的外表面积，m^2；

a_0——每米钉头管外表面积，m^2。

④ 对流段总传热系数:

$$k_c = \frac{h_i^* \cdot h_o^*}{h_i^* + h_o^*} \times 10^{-3}$$

式中 k_c——对流段总传热系数，kW/(m^2·K)；

h_i^*——包括结垢热阻在内的管内膜传热系数，W/(m^2·K)；

h_o^*——包括结垢热阻在内的管外膜传热系数，W/(m^2·K)；

h_i——管内膜传热系数，W/(m^2·K)；

h_o——管外膜传热系数，W/(m^2·K)。

对流段总传热系数:

$$k_c = \frac{h_i^* \cdot h_o^*}{(h_i^* + h_o^*)} = \frac{199.9 \times 287.1}{(199.9 + 287.1)} = 0.1178[\mathrm{kW/(m^2 \cdot K)}]$$

二、对流段工艺尺寸计算

1. 对流室的外形尺寸

参见图4－13，为了便于向上抽出辐射管，对流室的外形尺寸为：

$$L_k = D' - 0.5 = 8.28 - 0.5 = 7.78(\mathrm{m})$$

式中 L_k——对流室的外形尺寸，m。

2. 对流室的有效长度

$$L_c = L_k - 2 \times (0.2 + h_1 + h_2)$$

式中 L_c——对流管有效长度，m；

h_1——对流管弯管或弯头高度，m；

h_2——对流室两端管板厚度(包括保温层厚度)，m。

$$h_1 = \frac{3 \cdot d_c}{2} = \frac{3 \times 0.127}{2} = 0.1905(\mathrm{m})$$

管板的厚度试确定为12mm，对流段的衬里的厚度试确定为90mm。

$$h_2 = 0.090 + 0.012 = 0.102(\mathrm{m})$$

对流段的有效长度：

$$L_c = 7.78 - 2 \times (0.2 + 0.1905 + 0.102) = 7.50(\mathrm{m})$$

3. 对流室的宽度

确定对流室的宽度，应首先考虑每排对流管数应为管程的整数倍，试确定每排炉管数为8根，即 $n_w = 8$。考虑到加热炉的热负荷比较大，采用钉头管三角形排列。

钉头管的钉头尺寸(图4－14)：炉管外径 $d_c = 127\mathrm{mm}$，炉管间距 $S_c = 250\mathrm{mm}$，钉头直径 $d_s = 12\mathrm{mm}$，高 $h = 25\mathrm{mm}$，纵向间距 $d''_p = 16\mathrm{mm}$，每圈钉头数 $N_s = 12$。

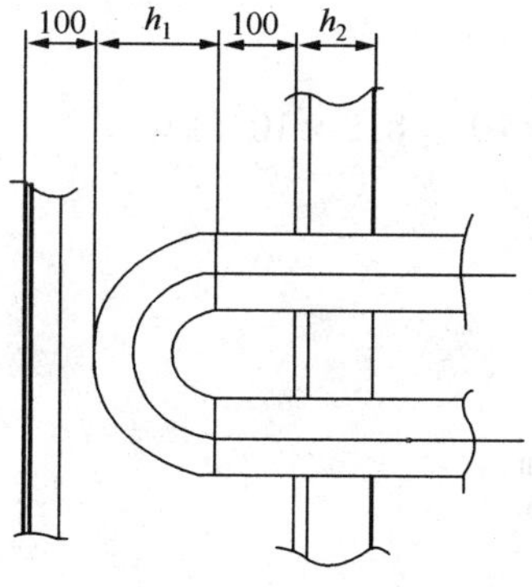

图4－13 对流室炉管结构

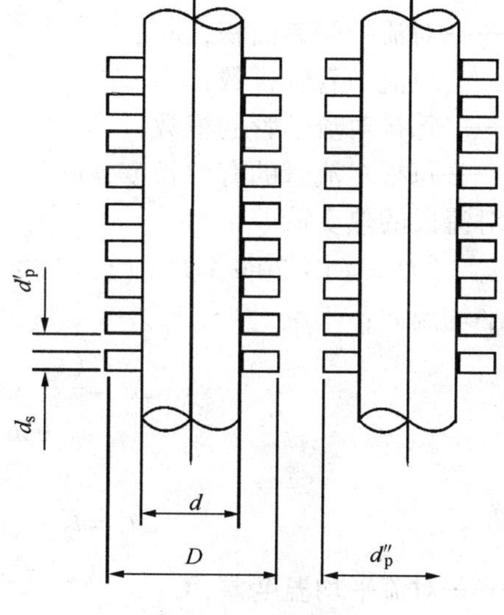

图4－14 钉头管

对流室净宽：

$$\begin{aligned} b &= (n_w - 0.5)S_c + d_c + 2(h + 0.041) \\ &= (8 - 0.5) \times 0.25 + 0.127 + 2 \times (0.025 + 0.041) = 2.34(\mathrm{m}) \end{aligned}$$

式中 b——对流室净宽，m；

n_w——每排炉管根数；

S_c——对流室炉管管心距，m；

d_c——对流管外径，m；

h——钉头高度，m。

单位长度钉头管所占流通面积：

$$a_c = 1 \times d_c + \frac{1000}{d''_p} d_s \times h \times 2$$

$$= 1 \times 0.127 + \frac{1000}{16} \times 0.012 \times 0.025 \times 2 = 0.165(m^2/m)$$

式中 a_c——单位长度翅片所占流通面积，m^2/m；

d''_p——纵向钉头间距，mm；

d_s——钉头直径，m；

h——钉头高，m。

烟气的质量流速：

$$G_g = \frac{W_g/3600}{L_c b - a_c L_c n_w} = \frac{47.64 \times 10^3/3600}{6.79 \times 2.34 - 0.165 \times 7.5 \times 8} = 2.21[kg/(m^2 \cdot s)]$$

烟气质量流速控制在 $2 \sim 4kg/m^2 \cdot s$，符合要求。

4. 对流炉管的表面积和管排数

$$A_c = \frac{Q_c}{k_c \cdot \Delta t}$$

$$N_c = \frac{A_c}{n_w \cdot L_c \cdot d_c}$$

式中 Q_c——对流段热负荷，kW；

A_c——对流炉管表面积，m^2；

N_c——对流炉管管排数；

n——每排对流炉管的根数；

L_c——每根对流管的有效长度，m。

(1) 对流段的热负荷 Q_c：

$$Q_c = (1 - 70\%)Q_c = (1 - 70\%) \times 27.67 \times 10^3 = 8.3 \times 10^3(kW)$$

对流平均温差：

$$\Delta t = \frac{(t_g - t'_1) - (t_s - t_1)}{\ln \frac{(t_g - t'_1)}{(t_s - t_1)}}$$

$$t'_1 = t_2 - (t_2 - t_1) \cdot \frac{Q_R}{Q}$$

式中 Δt——对流平均温度差,℃；

t_g——对流段烟气的进口温度,℃；

t'_1——对流段被加热介质的出口温度,℃；

t_s——对流段烟气出口温度,℃；

t_1——对流段被加热介质进口温度,℃；

t_2——被加热介质出炉温度,℃。

$$t_1=280℃,\ t_2=370℃,\ t_g=825℃,\ t_s=400℃$$

$$t_1'=370-(370-280)\times0.7=307(℃)$$

$$\Delta t=\frac{(825-307)-(400-280)}{\ln\frac{(825-307)}{(400-280)}}=826.3(℃)$$

（2）对流炉管表面积 A_c：

$$A_c=\frac{8.3\times10^3}{0.1178\times826.3}=85.27(m^2)$$

（3）对流炉管管排数 N_c：

$$N_c=\frac{85.27}{8\times6.79\times0.127}=12.4$$

取 $N_c=13$。

内容提要：

- 对流传热
  - 管内对流传热系数
    - 单向流的内膜传热系数
    - 混相流流动状态的确定
    - 混相流的内膜传热系数
    - 管内结垢热阻
  - 管外对流传热系数
    - 光管的外膜传热系数
    - 翅片管和钉头管的外膜传热系数
    - 管外结垢热阻
  - 管壁温度与平均温度差
    - 光管壁温度的计算方法
    - 翅片管或钉头管管壁温度的计算方法
    - 平均温差
  - 对流管的传热总系数

复习思考：

1. 什么叫钉头管？
2. 什么叫翅片管？
3. 钉头管及翅片管用在加入炉的什么部位？
4. 钉头管及翅片管有什么作用？
5. 钉头管使用的条件是什么？
6. 翅片管使用的条件是什么？
7. 钉头管及翅片管材料与焊接方法是什么？
8. 钉头管常用的数据是什么？
9. 钉头管制造技术条件是什么？
10. 钉头与翅片的材质如何选用？

第五章　压力损失和通风

第一节　管内介质的流速与压降

一、管内流速

在汽（气）、液混相的炉管内（如汽化段炉管），流速受两方面限制。流速的低限是必须保证流型符合要求，以避免局部过热。流速的上限是临界流速（即该状态下的声速）。在炉管内，实际流速不可能达到临界流速。如果计算流速大于临界流速，则实际表现为压力降急剧增加，压力能白白消耗于涡流损失。设计时一般限制管内最大流速不超过临界流速的80% ~90%。临界流速按式(5 -1)计算：

$$u_s = 1.015\left(\frac{P}{\rho_m}\right)^{0.5} \tag{5-1}$$

式中　u_s——临界流速，m/s；

P——计算截面的压力，Pa（绝）；

ρ_m——计算截面的气液混合密度，kg/m^3。

裂解炉炉管内的流速是根据停留时间来决定的。因为停留时间是影响裂解反应极重要的因素，应严格控制，停留时间应根据不同物料裂解反应的化学动力学数据来确定。

查一查：什么是停留时间？

二、无相变时的压降计算

当介质在炉管内无相变化时，一般为单纯液相或单纯气相，其压力降按下面介绍的单相流压力降计算公式计算。当为单纯液相时，由于液体的密度不随压力而变化，只随温度有较小的变化，因此用炉子出入口平均温度下的密度来计算整个炉管内的压力降，或分成辐射室和对流室两段计算压力降，都不会有多大误差。当为单纯气相时，由于气体密度随压力和温度有较大变化，应将炉管分成若干小段计算压力降，以减少由此而引起的误差。

在特殊情况下，如石蜡加氢加热炉，介质在炉管内虽然没有相变化，但从炉入口开始就向炉管内注入了氢气，所以是气液两相，因此它的压力降应按两相流考虑。

管内压力降包括介质通过直管段的压力降 $\Delta P'_f$ 和通过截面突然变化或转弯等局部阻力所引起的压力降 $\Delta''P_f$。

根据直管内阻力公式——范宁公式，$\Delta P'_f$ 可由式(5 -2)计算。

$$\Delta P'_f = \lambda \frac{L}{d_i}\frac{\rho u^2}{2} \tag{5-2}$$

式中　L——单根炉管的长度，m；

d_i——管内径，m；

ρ——介质的密度，kg/m^3；

u——介质的流速，m/s；

λ——摩擦系数，根据雷诺数 $Re=\frac{du\rho}{\mu}$ 查得；

μ——介质的黏度，Pa·s。

介质通过弯头或管径的突然变化处，由于局部阻力引起的压力降 $\Delta P''_f$ 为：

$$\Delta P''_f = \xi\frac{\rho u^2}{2} \tag{5-3}$$

式中　ξ——局部阻力系数。

如果每根炉管的长度为 L，炉子每一管程的炉管根数为 n_1，弯头数为 n_2，则总压力降 ΔP_f 为：

$$\Delta P_f = n_1\Delta P'_f + n_2\Delta P''_f \tag{5-4}$$

若用炉管的当量长度计算压力降，则有：

$$\Delta P_f = \lambda\frac{L_e}{d_i}\frac{\rho u^2}{2} \tag{5-5}$$

式中　L_e——炉管的当量长度，m。

$$L_e = \frac{nL}{N} + (\frac{n}{N} - 1)\varphi' d_i = n_1 L + n_2\varphi' d_i \tag{5-6}$$

式中　n——总管数；

N——管程数，也称炉管路数；

φ'——与回弯头有关的系数，等于弯头的当量长度与管内径之比。

三、有相变时的压力降计算

1. 汽化段炉管工艺计算的内容

汽化段炉管内的流动属于气液两相流，并且气相和液相的量和物性随行程的增加而变化，这种变化取决于介质的相平衡关系和汽化段炉管的吸热量，因此汽化段炉管流体力学计算应与相平衡和热平衡计算同时进行。

如一管段长 ΔL，其出口条件是压力 P_1、温度 t_1 和汽化率 e_1，入口条件是 P_2、t_2 和 e_2。传入管段内的热量为 Q，如图 5-1 所示。

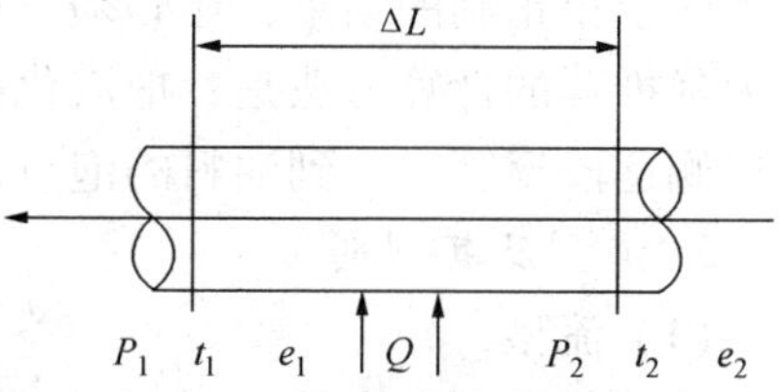

图 5-1　计算管段示意图

一般情况下，出口条件 P_1、t_1 和 e_1 及传入管段内的热量 Q 是已知的，计算所得的入口条件 P_2、t_2 和 e_2 必须同时满足相平衡、热平衡和压力平衡三者。

水平管内气液两相流的总压降 ΔP 可分为两部分，即由摩擦引起的压降 ΔP_f，加速度（出入口处的流速不相等）引起的压降 ΔP_{ke}：

$$\Delta P = \Delta P_f + \Delta P_{ke} \tag{5-7}$$

在垂直管中，气液混合向上流动时，除要产生摩擦压降 ΔP_f 和加速度压降 ΔP_{ke} 外，还由于位能的增加引起相应的静压降 ΔP_H。在单相流中，液体在向上流动中取得的位能和它克服静压头而消耗的能量相等；而在气液两相流中，由于存在气、液间的滑脱现象，将消耗一部分能量，故流体取得的位能总小于克服静压头而失去的能量。ΔP_f 不计算这部分能量损失，而将这部分能量与位能合并成为静压降 ΔP_H。于是总压降为：

$$\Delta P = \Delta P_f + \Delta P_{ke} + \Delta P_H \tag{5-8}$$

就摩擦压降的计算而言，气液两相流要比单相流复杂得多。由于液相滞留量的存在，使管内实际流通截面积减小，也会使压降增加。在垂直管内，液相在炉管内连续不断地上升和下降，也会消耗能量而形成压力降，由此可见气液两相流压降计算的复杂性。

随气相流速和液相流速的不同，气液两相流可能呈现完全不同的流型。为了计算气液两相流的摩擦压降，需要有划分流型的图或关联式，从而建立起滞留量与压降计算的关联式。

在静压降计算中除计算位能变化而引起的压降外，还需计算由于滞留现象而使"实际"密度增加所引起的压降。

另外，为了避免油料局部过热而裂解，也必须保证汽化段炉管内具有良好的流型。在设计计算中，可以改变管径，以保证流型符合要求。因此流型判别也应是汽化段炉管计算的内容。

有些纯加热型管式炉对油料温度要求比较严格。为了避免油料裂解而影响产品质量，要求油料温度不超过显著裂解的温度；而为了提高侧线产品的收率，又要求油料出炉时具有足够高的热焓。要同时满足这两方面的要求，往往采取扩径和注汽的办法。

汽化段注入相当数量的水蒸气，可以降低油气分压，提高汽化率。由于汽化潜热相当大，所以提高汽化率可以使热焓明显增加而不必增加油料温度。

扩大炉管直径可以减少汽化段压降，使油料在较低的温度和压力下开始汽化，同时，在相同温度下，由于压力降低，汽化率可以提高。当管内计算流速接近临界流速时，更应该扩大管径，以避免压降急剧增加。因此，汽化段炉管设计计算中，应进行临界流速计算，以便及时扩大管径，降低流速。但在扩径管的始端，流速骤然降低后容易出现不理想的流型，应进行流型判别计算，以避免管径扩大的太多。

由于压力降计算以每一微小管段出、入口平均条件下的物性参数为准进行，必须反复猜算才能求得正确的结果；还必须避免物性参数非线性变化带来的误差。因此，对汽化段炉管压力降推荐的计算方法是：把汽化段炉管分成1m至几米长的若干小短段，从炉出口开始向入口侧逐段反算，直到油料的泡点，即汽化开始点为止。一般也在泡点附近注入水蒸气。

2. 流型及其判别

（1）流型

由于气液两相在管内空间的分布、流动情况及其相互作用不同，形成两相流的不同流型。两相流的流型主要取决于气液的流速，气液的物理性质（如密度、黏度、界面张力等）对流型也有一些影响。典型的流型是比较明确的，但从一种典型流型到另一种典型流型的过渡中，流型是不太明确的，不好辨认。为了适应炉管水力学计算的需要，本节将介绍详细的流型划分法。水平管内气液两相流的流型如图5-2所示。

水平管内气液两相流的流型可以分为六种。在低液速范围内，随着气速的增加依次发生下列三种流型：

a. 分层流。在液速、气速都很低时，气液之间的作用很微弱，液体在管道下部流动。两相都是连续的，界面是平滑的。当气速增大时，界面上出现一些波纹，但仍属于分层流。

b. 波状流。当气速再增大时，波纹变为大波。有时掀起的波尖可以舔到管子的拱顶。和分层流的相同处是两相都是连续的，不同处是两相之间的作用加剧了。

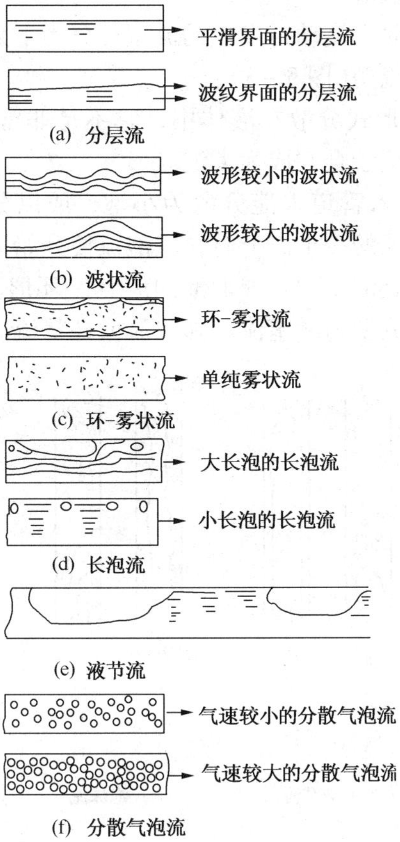

图 5－2　水平管内气液两相流的流型

c. 环－雾状流。在气速更加增大时，液层深度越来越浅，已不足以掀起大波，而被气流冲散到管壁上，形成上下不对称的环形液膜，也有一部分液体被吹扫至气流中成为雾沫。气相是连续的。在气速更高的条件下，液膜可能不再存在，这就是单纯的雾状流。

在中等液速范围内，随着气速的增大，依次产生下列各种流型：

d. 长泡流。在低气速时，气体以长形气泡的形式紧贴在管道上壁向前移动，称活塞流。如果将气速再降低，气泡将变成扁圆形的小泡或接近圆形的更小的气泡，仍然紧贴着管道上壁向前移动。这种流型其本质仍在长泡流范畴之内，只是气泡的大小与形状变了，气液之间的相互作用仍旧不变，这种流型称为气泡流。在长泡流中液体是连续相，如降低长泡流的液速，长泡将靠拢而互相贯通，那么长泡流就变为分层流了。

e. 液节流。如再增加气速，长泡增大，其界面可增至接近管子整个面积，液体被分成一节节的向前移动，从而形成液节流。

继续增大气速，液节流将向环－雾状流过渡。

在高液速下，随着气速的增大，产生下列流型：

f. 分散气泡流。在高速流动的液体中，气体被分散成小气泡，比较均匀地分布在管截面上，称为泡沫流。也有将它和长泡流合在一起的，统称为气泡流。分散气泡流的液相是连续的。

在极大气速时，分散气泡流向环－雾状流转变。可见，随着气速增大，各种流型最后均发展为环－雾状流或单纯雾状流。

在垂直管内，气液两相向上流动时发生的流型可分为下列四种。在低液速范围内，随着气速的增加，依次发生下列流型(图5－3)：

a. 气泡流。气体以小泡形式分散在液体中，它不是非常稳定的流型，在低液速下气泡倾向于相互靠拢、粘着，以至于合并成为大泡。

b. 液节流。如果气体进入管道未能分散为小泡，或以分散的小泡重新又合并成大泡，当这些大气泡的直径大于管径的一半以上时，气泡流便开始向液节流转化，此时液体是被弹头形的大气泡分成一节节向上流动的。弹形泡四周有一环形液膜，在液体量较少的情况下，液膜可能向下流动，称这种流型为活塞流、弹状流或柱状流。

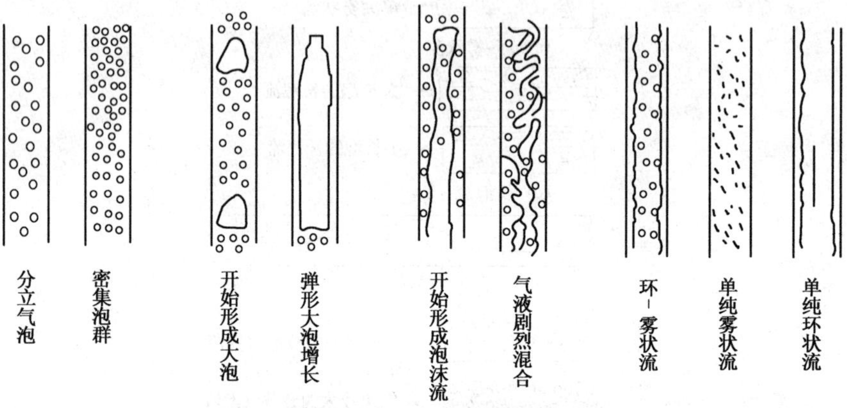

图5－3　垂直管向上气液两相流的流型

c. 泡沫流。在液节流的基础上进一步增大气速，液节流即向泡沫流转化。转化的机理是气速的增大使弹性泡四周液膜的向下运动受阻，进而产生波纹，最后使液膜崩溃，液体侵入弹性气泡中去，于是气相与液相剧烈的混合起来，这就是泡沫流的起点。由于泡沫流中气液剧烈混合，因此也有人称之为乳化流。

d. 环－雾状流。在泡沫流的基础上增大气速时，气体将占据管子轴心，而将液体排挤到管壁上成为向上流动的环状液膜，另一部分液体则成雾沫状，被气体所夹带。在高速气流下，环状液膜可能消失。

在高液速范围内，液节流直接向环－雾状流过渡，而不再通过泡沫流区域。

上面描述的各种流型是在常压或压力不大的情况下，在小管径内，用低黏性液体做实验观察到的。当压力较高或管径较大时，流型可能会有较大变化。

(2) 水平管内气液两相流的流型判别图

用来判别水平管内气液两相流的流型图很多，互相之间的差别较大。其中 Baker 流型图比较著名，在石油工业中用得很广泛，如图5－4所示。

Baker 流型图的坐标按下面两式计算：

$$B_x = 211 \times \frac{W_L}{W_G} \times \frac{(\rho_L \cdot \rho_g)^{1/2}}{\rho_L^{2/3}} \times \frac{\mu_L^{1/2}}{\sigma_L} \tag{5-9}$$

$$B_y = 7.1 \times \frac{W_G}{A\,(\rho_L \cdot \rho_g)^{1/2}} \tag{5-10}$$

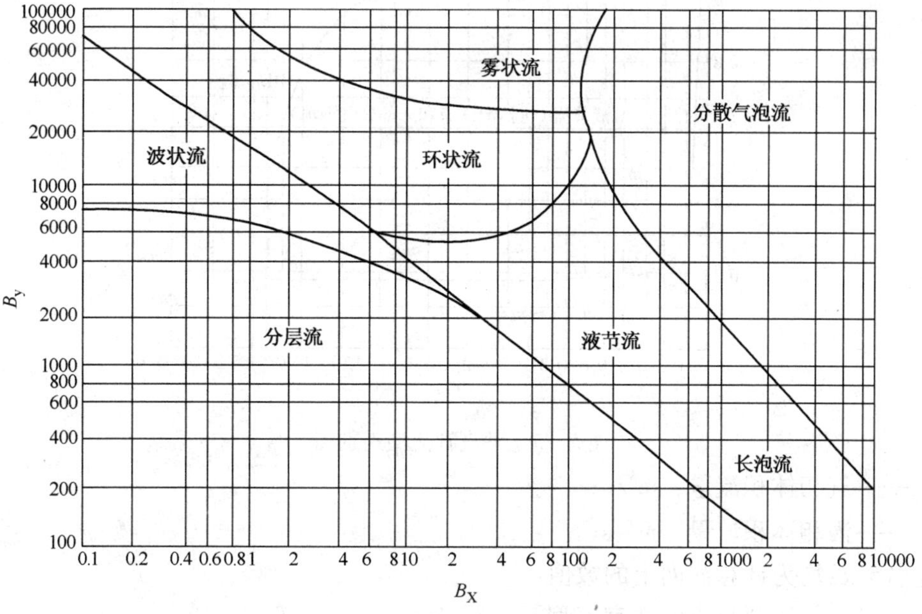

图 5-4　水平管流型判别图

式中　W_L——液相质量流量，kg/h；

W_G——气相质量流量，kg/h；

A——管内流通截面积，m^2；

ρ_L——液相密度，kg/m^3；

ρ_g——气相密度，kg/m^3；

μ_L——液相黏度，mPa·s；

σ_L——液相表面张力，dyn/cm($1dyn=10^{-5}N$)

$$\sigma_L = \left[\left(\frac{2.3M_L + 57}{M_L}\right)\times\left(\frac{\rho_L - \rho_g}{1000}\right)\right] \tag{5-11}$$

M_L——液相相对分子质量，kg/kmol。

以上各参数均为计算截面上的数值。

(3) 垂直管内气液两相流的流型判别图

预测垂直管内两相流的流型图很少。由于两相流的流型不易辨认，仅有的几种流型图之间差别很大。Griffith 和 Wallis 在研究液节流时提出一张流型图，目的是要划出一个可能发生液节流的区域，即图 5-5 中的Ⅱ区。该区的范围较宽，除液节流外，还包括了泡沫流和气泡流的一部分，因此用这张图预测工业上常用的液节流比较保险，这也许就是它在工业上得到广泛应用的原因。

图 5-5 的坐标按下面两式计算：

$$G_x = \frac{u_m^2}{gd_i} \tag{5-12}$$

$$G_y = \frac{V_g}{V_L + V_g} \tag{5-13}$$

式中　u_m——气液混合物的流速，m/s；

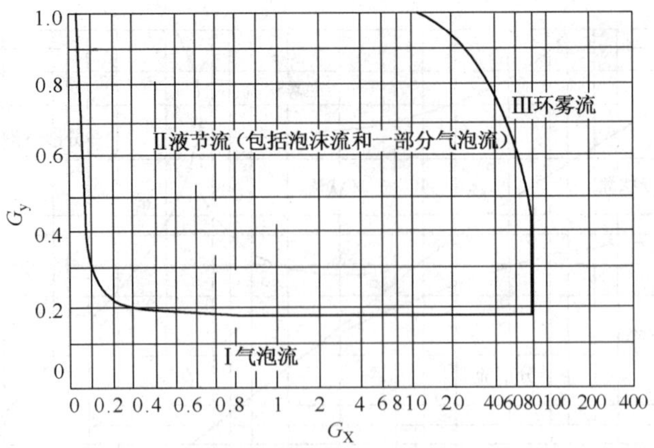

图5－5　垂直管流型判别图

V_g——气相体积流量，m^3/s；

V_L——液相体积流量，m^3/s。

以上各参数均为计算截面上的数值。

（4）炉管内气液两相流的适宜流型

同一般工业管道一样，炉管内不允许出现液节流，因为这种流型会产生水击，发生很大的噪声，严重时会损坏炉管。炉管与一般工业管道不一样的地方是炉管内的流型还要从传热方面提出限制，为了避免介质局部过热发生裂解，炉管内气液两相流的流型最好是雾状流。在局部地方(例如泡点附近)要达到雾状流比较困难，也允许出现环状流或分散气泡流。除此之外，其他流型均应避免。值得指出的是，当按计算的坐标值在流型图上找出的定位点比较靠近分界线时，要考虑到气液两相因为不稳定，有跨过分界线变为另一种流型的可能性。当定位点表示的流型完全不符合要求时，可以缩小炉管直径或加大注入的水蒸气量来获得适宜的流型。

在逐级扩径的汽化段炉管内，不适宜的流型一般出现在每种管径的始端，在继续流动中，随着吸热量的增加和压力的降低，汽化率增加，流速也增加。如果始端流型符合要求，则该管径炉管其他部位的流型也会符合要求。因此，流型判别计算只需要对各种管径的始端进行。

3. 高流速限制

炉出口条件 P_1、t_1 和 e_1 是必须满足的工艺要求。其中，压力 P_1 由与炉子相接的转油线及其后的设备的压力来确定。而温度 t_1 和汽化率 e_1 则靠汽化段炉管的正确设计来满足，如果炉管直径过小，计算流速超高，往往会出现计算流速超过临界流速的情况，此时在炉管与转油线相接的截面突然扩大处，压力和温度陡降，汽化率陡升。压力的陡降是由截面突然扩大的涡流损失造成的，而温度陡降和汽化率陡升则意味着大量的显热转化为潜热。这种情况下，炉出口条件 P_1、t_1 只出现在界面扩大了的转油线内，而出口炉管内的压力和温度却远高于 P_1 和 t_1，汽化率则远低于 e_1。在转油线上测得的低油温只是一种假象，炉管内的油温可能超过显著裂解温度很多。在炉内管径扩大处的小管径一侧，即每种管径的终端，都可能出现类似的情况。为了减少压力降，避免油温超限，必须对计算流速进行限制。一般要求计算的气液混合流速不超过临界流速的80%～90%。为此，需要在每种炉管直径的终端，用式(5－1)计算临界流速。当发现计算流速超过临界流速的90%时，就应扩大炉管直径。

当流速接近临界流速时，还会发生震动和噪声，甚至造成炉管损坏。这是限制管内流速不能太高的另一个原因。

4. 压降计算

气液两相流压力降计算的方法很多，常用的有均相法和 Dukler 法。

（1）均相法

这是一种将两相流当作单相流的计算方法。即假设气液两相间没有相对运动，忽略滞留量对压力降的影响。对于高气速的雾状流和高液速的分散气泡流，这样假设是比较切合实际的，计算误差也可能较小。对于其他流型，均相法只能作为一种初步估算法，有的将均相法得出的结果乘以安全系数（大约是3）作为正式结果，也有的同时用均相法和 Dukler 法计算，取其压力降大者为正式结果。

根据上述假设，均相法可以用 $\Delta P_f = \lambda \frac{L_e}{d_i}\frac{\rho u^2}{2}$ 进行压力降计算，只是其流速、密度和黏度均应用气液两相的流速 u_m、混合密度 ρ_m 和混合黏度 μ_m：

$$u_m = \frac{Q_L + Q_g}{A} \tag{5-14}$$

$$\rho_m = c_I\rho_L + c_g\rho_g \tag{5-15}$$

$$\mu_m = c_I\mu_L + c_g\mu_g \tag{5-16}$$

式中 Q_L——液相体积流量，m^3/s，对于汽化段炉管：

$$Q_L = \frac{(1-e')W_F}{\rho_L} \tag{5-17}$$

e'——油料在计算管段出入口条件下的质量汽化率平均值；

$$e' = e\frac{\rho_V^{20}}{\rho_F^{20}} \tag{5-18}$$

e——油料在计算管段出入口条件下的体积汽化率平均值；

$$e = \frac{e_1 + e_2}{2} \tag{5-19}$$

ρ_V^{20}——油蒸气在20℃、常压下的密度，kg/m^3；

ρ_F^{20}——油料在20℃、常压下的密度，kg/m^3；

Q_g——气相体积流量，m^3/s，对于汽化段炉管：$Q_g = \left(\frac{e'}{\rho_v} + \frac{e_s}{\rho_s}\right)W_F$，这里 W_F 代表油料质量流量，kg/s； (5-20)

ρ_V——计算管段出入口平均条件下油蒸气的密度，kg/m^3；

ρ_s——计算管段出入口平均条件下水蒸气的密度（如果炉子采用注汽措施时），kg/m^3；

e_s——注汽率（如果炉子采用注汽措施时），kg 水蒸气/kg 油；

c_L——气液两相无相对运动时的液相体积分数；

$$c_L = \frac{Q_L}{Q_L + Q_g} \tag{5-21}$$

c_g——气液两相无相对运动时的气相体积分数；

$$c_g = \frac{Q_g}{Q_L + Q_g} = 1 - c_L \tag{5-22}$$

ρ_L ——计算管段出入口平均条件下液相密度，kg/m³；

ρ_g ——计算管段出入口平均条件下气相密度，kg/m³，对于汽化段炉管，它是油蒸气和水蒸气(如果炉子注汽时)的混合密度；

$$\rho_g = \frac{e' + e_s}{\dfrac{e'}{\rho_v} + \dfrac{e_s}{\rho_s}} \tag{5-23}$$

μ_L——计算管段出入口平均条件下的液相黏度，Pa·s；

μ_g——计算管段出入口平均条件下的气相黏度，Pa·s；对于汽化段炉管，它是油蒸气和水蒸气(如果炉子注汽时)的混合黏度。

混合黏度有各种计算方法，但都未必真正正确。为简化计算，在均相法中可采用$\mu_m = 10^{-5}$Pa·s。

为了便于分段计算和与后面的热平衡和相平衡计算配合，则：

$$\Delta p_f = \frac{2fG_m^2\Delta L\varphi}{\rho_m d_i} \times 10^{-6} \tag{5-24}$$

求摩擦系数用的雷诺数按式(5-25)计算：

$$Re_m = \frac{d_i G_m}{\mu_m} \tag{5-25}$$

式中 G_m——气液相混合物的质量流速，kg/m²·s，对于汽化段炉管，它包括油料和注水的水蒸气(如果炉子注汽时)的总和：

$$G_m = \frac{(1 + e_s)W_F}{A} \tag{5-26}$$

ΔL——计算管段的传热有效长度，m；

ϕ——当量长度与传热有效长度之比。

$$\phi = \frac{L_e}{\Delta L} = \frac{n_1 L + n_2 \phi' d_i}{\Delta L} \tag{5-27}$$

当计算管段长度全部是传热有效长度时：

V_L——液相体积流量，m³/s，对于汽化段炉管，有$\varphi = 1$；当计算管段长度只包括一个弯头而弯头又不在炉膛内，不是传热有效长度时，$\Delta L\varphi = \varphi' d_i$。

(2) Dukler法

此法在大量实验数据的基础上，通过相似分析法得出压力降关联式。计算过程不十分复杂，适用范围比较广，既适用于水平管，又适用于垂直管。其准确性在统计上看来是比较高的。

压力降关联式为：

$$\Delta P_f = \frac{2f_{tp}G_m^2\Delta L\varphi}{\rho_m d_i}\left[\frac{\rho_L c_L^2}{\rho_m E_L} + \frac{\rho_g c_g^2}{\rho_m E_g}\right] \times 10^{-6} \tag{5-28}$$

式中 f_{tp} ——气、液两相有相对运动时的摩擦系数。

$$f_{tp} = \left[1 - \frac{\ln c_L}{\alpha(c_L)}\right] \times f \tag{5-29}$$

$$\alpha(c_L) = 1.281 + 0.478\ln c_L + 0.444(\ln c_L)^2 + 0.094(\ln c_L)^3 + 0.00843(\ln c_L)^4 \tag{5-30}$$

f可用$f = \dfrac{1}{4\left[-2\left(\dfrac{\varepsilon}{3.7d_i} + \dfrac{1.26}{Ref^{1/2}}\right)\right]^2}$算得，其雷诺数按式(5－31)求出：

$$Re_{tp} = Re_m \times \left[\frac{\rho_L c_L^2}{\rho_m E_L} + \frac{\rho_g c_g^2}{\rho_m E_g}\right] \tag{5-31}$$

式中　E_L——气液两相间有相对运动时的液相体积分数；

E_g——气液两相间有相对运动时的气相体积分数。

Dukler 法压力降各计算式中其他符号的意义和计算方法与均相法相同。

5. 相平衡计算

进行汽化段炉管内气－液两相流压力降计算时，必须已知介质的汽化率，而介质的汽化率又与压力和温度存在着对应关系，即相平衡关系：

$$e = f(P,\ t)$$

这种关系通常用相平衡曲线来表示。如果炉管内注入水蒸气，为了计算方便，一般应根据气液分子数和水蒸气分子数求出管内总压、介质温度与汽化率之间的关系曲线，即注汽条件下的相平衡曲线。手工计算时，根据管内总压和介质温度可以从该曲线中查出汽化率；在计算机计算中，则是根据这种曲线拟合成运算公式。

6. 热平衡计算

压力降计算和相平衡计算中均需已知管段入口处的温度t_2，而t_2必须经过管段的热平衡计算才能求得。这里所说的热平衡即能量平衡，其根据是管段的伯努利方程。由于管段内的做功为零，忽略位能变化可得：

$$Q = \left[\Delta H + \Delta I_s \cdot \frac{e_s}{1+e_s} + \Delta\left(\frac{G_m^2}{\rho_m^2}\right) \times 10^{-6}\right](1+e_s)W_F \tag{5-32}$$

式中　Q——外界传入管段的热量，MW；

ΔH——介质(包括油料和水蒸气)在计算管段出入口的焓差，MJ/kg；

ΔI_s——水蒸气注入炉管前后的焓差，MJ/kg；

$\Delta\left(\dfrac{G_m^2}{\rho_m^2}\right) \times 10^{-6}$——计算管段出入口动能差，MJ/kg。

外界传入计算管段的热量则应按该管段在炉内所处位置的炉管表面热强度计算。当辐射室传热计算不是采用区域法或蒙特卡罗法，不能求得管段所在位置的精确热强度时，可按辐射室平均热强度计算：

$$Q = \pi d_o \Delta L q \tag{5-33}$$

式中　d_o——炉管外径，m；

q——以炉管外表面即为基准的热强度，MW/m²。

介质在管段出入口的焓差ΔH，包括油料和水蒸气的焓差：

$$\Delta H = H_2 - H_1 \tag{5-34}$$

$$H_1 = \frac{(1-e'_1)I_{L1} + e'_1 I_{v1} + I_{s1}e_s}{1+e_s} \tag{5-35}$$

$$H_2 = \frac{(1-e'_2)I_{L2} + e'_2 I_{v2} + I_{s2}e_s}{1+e_s} \tag{5-36}$$

式中　I_{L2}、I_{L1}——油料在计算管段出入口处的液相热焓，MJ/kg；

I_{v2}、I_{v1}——油蒸气在计算管段出入口处的热焓，MJ/kg；

I_{s2}、I_{s1}——水蒸气在计算管段出入口处的热焓，MJ/kg。

水蒸气注入炉管前后的焓差 ΔI_s 有两种处理办法：一种是考虑水蒸气注入炉管后立即吸收介质热量，迅速达到与介质相同的温度。这样的考虑比较符合实际，但计算时仍比较麻烦，因为难以确定注汽后经过多长的管段两者温度才达到相等。另一种办法是将其平均分摊在整个汽化段炉管上，这样处理计算起来比较方便。由于 ΔI_s 值较小，对整个热平衡计算影响不大，因此一般采用后一种办法，即：

$$\Delta I_s = \frac{\pi d_o \Delta L q (I_{Sb} - I_{Sa})}{W_F [e'_{out} I_{vout} + (1 - e'_{out}) I_{Lout} - I_{Lin} + e_s (I_{Sout} - I_{Sa})]} \tag{5-37}$$

当汽化段炉管扩径很合适，管内介质基本上达到等温汽化时，可按式(5－38)近似计算：

$$\Delta I_s = \frac{\pi d_o \Delta L q (I_{Sout} - I_{Sa})}{W_F [e'_{out} (I_{vout} - I_{Lout}) + e_s (I_{Sout} - I_{Sa})]} \tag{5-38}$$

式中　I_{sa}、I_{sb}——水蒸气注入炉管前后的热焓，MJ/kg；

I_{vout}、I_{lout}——炉出口处介质气、液相热焓，MJ/kg；

I_{Lin}——汽化段入口处介质(液相)热焓，MJ/kg；

e'_{out}——炉出口处介质的质量汽化率。

第二节　烟气流速与压降

烟气在流动过程中由于摩擦阻力要产生压力降。管式炉内烟气流动过程中的压降一般包括下列各项中的若干项：

(1) 烟气沿直管道流动的压降；

(2) 烟气流过挡板、转弯或截面变化等局部地方的压降；

(3) 烟气流过对流室管排的压降；

(4) 烟气流过空气预热器的压降。

烟气流动过程中的压降与其流速的平方几乎成正比。一般是先选择一个合适的烟气流速以进行结构设计，然后计算实际流速及各项压降，最后根据压降计算的结果进行烟囱设计或选用引风机。

一、烟气流速

烟气在对流室(炉管外侧)和空气预热器中的流速选择应从传热和压降两方面考虑。流速高可使传热系数增加，减少传热面积，从而减少投资，但压降几乎与流速的平方成正比，这意味着要加高烟囱或增加引风机电耗。因此，烟气在烟道和烟囱内的流速选择要从压降和一次投资两方面来考虑。另外，烟囱出口处的烟气流速还有一个下限，一般这是为了避免大风时外界空气倒灌进烟囱而确定的。

目前设计中推荐的烟气流速列于表 5－1。

表 5-1　烟气流速

烟气通过的部位		质量流速/[kg/(m^2·s)]	线速/(m/s)
对流室光管		1~2.5	
对流室钉头管		2~4	
对流室翅片管		2~4	
砖烟道			1~4
有内衬的钢烟道			与烟囱同
自然通风的烟囱	最大负荷时		8~12
	最小负荷时		2.5-3
机械通风的烟囱	最大负荷时		18~20
	最小负荷时		4~5

二、烟气沿直管道流动的压降

管式炉中烟气沿直管道(烟道或烟囱等)流动的压力降原则上可以按 $\Delta p = 2f\dfrac{L_e}{d_i}\cdot u\cdot\rho\times 10^{-6}$ 计算。为了适应烟气压降的特点，可将该公式改写为：

$$\Delta p_A = 2f\frac{L}{d_e}\cdot u_g^2\rho_g = 2f\frac{L}{d_e}\cdot\frac{G_g^2}{\rho_g} \tag{5-39}$$

式中　Δp_A——烟气沿直管道流动的压降，Pa；

f——摩擦系数，可按雷诺数 Re 和相对粗糙度 ε/D_s 从图 5-6 中查的。

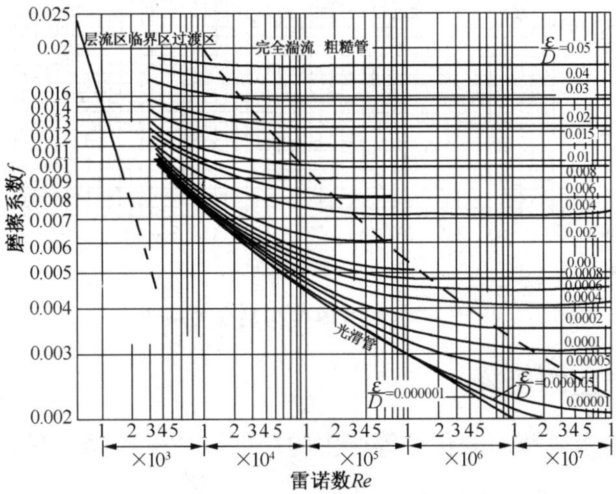

图 5-6　摩擦系数与雷诺数的关系图

在管式炉设计计算中，f 按下列数值选取已足够精确：

新的金属通道　　$f=0.006\sim0.008$

氧化较轻的金属通道　　$f=0.009\sim0.01$

氧化较重的金属通道　　$f=0.011$

砌砖或衬有轻质衬里的通道　　$f=0.013$

$$Re = \frac{d_e u_g\rho_g}{\mu_g} = \frac{d_e G_g}{\mu_g} \tag{5-40}$$

式中　μ_g——烟气黏度，Pa·s，可从图 5-7 查得；

L——直管长度，m；

d_e ——通道当量直径，m；

$$d_e = \frac{4 \times \text{通道截面积}}{\text{通道周长}} \tag{5-41}$$

u_g——平均温度 T_g 下烟气的线速度，m/s；

ρ_g——平均温度 T_g 下烟气密度，kg/m^3；

G_g——烟气质量流速，$kg/m^2 \cdot s$。

在管式炉中，烟气相对分子质量一般可近似取为 29，则：

$$\rho_g = \frac{29}{22.4} \times \frac{273}{T_g} = \frac{353.44}{T_g} \tag{5-42}$$

式中　T_g——计算管道长度内烟气的平均温度，K。

将式(5-42)代入式(5-39)可得：

$$\Delta p_A = \frac{707 f L u_g^2}{d_e T_g} = \frac{f L G_g^2 T_g}{177 d_e} \tag{5-43}$$

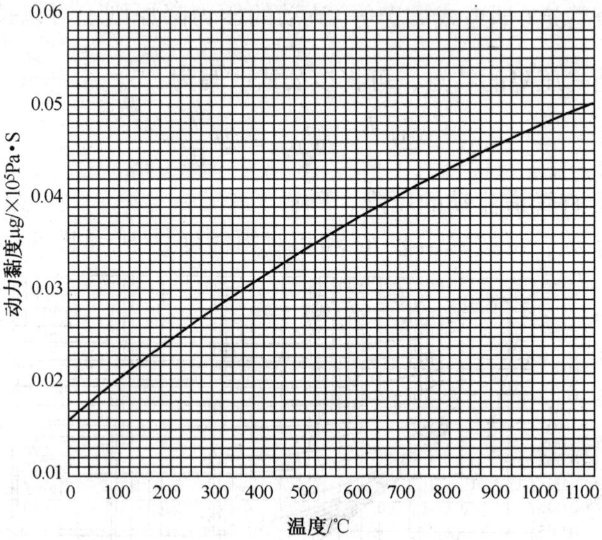

图 5-7　烟气温度与黏度关系图

三、局部阻力产生的压降

烟气流过挡板、转弯或截面变化处等产生的局部压降按式(5-44)计算：

$$\Delta p_B = \frac{1}{2}\xi u_g^2 \rho_g = \xi \frac{G_g^2}{2\rho_g} \tag{5-44}$$

式中　ξ——局部阻力系数。

将式(5-42)代入式(5-44)得：

$$\Delta p_B = \xi \frac{177 u_g^2}{T_g} = \xi \frac{T_g G_g^2}{707} \tag{5-45}$$

四、烟气流过对流室管排的压降

烟气流过对流室管排的压降计算，各种文献提出的公式有繁有简，但与实际比起来，往往都有较大差异。这主要是因为烟气流过对流室炉管时的流动状态并不如计算公式假定的那么理想，对流管的积灰和结垢使得实际流通截面有较大的变化，炉子常常不在设计负荷或设计过剩空气量下运行等原因造成的。例如，假定炉子在80%负荷下运转，过剩空气系数不变，则烟气流速仅为设计值的0.8倍，而压降则减少为$0.8^2=0.64$倍，即为原设计的64%。又例如，假定对流管由于积灰和结垢而使流通截面减少一半，则烟气流速为原设计的2倍，而压降则为原设计的4倍。总之，烟气侧的压降计算影响因素复杂，计算精度较差。因此，有些文献曾提出简化计算法，即将每排对流管的压降用计算截面处速度头的若干倍来表示。但由于现在计算器已逐渐普及，采用这些简化计算法的必要性就不太大了，所以本节只介绍较详细的理论计算公式。

1. 烟气流过错列光管管排的压降

烟气通过对流室管排的流动，一般都是湍流。此时，烟气流过错列光管管排的压降可按下列公式计算：

$$\Delta p_c = 1.4922\frac{G_g^2 N}{\rho_g}\left(\frac{d_P G_g}{\mu_g}\right)^{-0.2} \tag{5-46}$$

将式(5-42)代入式(5-46)得：

$$\Delta p_c = \frac{T_g G_g^2 N}{237}\left(\frac{d_P G_g}{\mu_g}\right)^{-0.2} \tag{5-47}$$

式中　Δp_c——烟气流过错列光管管排的压降，Pa；

N——管排数；

d_P——炉管之间的间隙，m。

2. 烟气流过错列钉头管管排的压降

目前尚无成熟的方法来计算烟气流过错列钉头管管排的压降，但可模仿错列光管的情况来得出计算公式。假定烟气流分成两部分：一部分通过钉头区内部；另一部分通过钉头区外部。两者的界限是以钉头尖端尺寸为直径的假想管子(如图4-14)。先列出两部分的压降计算式，再根据两者压降相等的关系导出烟气流过错列钉头管管排的压降计算式。

模仿式(5-47)可得烟气通过钉头区内部的压降如Δp_{Di}和外部的压降Δp_{Do}为：

$$\Delta p_{Di} = \frac{T_g G_{gi}^2 N N_s}{237}\left(\frac{d_{P'} G_{gi}}{\mu_g}\right)^{-0.2} \tag{5-48}$$

$$\Delta \mathrm{p}_{Do} = \frac{T_g G_{go}^2 N}{237}\left(\frac{d_{P''} G_{go}}{\mu_g}\right)^{-0.2} \tag{5-49}$$

因为

$$\Delta p_{Di} = \Delta p_{Do}$$

所以

$$\frac{\Delta p_{Di}}{\Delta p_{Do}^{*}} = N_s\left(\frac{G_{gi}}{G_{go}}\right)^{1.8}\left(\frac{d_{P'}}{d_{P''}}\right)^{-0.2} = 1 \tag{5-50}$$

而

$$A_i G_{gi} + A_o G_{go} = W_g$$

$$G_{gi} = \frac{W_g - A_o G_{go}}{A_i} \tag{5-51}$$

将式(5-51)代入式(5-50)得：

$$N_s\left(\frac{W_g - A_o G_{go}}{A_i G_{go}}\right)^{1.8}\left(\frac{d_{P'}}{d_{P''}}\right)^{-0.2} = 1$$

移项整理可得：

$$G_{go} = \frac{W_g}{\frac{A_i}{N_s^{0.556}}\left(\frac{d_{P'}}{d_{P''}}\right)^{0.111} + A_o} \tag{5-52}$$

用式(5－52)计算出 G_{go} 代入式(5－49)便可求出 Δp_{Do}。而烟气流过错列钉头管管排的压降：

$$\Delta p_D = \Delta p_{Do} = \Delta p_{Di}$$

式中 Δp_D——烟气流过错列钉头管管排的压降，Pa；

N_s——每圈的钉头数；

W_g——烟气量，kg/s；

A_i、A_o——钉头区内部和外部的流通截面积，m^2；

$d_{P'}$——同一根炉管上，钉头与钉头之间的间隙，m；

$d_{P''}$——相邻两炉管钉头尖端之间的间隙，m。

其余符号同前，脚标"i"表示钉头区内部，"o"表示钉头区外部。

3. 烟气流过错列环形翅片管管排的压降

烟气流过正三角形排列的环形翅片管管排的压降按式(5－53)计算：

$$\Delta p_E = f' \frac{L'}{D_v} \cdot \frac{G_g^2}{2\rho_g}\left(\frac{D_v}{S_c}\right)^{0.4} \quad (5-53)$$

将式(5－42)代入式(5－53)可得：

$$\Delta p_E = \frac{f' L' G_g^2 T_g}{707 D_v} \cdot \left(\frac{D_v}{S_c}\right)^{0.4} \quad (5-54)$$

式中 f'——烟气通过错列管排的摩擦系数，根据 $Re = \frac{D_v G_g}{\mu_g}$，查图5－8。

$$L' = 0.866 S_c N_c \quad (5-55)$$

L'——烟气通过的管排高度，m；

S_c——对流管管心距，m；

N_c——计算的管排数；

D_v——容积水利直径，m，$D_v = \frac{4 \times 净自由体积}{摩擦表面积}$。

烟气与炉管(光管、钉头管和纵向翅片管)平行流动的情况，一般只出现在辐射－对流一段型圆筒炉中。目前，这种炉型已不再建，有关它们的计算就不做介绍了。

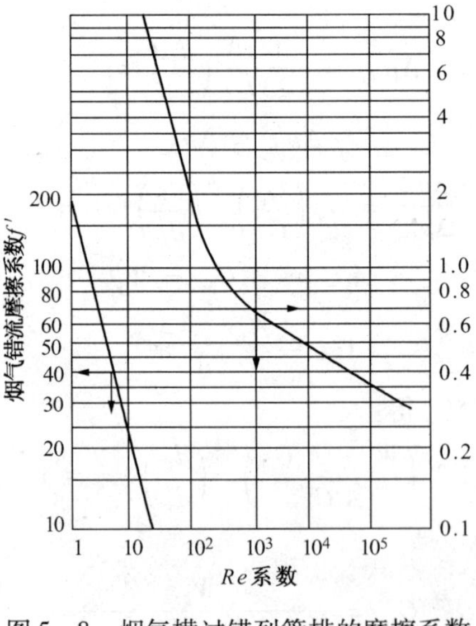

图5－8 烟气横过错列管排的摩擦系数

4. 烟气下行产生的压降

在斜顶炉和方箱炉内，烟气从对流室上部向下流动；在立式炉和圆筒炉等的炉顶，有时需将烟气向下引入空气预热器。在这些情况下，烟气都要克服浮力才能流动，即：

$$\Delta p_{G} = h(\rho_{a} - \rho_{g})g \tag{5-56}$$

式中 Δp_{G}——烟气下行产生的压降，Pa；

ρ_{a}——空气密度，kg/m^3；

ρ_{g}——烟气在计算高度 h 范围内平均温度下的密度，kg/m^3；

h——下行烟道的高度，m；

g——重力加速度 = 9.81m/s。

当假定空气和烟气的相对分子质量均为 29 时：

$$\rho_{a} = \frac{29}{22.4} \times \frac{P_{a}}{101325} \times \frac{273}{T_{a}}$$

$$\rho_{g} = \frac{29}{22.4} \times \frac{P_{g}}{101325} \times \frac{273}{T_{g}}$$

而 $\frac{P_{a}}{101325} \approx \frac{P_{g}}{101325} \approx 1$，则：

$$\Delta p_{G} = \frac{29 \times 273}{22.4} gh\left(\frac{1}{T_{a}} - \frac{1}{T_{g}}\right) = 3467h\left(\frac{1}{T_{a}} - \frac{1}{T_{g}}\right) \tag{5-57}$$

式中 T_{g}——计算高度 h 范围内的平均温度，K；

T_{a}——空气温度，K。

第三节　管式炉的通风

一、自然通风及其烟囱高度

在自然通风的情况下，烟囱高度所形成的抽力除要克服烟气流动过程中的总压降外，还要克服空气通过燃烧器的压降，对于负压炉子，烟囱的抽力还要保证炉膛内具有一定的负压。炉子本身高度所形成的抽力可根据烟气或空气压降所在的位置予以适当考虑。例如，辐射室高度所形成的抽力，一般可考虑用来克服空气通过燃烧器的阻力。对于直立上抽式炉子，对流室高度所形成的抽力可考虑用来保证辐射室顶的负压和克服烟气通过对流室的压降的一部分，即对流室高度可以当作烟囱高度的一部分。

计算时可分成烟囱位于地面和炉顶(直立上抽式)两种情况来进行。

1. 烟囱及炉子本身的抽力

(1) 烟囱抽力

烟囱抽力的计算公式与式(5-56)和式(5-57)完全相同，只是两者符号相反。另外，计算烟囱抽力时，应采用烟囱内烟气的平均温度。为区别起见，抽力用 ΔH 表示，即：

$$\Delta H_{s} = h_{s}g(\rho_{a} - \rho_{gs}) = 3467h_{a}\left(\frac{1}{T_{a}} - \frac{1}{T_{ms}}\right) \tag{5-58}$$

式中 ΔH_{s}——烟囱的抽力，Pa；

ρ_{gs}——烟气在平均温度 T_{ms} 下的密度，kg/m^3；

ρ_a ——空气密度，kg/m^3；

T_a ——大气温度，K；

T_{ms} ——烟气的平均温度，K；

$$T_s = \alpha_s(T_b - T_a) + T_a \tag{5-59}$$

T_s ——烟囱内烟气的平均温度，K；

T_b ——烟囱底部的烟气温度，K；

α_s ——考虑烟囱内温度降低的系数，见表5－2。

表5－2　烟囱温降系数 α_s

烟囱内径，D_i/m	烟囱高度 h_x/m				
	10	20	30	40	50
1	0.93(0.95)	0.89(0.905)	0.83(0.87)	0.79(0.83)	0.76(0.81)
2	0.94(0.95)	0.90(0.91)	0.86(0.88)	0.82(0.845)	0.79(0.82)
3	0.94(0.95)	0.90(0.92)	0.865(0.89)	0.825(0.86)	0.90(0.835)
4	0.95(0.97)	0.915(0.925)	0.875(0.90)	0.835(0.88)	0.81(0.855)
5	(0.97)	(0.93)	(0.91)	(0.885)	(0.87)

注：括号内数值为烟囱有衬里的 α_s，括号外数值为烟囱无衬里的 α_s，D_i 为烟囱内径。

每米烟囱高度的抽力可从图5－10中查得。从图5－9可以看出，大气温度愈高，烟囱抽力愈小，设计时为安全起见可取夏季最热月平均气温，一般情况下取 t_a = 30℃（303K）已足够安全。

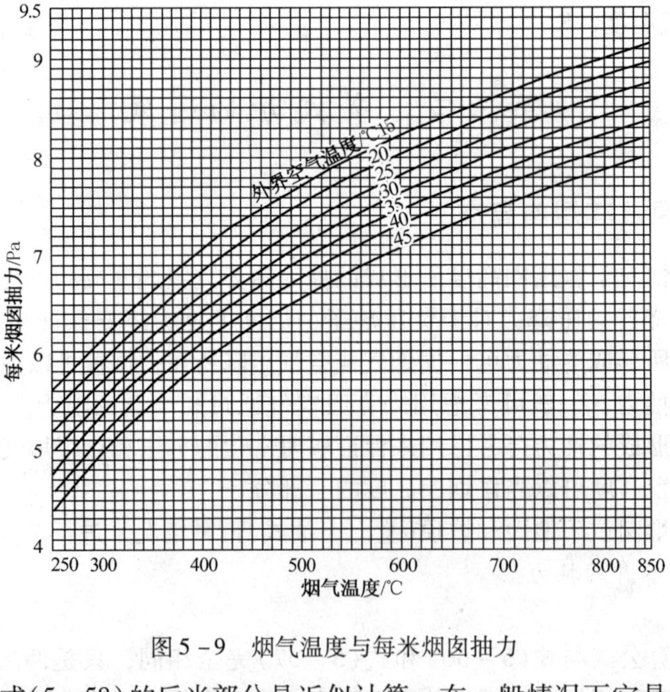

图5－9　烟气温度与每米烟囱抽力

应该说明的是式(5－58)的后半部分是近似计算，在一般情况下它是适用的，但在个别情况下，例如管式炉建造在海拔较高的地区，其气压远低于标准大气压之值，此时必须用式(5－58)的前半部分，即用烟气和空气的密度来计算烟囱的抽力。

(2) 对流室的抽力

对流室抽力计算公式与式(5－58)相同，只是用对流室的平均烟气温度 T_{mc} 及其平均密

度 ρ_{gc} 代替 T_{ms} 和 ρ_{gs} 即可：

$$\Delta H_c = h_c g(\rho_a - \rho_{gc}) = 3467 h_c\left(\frac{1}{T_a} - \frac{1}{T_{mc}}\right) \tag{5-60}$$

式中 ΔH_c ——对流室抽力，Pa；

h_c ——对流室高度，m；

T_{mc} ——对流室平均烟气温度，可取烟气在对流室出入口温度下的算术平均值，K；

ρ_{gc} ——烟气在 T_{mc} 下的密度，kg/m³。

（3）辐射室的抽力

同样，辐射室的抽力计算公式可写成：

$$\Delta H_R = h_R g(\rho_a - \rho_{gR}) = 3467 h_c\left(\frac{1}{T_a} - \frac{1}{T_{mR}}\right) \tag{5-61}$$

式中 ΔH_R ——辐射室抽力，Pa；

h_R ——辐射室高度，m；

T_{mR} ——辐射室平均烟气温度，一般可取辐射室出口烟气温度，K；

ρ_{gR} ——烟气在 T_{mR} 下的密度，kg/m³。

2. 烟囱高度

（1）直立上抽式管式炉的烟囱高度计算（图 5-10）

如图 5-10 所示的直立上抽式管式炉，一般都在负压下操作。为了避免炉内正压，通常要求辐射室顶部应有 20Pa 负压，因此辐射室的抽力 ΔH_R 不能用来克服烟气在对流室及其以上部分的压降，但可用来克服烟气流过辐射室和空气通过燃烧器的压降。前者的数值很小，一般不计；后者一般为 50～60Pa（自然通风）。如果（$\Delta H_R + 20$）< 60Pa，则烟囱高度计算时应考虑此不足的部分，但一般情况下，（$\Delta H_R + 20$）≥ 60Pa，烟囱高度计算时不再考虑空气通过燃烧器的压降，此时烟囱高度可按式（5-62）计算。

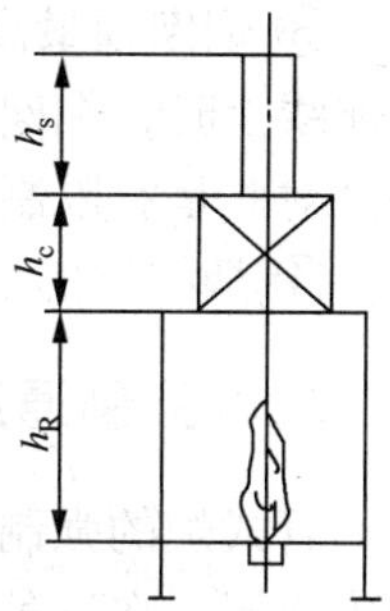

图 5-10 直立上抽式炉简图

$$\Delta H_S + \Delta H_C = \sum \Delta p_A + \sum \Delta p_B + \sum \Delta p_{C-E} + 20 \tag{5-62}$$

式中 $\sum \Delta p_A$ ——烟气通过直管道的压降总和，Pa，这里主要是指烟囱本身，因此需先假定烟囱高度再进行猜算。不过，由于此项影响不大，故可假定一个较高的 H_S 来计算 $\sum \Delta p_A$，而不必反复猜算；

$\sum \Delta p_B$ ——各种局部阻力产生的压降之总和，Pa；

$\sum \Delta p_{C-E}$ ——烟气通过对流室各种炉管管排的压降总和，Pa。

式中的 20 为辐射室顶部要求的负压 20Pa。

将式（5-58）和式（5-60）代入式（5-62），不难求出烟囱高度 h_s。

当图 5-11 的对流室上部还设置有空气预热器时，式（5-62）的右边还应加上烟气通过空气预热器的压降。

（2）斜顶式和方箱式管式炉烟囱高度计算

如图 5-11 所示，在这种情况下，对流室不再具有抽力，反而由于烟气下行产生压降。辐射室的抽力一般也不足以克服空气通过燃烧器的压降。其烟囱抽力按式（5-63）计算。

$$\Delta H_S = \sum \Delta p_A + \sum \Delta p_B + \sum \Delta p_{C-E} + \sum \Delta p_G + \sum \Delta p_j \quad (5-63)$$

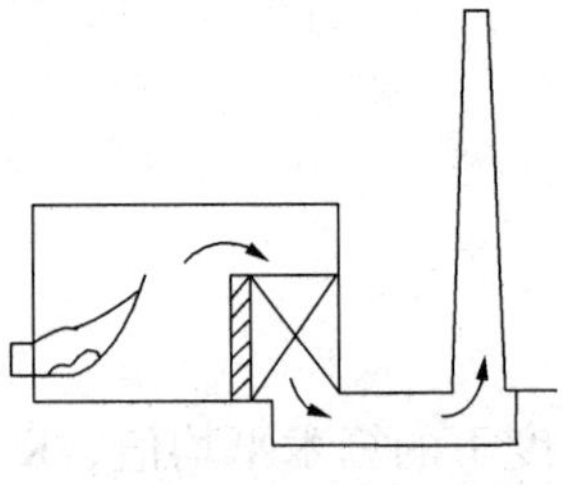

图 5－11　方箱炉简图

式中　$\sum \Delta p_C$ ——烟气下行产生的压降总和，Pa；

Δp_j ——辐射室顶部需要的负压，其值为空气通过燃烧器所需的压降 Δp_H 减去辐射室抽力 ΔH_R，但不小于 20Pa 负压。

将式(5－58)代入式(5－63)，不难求得烟囱高度 h_s。

(3) 决定烟囱高度的其他因素

管式炉烟囱高度(烟囱顶标高)不能完全由上述公式计算，它还要受其他许多因素的限制，如：

① 烟囱顶的最低标高应不低于附近的蒸馏塔等设备的顶标高，以避免火灾，保障这些设备顶部的操作安全。

② 圆筒炉烟囱的最低高度一般应满足检修时能利用烟囱上的炉管吊环吊出辐射炉管的要求。在吊车能力较强的工厂里，这条要求可不考虑。

③ 烟囱顶最高标高要受航空方面的限制，特别是当管式炉所在装置位于机场附近或重要航线上时，烟囱顶标高应同有关方面协商决定。我国尚无这方面的限制，但在国外，有些地区对此是有限制的，例如日本川崎地区就限制烟囱顶标高不得超过 45m。

④ 烟囱顶的最低标高还受环境保护方面的限制，应根据有关的环保标准进行计算。

二、强制通风

管式炉的强制通风有三种方式：①燃烧空气由通风机供给，炉内烟气流动的阻力由烟囱抽力克服。在这种情况下，烟囱高度的计算除不考虑空气通过燃烧器的压降外，其余与自然通风完全相同。②燃烧空气由通风机供给，炉内烟气流动的阻力要由引风机的压头克服。这时烟囱的抽力不再是确定烟囱高度的主要因素，一般由其他因素确定烟囱高度之后，引风机的压头等于烟气总压降减去烟囱抽力。③燃烧空气由炉内负压吸入，烟气压降主要由引风机克服。引风机的压头中应考虑空气通过燃烧器的压降。

1. 风道系统的压降及通风机的压头

(1) 风速

风管道中空气的线速度一般取 10～15m/s，在燃烧器入口的支管内，允许风速提高到18～20m/s。

(2) 风道系统的压降

风道系统的压降包括：

① 风机出口至空气预热器入口以及空气预热器出口至燃烧器入口的所有风管道上，空气流过的各直管道压降之和 $\sum \Delta p_{Aa}$；蝶阀、转弯、截面变化等局部阻力之和 $\sum \Delta p_{Bb}$ 以及空气下行产生的压降 $\sum \Delta p_{Ga}$。它们分别可以用式(5－39)、式(5－44)和式(5－56)计算。

② 空气通过空气预热器的压降。

③ 空气通过燃烧器的压降

由燃烧器特性曲线提供，一般自然通风燃烧器的压降为 50～60Pa，鼓风式燃烧器的压降为≤250Pa。

（3）通风机压头

通风机的压头应等于风道系统总压降的1.1倍，即考虑10%的裕量。

2. 引风机的压头

当燃烧空气由通风机供给时，引风机的压头应等于烟气流动过程中的总压降减去烟囱抽力，并增加20%的裕量。当燃烧空气不由通风机供给，而靠炉内负压吸入时，引风机压头还应增加空气通过燃烧器的压降。与自然通风时计算烟囱抽力一样，如果辐射炉膛抽力能满足燃烧空气通过燃烧器的压降，则引风机压头只需保证辐射室顶部有20Pa的负压即可，否则，炉膛抽力不足的部分应计入引风机所需的压头内。

3. 通风机和引风机的选用

计算出通风机和引风机的压头之后，再根据燃烧计算求得的空气量或烟气量，便可以选用引风机了。目前管式炉大都选用G4－73－11型离心式通风机和Y4－73－11型离心式引风机。它们的性能和选用表是按下列数据计算的：

通风机——空气温度20℃，密度1.2kg/m^3，大气压力101325Pa；

引风机——气体温度200℃，密度0.745kg/m^3，大气压力101325Pa。

如设计数据与上列数值不符时，应按以下计算公式求出全压H和流量Q来选用风机。

通风机：

$$H = 1.1\sum \Delta p_1 \cdot \frac{101325}{b} \cdot \frac{273+t}{273+20} \tag{5-64}$$

$$Q = 1.1BV_o(\alpha_o + \Delta\alpha_2) \cdot \frac{273+t}{273+20} \tag{5-65}$$

引风机：

$$H = 1.2(\sum \Delta p_2 + 2 - \sum \Delta p_3) \cdot \frac{101325}{b} \cdot \frac{273+t}{273+200} \tag{5-66}$$

$$Q = 1.2BV_o(\alpha_o + \Delta\alpha_1 + \Delta\alpha_2) \cdot \frac{273+200}{273} \tag{5-67}$$

当采用热量循环提高空气进入预热器的温度以避免露点腐蚀时，通风机的风量中还应包括循环的风量。

风机的各种性能参数，包括所用的电动机功率和型号均可从风机样本中查到。当需要用H和Q计算电耗时，可用式(5－68)：

$$N = \frac{QH}{3600\eta} \times 10^{-3} \tag{5-68}$$

式中 H——风机的全压，Pa；

Q——风机的流量，m^3/h；

$\sum \Delta p_1$——空气侧的总压降，包括通风机入口至燃烧器出口各部分压降的总和，Pa；

$\sum \Delta p_2$——烟气侧的总压降，Pa；

$\sum \Delta p_3$——烟气侧自然通风的总抽力，Pa；

b——风机安装地区的大气压力，Pa；

t——输送气体的温度，℃；

B——加热炉的燃料用量，kg/h；

V_o ——燃料的理论空气量，Nm^3 空气/kg 燃料；

α_o ——燃烧器处的过剩空气系数；

$\Delta\alpha_1$ ——炉膛、对流室和烟道的漏风系数总和；

$\Delta\alpha_2$ ——空气预热器漏风系数；

N——风机所需的功率，kW；

η——风机效率。

例题：设计一管式加热炉，设计参数如下：

（1）大庆常压重油（燃料油）

化学成分：C—87.57%，H—12.26%，S—0.17%。密度：$\gamma = 916.3kg/m^3$。黏度 80℃—58.4mPa·s，100℃—29.2mPa·s。

（2）原油工艺条件

入炉温度：280℃、出炉温度：370℃、汽化率：30%、出炉压力：0.2MPa。

（3）过热蒸汽条件

流量为原油处理量的10%，入炉温度：142℃（饱和），出炉温度：420℃（过热）。

（4）原油产品分率

汽油：4.6%，煤油：6.6%，轻柴油：10.8%，重柴油：8%，其余为常压重油：70%。

加热炉压力降、辐射炉管壁厚和烟囱的设计计算。

解：（1）加热炉压力降

① 炉管压力降：

$$\Delta P = 2f \cdot \frac{L_e}{d_i} \cdot \frac{u_2}{2g}\rho g \times 10^{-6}$$

$$L_e = nL + (n-1)\varphi d_i$$

式中 ΔP——介质通过辐射炉管或对流炉管的压力降，MPa；

L_e——每程辐射或对流炉管的当量长度，m；

n——辐射室式对流炉管的根数，根；

u——辐射段或对立的炉管内介质流速，m/s；

g——重力加速度，m/s^2；

ρ——炉管内介质在操作条件下的密度，kg/m^3；

L——每根炉管的长度，m；

φ——与炉管连接形式有关的系数；

f——水摩擦系数。

a. 辐射段炉管压力降：

当 $\varphi_1 = 45$ 时：

$$L_{e1} = 104 \times 10.76 + (104-1) \times 45 \times 0.121$$
$$= 2303.9(m)$$

$$Re_1 = 4.23 \times 10^5$$

对于无缝钢管 $\varepsilon_1 = 0.00006m$。

$$\frac{\varepsilon_1}{D}=\frac{0.00006}{0.121}$$

查“水摩擦系数图”得$f_1=0.0046$，$u_1=1.5\text{m/s}$。

$$\Delta P_1=2\times0.0046\times\frac{2303.9}{0.121}\times\frac{1.5^2}{2\times9.81}\times916.3\times9.81\times10^{-6}$$
$$=0.181(\text{MPa})$$

b. 对流段炉管压力降：

当$\varphi_2=45$时，对流炉管的总根数：

$n_2=13\times8=104$(根)

$$L_{e2}=104\times10.76+(104-1)\times45\times0.121$$
$$=2303.9(\text{m})$$

$Re_2=4.23\times10^5$

对于无缝钢管$\varepsilon=0.00006\text{m}$，

$$\frac{\varepsilon_2}{D}=\frac{0.00006}{0.121}$$

查“水摩擦系数图”得$f=0.0046$，$u_2=1.5\text{m/s}$。

$$\Delta P_2=2\times0.0046\times\frac{2303.9}{0.121}\times\frac{1.5^2}{2\times9.81}\times916.3\times9.81\times10^{-6}$$
$$=0.181(\text{MPa})$$

② 加热介质进口压力降：被加热介质从辐射段的上端进入炉体。

$$\Delta P'=\rho g\Delta H\times10^{-6}$$

式中 $\Delta P'$——加热炉被加热介质进入加热炉入口高于工艺管线而造成的压力降，MPa；

ΔH——加热炉被加热介质进口标高与工艺管线标高差，m。

加热炉被加热介质进口标高与工艺管线标高差为辐射段炉管的长度，即$\Delta H=15\text{m}$。

$$\Delta P'=916.3\times9.81\times15\times10^{-6}=0.135(\text{MPa})$$

加热炉的总压力降ΔP：

$$\Delta P=\Delta \text{P}_1+\Delta P_2+\Delta P'=0.181+0.181+0.135=0.497(\text{MPa})$$

（2）辐射炉管壁厚

管壁的最小厚度计算公式：

$$S_{\text{m}}=\frac{P_{\text{c}}D_0}{2[\sigma]^t+p}+C_1+C_2$$

式中 S_{m}——管壁的最小厚度，mm；

P_{c}——设计压力(不应小于1.6MPa)，MPa；

D_{o}——炉管外径，mm；

$[\sigma]^t$——设计温度下的炉管许用应力，MPa；

C_1——钢管厚度负偏差，mm；

C_2——腐蚀裕量，mm。

① 设计压力。最高工作压力P的计算：

$$P=\Delta P+P_{\text{o}}=0.497+0.20=0.697(\text{MPa})$$

式中　P——最高工作压力，MPa；

ΔP——加热炉压力降，MPa；

P_o——介质出口压力，MPa。

设计压力 P_c：

$$P_c = 1.1P = 1.1 \times 0.697 = 0.77(\text{MPa})$$

根据加热炉设计规范，最小设计压力不小于1.6MPa，取设计压力为1.6MPa。

② 设计温度。管壁的设计温度计算：

$$t_d = t_m + t_o$$

$$t_m = t_b + \Delta t_f + \Delta t_e + \Delta t_w$$

式中　t_d——管壁设计温度,℃；

t_m——管壁最高温度,℃；

t_o——温度裕度（不应小于5℃）,℃；

t_b——管内介质的平均温度,℃；

Δt_f——通过流体膜的温差,℃；

Δt_e——通过焦层或垢层的温差,℃；

Δt_w——通过管壁的温差,℃。

管内介质的最高工作温度 t_b：

$$t_b = 420℃$$

根据设计经验，取温差之和为 $\Delta t = 65℃$。

$$t_m = 420 + 65 = 485(℃)$$

根据设计经验，温度裕度 $t_o = 10℃$。

$$t_d = 485 + 10 = 495(℃)$$

③ 钢管材料。根据钢管材料的最高使用温度，综合考虑材料的价格和蠕变温度，初步确定钢管材料为Gr5Mo。Gr5Mo的许用应力 $[\sigma]^t = 71\text{MPa}$，钢管负偏差 $C_1 = 1\text{mm}$。

管内介质为原油，腐蚀速率较低，钢管材料为铬钼合金钢，可取腐蚀裕量 $C_2 = 2\text{mm}$。

④ 钢管的计算壁厚：

$$S_m = \frac{0.77 \times 127}{2 \times 71 + 0.77} + 1 + 2$$

$$= 3.69(\text{mm})$$

根据标准，铬钼合金的炉管最小壁厚为5.5mm，圆整到钢管的公称壁厚为6mm。

(3) 烟囱设计

① 烟囱直径。烟囱的直径计算式：

$$D_s = 0.65\sqrt{W_g} = 0.65\sqrt{13.23} = 2.36(\text{m})$$

② 烟囱高度计算。

a. 烟气通过交错水平排列钉头管的管排阻力：

$$A_{so} = [W_c - (d_c - 2h) \cdot n_w] \cdot L_e$$

$$A_{si} = W_c L_c - d_e L_c n_w - L_e \cdot n_w \times \frac{1000}{d_p} \times 2d_s \cdot h - A_{so}$$

$$G_{go} = \frac{W_g}{\frac{A_{si}}{N_s^{0.556}} \cdot \left(\frac{d'_p}{d''_p}\right)^{0.111} + A_{so}}$$

$$\Delta H_1 = \frac{T_s}{9250} G_{go} \cdot N_c \cdot \left(\frac{d_p \cdot G_{go}}{\mu \times 10^3}\right) \times 10^{-2}$$

式中 ΔH_1——钉头管管排的阻力，kPa；

d_c——炉管外径，m；

W_g——烟气的质量流速，kg/s；

N_s——每圈钉头数；

n_w——每排炉管根数；

L_c——每根对流管的有效长度，m；

d_s——钉头直径，m；

h——钉头高，m；

μ_g——烟气的黏度，kPa · s；

L_e——每程辐射或对流炉管的当量长度，m；

G_{go}——烟气在钉头管区域外部的质量流速，kg/(m^2 · s)；

A_{so}——钉头区域外部的流通面积，m^2；

A_{si}——钉头区域内部的流通面积，m^2；

W_c——对流段宽度，m；

N_c——每一周的钉头数目；

W_g——烟气的质量流速，kg/s；

d'_p——钉头与钉头之间的间隙，m；

d''_p——相邻钉头管钉头之间的间隙，m；

T_s——烟气平均温度，K；

d_p——纵向钉头间隙，mm。

$$W_c = 2.13\text{m} \quad d_c = 0.127\text{m} \quad h = 0.025\text{m}$$

$$A_{so} = [2.34 - (0.127 + 2 \times 0.025) \times 8] \times 7.5 = 6.93(\text{m}^2)$$

$$A_{si} = 2.34 \times 7.5 - 0.127 \times 7.5 \times 8 - 7.5 \times 8 \times \frac{1000}{16} \times 2 \times 0.012 \times 0.025 - 6.79$$
$$= 0.75(\text{m}^2)$$

$$W_g = 47.64 \times 10^3(\text{kg/h}) = 13.23(\text{kg/s})$$

$$d'_p = S_c - d_c - 2h$$
$$= 0.25 - 0.127 - 2 \times 0.025 = 0.073(\text{m})$$

$$d''_p = 0.016 - 0.012 = 0.004(\text{m})$$

$$G_{go} = \frac{13.23}{\frac{0.75}{12^{0.556}} \cdot \left(\frac{0.004}{0.073}\right)^{0.111} + 6.93}$$
$$= 1.97[\text{kg/(m}^2 \cdot \text{s)}]$$

$$T_s = \frac{T_g + T_o}{2} = \frac{825 + 400}{2} = 612.5℃ = 885.5(\text{K})$$

查得烟气在612.5℃下的黏度$\mu_g = 0.038 \times 10^{-3} Pa \cdot s$：

$$\Delta H_1 = \frac{885.5}{9250} 1.97 \times 8 \times \left(\frac{0.073 \times 1.97}{0.038 \times 10^3}\right) \times 10^{-2}$$
$$= 0.033(\mathrm{kPa})$$

b. 烟气通过各部分的局部阻力：

计算公式：

$$\Delta H_2 = e_s \left(\frac{T_i G_g{}^2}{6940}\right) \times 10^{-2}$$

(a) 烟气由辐射室进入对流室的局部阻力：

对流室截面积：

$$A_n = b \cdot L_c = 2.34 \times 7.5 = 17.55(\mathrm{m}^2)$$

辐射室截面积：

$$A_v = \frac{\pi}{4} D^2 = \frac{\pi}{4} \times 8.66^2 = 58.87(\mathrm{m}^2)$$

$$\frac{A_n}{A_v} = \frac{17.55}{58.87} = 0.30$$

由截面积比查得：$e_s = 0.39$，$T_i = 825℃ = 1098\mathrm{K}$。

$$G_g = \frac{W_g}{A_1} = \frac{13.23}{17.55} = 0.76(\mathrm{kg/m^2 \cdot s})$$

$$\Delta H'_2 = 0.39 \times \left(\frac{1098 \times 0.76^2}{6940}\right) \times 10^{-2}$$
$$= 3.4 \times 10^{-4}(\mathrm{kPa})$$

(b) 烟气由对流室进入烟囱的阻力：

烟囱的截面积：

$$A_s = \frac{\pi}{4} D_s{}^2 = \frac{\pi}{4} \times 2.36^2 = 4.37(\mathrm{m}^2)$$

$$\frac{A_s}{A_2} = \frac{4.37}{17.55} = 0.25$$

查得：$e_s = 0.41$。

$$G'_g = \frac{W_g}{A_s} = \frac{13.23}{4.37} = 3.03(\mathrm{kg/m^2 \cdot s})$$

$$\Delta H''_2 = 0.41 \times \left(\frac{673 \times 3.03^2}{6940}\right) \times 10^{-2}$$
$$= 3.6 \times 10^{-4}(\mathrm{kPa})$$

(c) 烟气通过烟囱挡板时的阻力：

按照蝶阀考虑：假定开启角度为70°，即$\alpha = 20°$，查得$e_s = 1.54$。

$$\Delta H'''_2 = 1.54 \times \left(\frac{673 \times 3.03^2}{6940}\right) \times 10^{-2}$$
$$= 13.7 \times 10^{-3}(\mathrm{kPa})$$

③ 烟气在烟囱内的摩擦阻力损失：

$$\Delta H_3 = \frac{1}{1735} \cdot T_v \cdot G_g^2 \cdot f \frac{H_s}{D_s} \times 10^{-2}$$

式中　ΔH_3——烟气通过烟囱的摩擦阻力，kPa；

f——水摩擦系数；

T_v——烟囱内烟气的平均温度，K；

H_s——烟囱高度，M。

烟囱内衬轻质耐热衬里，取$f=0.013$。

$$T_v = 400 - 55 = 345(℃) = 618(K)$$

试取 $H_s=30m$

$$\Delta H_3 = \frac{1}{1735} \times 618 \times 3.03^2 \times 0.013 \times \frac{30}{2.36} \times 10^{-2}$$
$$= 5.4 \times 10^{-3}(kPa)$$

④ 烟气在烟囱内的动能损失：

$$\Delta H_4 = \frac{T_v \cdot G_g{}^2}{6940} \times 10^{-2}$$

式中　ΔH_4——烟气在烟囱内的动能损失，kPa。

⑤ 对流高度提供的抽力：

$$\Delta H_5 = 355 \cdot H_c\left(\frac{1}{T_a} - \frac{1}{T_s}\right) \times 10^{-2}$$

式中　ΔH_5——对路高度提供的抽力，kPa；

H_c——对流室的高度，m；

T_a——大气温度，K。

$$\Delta H_5 = 355 \times 2.5 \times \left(\frac{1}{303} - \frac{1}{673}\right) \times 10^{-2}$$
$$= 27.9 \times 10^{-3}(kPa)$$

⑥ 烟囱的最低高度：

$$h_s = \frac{\sum \Delta H}{355\left(\frac{1}{T_a} - \frac{1}{T_m}\right)}$$

$$T_m = \alpha_s(T_b - T_a) + T_a$$

式中　H_s——烟囱高度，m；

$\sum \Delta H$——加热炉烟气阻力和，kPa；

T_a——大气温度，K；

T_m——烟囱烟气的平均温度，K；

T_b——烟囱底部烟气温度，K；

α_s——系数。

$$T_m = 0.83 \times (673 - 603) + 303 = 610.1(K)$$

$$\Sigma\Delta H = \Delta H_1 + \Delta H_2 + \Delta H'_2 + \Delta H_3 + \Delta H_4 - \Delta H_5$$
$$= (33 + 0.39 + 3.47 + 13.7 + 5.40 + 8.18 - 27.9) \times 10^{-3} = 36.24(kPa)$$

$$H_s = \frac{36.24 \times 10^{-3}}{355 \times (\frac{1}{303} - \frac{1}{610.1})} = 32.1(m)$$

烟囱的高度为32.1m。

内容提要：

- 压力损失及通风
  - 管内介质流速及压降
    - 管内流速
    - 无相变时的压降计算
    - 有相变时的压力降计算
  - 烟气流速及压降
    - 烟气流速
    - 烟气沿直管道流动的压降
    - 局部阻力产生的压降
    - 烟气流过对流室管排的压降
    - 烟气下行产生的压降
  - 管式炉的通风
    - 自然通风及其烟囱高度
    - 强制通风

复习思考：

1. 烟囱有哪几种型式？各有什么特点？
2. 烟囱有什么作用？
3. 烟囱为什么有抽力？
4. 烟囱的抽力与哪些因素有关？
5. 在圆筒炉的烟囱上设置吊管圈的条件是什么？
6. 吊管圈的直径如何选用？
7. 吊管圈有什么作用？
8. 烟囱挡板有哪种型式？采用什么材料？
9. 烟囱挡板调节系统由哪几部分组成？
10. 烟囱挡板的调节应该放在什么位置？

第六章　燃　烧　器

一个完整的燃烧器通常包括燃料喷嘴、配风器和燃烧道三个部分。

燃料喷嘴是供给燃料并使燃料完成燃烧前准备的部件。燃料油喷嘴的主要任务是使燃料油雾化并形成便于与空气混合的雾化炬。外混式燃料气喷嘴将燃料气分散成细流，并以恰当的角度导入燃烧道，以便与空气良好混合。预混式燃料气喷嘴则是将燃料气和空气均匀混合后供给燃烧的。

配风器的作用是使燃烧空气与燃料良好混合并形成稳定而符合要求的火焰形状。特别是在烧燃料油的情况下，为了保证重质燃料油燃烧良好，除了使之良好雾化外，还必须有良好的配风器，使空气和它迅速、完善地混合。尤其是在火焰根部必须保证有足够的空气供应，以避免燃料油受热时因缺氧而裂解，产生黑烟。

燃烧道也称火道，其作用有三：燃烧道耐火材料蓄积的热量为火焰根部提供了热源，加速燃料油的蒸发和着火，有助于形成稳定的燃烧，这一点对炉膛温度较低的管式炉尤为重要。其次是它能约束空气，迫使其与燃料混合而不致散溢。第三是与配风器一起使气流形成理想的流型。

第一节　燃料气的燃烧与燃料气喷嘴

一、着火过程和强迫点燃

氢、一氧化碳和气态烃的燃烧反应都是链式反应，由这种反应引起的着火过程称为链式着火过程。但管式炉运行中的着火过程主要不是链式着火，而是热着火过程。热着火过程是由于温度不断升高所引起的。在这过程中，化学反应放热使温度升高，温度升高使反应速度加快，进而又使反应放热增加，这样的反复影响使反应速度变得非常迅速。链式反应在着火过程中的影响一般可忽略。影响热着火过程的因素很多：①燃料的活性愈强，愈容易着火。表 6－1 列出了一些气体和液体燃料与空气混合物在大气压和通常条件下的着火温度(自燃温度)，从该表可以看出，炔的活性比烯强，烷的活性比烯弱，烷的着火温度高于烯，而炔的着火温度低于烯。液体燃料的着火温度一般低于气体燃料。②散热增加，则着火困难，散热减少则着火容易。③可燃混合物的压力升高时，反应加速，着火变得容易。④过剩空气系数太大(a >> 1)或太小(a << 1)时，意味着燃料或氧的浓度两者之中总有一个为数甚小，反应速度很低，热着火过程就十分困难。因此 a 变化时着火温度的变化曲线必然呈 U 形，如图 6－1 所示。

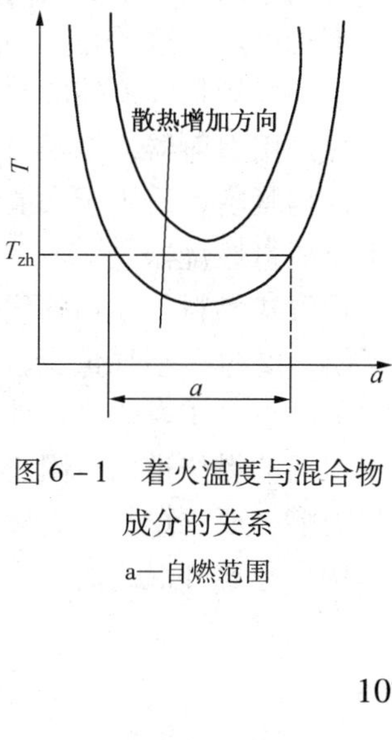

图 6－1　着火温度与混合物成分的关系

a—自燃范围

表 6-1 着火温度(自燃温度)

燃料	着火温度/℃	燃料	着火温度/℃
氢	530~590	苯	580~740
一氧化碳	644~658	航空汽油	390~685
甲烷	658~750	原油	360~367
乙烷	520~630	重油	336
乙烯	542~547	煤油	250~609
乙炔	406~480		

从图 6-1 中可以看出，对应于某一着火温度 T_{zh}，只有范围 a 内的混合物才能够着火，这个范围称为着火范围或自燃范围。

管式炉所用的点火方法均是强迫点燃(亦称强燃或点燃)，即用炽热物体——火把或点火喷嘴的火炬、电火花或电弧等使可燃混合物着火。当燃烧器在运转过程中短时熄火时，炉内蓄积的热量或燃烧道的炽热耐火材料也能使可燃混合物着火。强迫点燃过程可设想成一炽热物体向气体散热，在边界层中可燃混合物由于温度较高而进行化学反应，反应产生的热使气体温度不断升高而着火。强燃温度比表 6-1 所列的着火温度(自燃温度)高出数百度，一般在 1000℃以上。

另外，用电火花或电弧点火时，点燃过程不仅是由于火花或电弧中的气体高温引起的，而且气体分子离解生成的离子成为链式反应的活化中心，也是引起燃烧反应和造成着火的原因。值得指出的是电火花点火有最小点燃能问题，如果火花的能量太小，火花附近的气体因为散热很强，始终不能点燃，这是在设计电点火时值得注意的问题。

二、预混燃烧和预混式燃料气喷嘴

气体燃料的燃烧包括物理和化学两个过程。物理过程指的是燃料气和空气的扩散混合，化学过程指的是燃烧化学反应。预混式燃料气喷嘴的燃料气和空气在喷嘴内已预先混合均匀。预先混合进去的空气量与燃烧理论空气量之比叫一次空气系数 a_1。当 $a_1>1$ 时，燃烧过程主要取决于燃烧反应的化学动力学因素，如反应物的性质、温度、浓度及反应空间的压力等。这种燃烧称为动力燃烧或预混燃烧，其火焰叫做预混火焰，呈蓝色，短而且燃烧完全。如果将这种火焰置于适当的燃烧道内，燃烧过程将在燃烧道内完成，燃烧道外全是高温烟气而看不见火焰，这就是所谓无焰燃烧。

预混式燃料气喷嘴的空气供给方式有两种，一种是鼓风机供给，叫混合式燃料气喷嘴，另一种是用引射器，靠燃料气本身的喷射作用产生负压，吸入空气，叫引射式燃料气喷嘴。前者结构紧凑，适用于大能量燃烧器，后者混合均匀而且操作费用低，但结构尺寸较大，适用于小能量燃烧器。

预混式燃料气喷嘴的优点：①燃烧强度高，可达 30~60MW/h 或更高，这可使管式炉结构紧凑。②过剩空气量少，一般 $a=1.05$ 或更低都能保证完全燃烧。③一般无化学不完全燃烧。其缺点：①燃烧稳定性差，容易脱火或回火。不过，管式炉用这种喷嘴时，其火焰一般置于炽热的燃烧道内或附着在炽热的耐火砖墙上，因此不易脱火而易回火。②对于引射式燃料气喷嘴，要求燃料气有较高而且稳定的压力和稳定的性质(热值、密度等)。③喷嘴本身的结构尺寸比外混式的大。

三、扩散燃烧和外混式燃料气喷嘴

外混式燃料气喷嘴的燃料气和空气是在喷嘴之外一边混合一边燃烧的，即 $a_1=0$。其燃烧速率和燃烧完全程度主要取决于物理过程，即燃料气与空气之间的扩散混合过程。这种燃烧称为扩散燃烧，其火焰叫做扩散火焰。按流动状态还可分为层流燃烧和湍流燃烧。层流燃烧靠分子间的扩散，湍流燃烧则主要靠分子团之间的转移来完成扩散过程，因此后者的燃烧强度要比前者高得多。但总的来说，扩散燃烧的强度要比预混燃烧低得多。为了提高扩散燃烧的强度，常常采用下列方法：①将燃料气和空气分成许多交叉的细流，互相之间成一定的角度。②使空气旋转流动并提高流速，以提高湍流扩散强度。③适当增加过剩空气量。④增加燃料气和空气之间的速度差。③使燃烧在温度较高的燃烧道中进行。外混式燃料气喷嘴的优点：①燃烧稳定性好，运行可靠。它既不存在回火问题，也不容易脱火。②结构简单。③可利用低压燃料气作燃料，燃料气压力低到 200～300Pa 甚至更低都能使用。缺点：①燃烧强度低，火焰长，需要较大的燃烧室(炉膛)容积。②过剩空气系数大，一般 $a=1.15$ 左右才能保证完全燃烧。③在过剩空气系数较小或混合较差的情况下会产生不完全燃烧。

四、半预混式燃料气喷嘴

半预混式燃料气喷嘴的燃料气在喷嘴内与一部分燃烧空气预先混合，另一部分燃烧空气靠外部供给，即 $0<a_1<1$。一般一次空气系数 $a_1=0.4\sim0.8$。外部供给的燃烧空气称为二次空气。其燃烧过程介于预混燃烧和扩散燃烧之间，火焰具有内外两个锥形焰面，外锥焰面为扩散燃烧，呈黄色，内锥焰面为预混燃烧，呈蓝色。半预混式燃料气喷嘴燃烧的好坏，关键在于保证二次空气的供给及其与燃料气的混合。

第二节　燃料油的燃烧及燃料油喷嘴

一、燃料油的燃烧

燃料油的汽化温度比其着火温度低得多，燃烧时它只能在蒸发成油蒸气的状态下再着火燃烧。因此燃料油燃烧的原理几乎与燃料气完全相同，所不同的只是在燃烧前要先行汽化而已。当然无需等燃料油全部汽化后才开始燃烧，一般是燃料油从表面首先开始蒸发，蒸发后的油蒸气和空气中的氧相互扩散，油蒸气遇到氧后燃烧，所以蒸发、扩散与燃烧三个过程是同时进行的。但是油蒸气和氧之间的扩散速度远远小于燃烧的化学反应速度，因此决定燃烧过程快慢的是扩散的速度。所以这种燃烧属于“扩散燃烧”。如果能设法增加蒸发和扩散速度，就可以提高燃烧速度，强化燃烧。

增加燃料油的总表面积，就可以增加蒸发和扩散速度，从而提高燃烧速度，强化燃烧。人们曾采取过许多扩大燃料油总表面积的方法，例如将油泼在杂乱堆集的耐火砖块上燃烧，采用滴油器燃烧等。直到 18 世纪末才出现了雾化燃烧方法，即用雾化器(油喷嘴)将燃料油雾化成大小只有几十至几百微米的雾状细滴)，在空气的包围下，每个雾滴表面都可以形成燃烧面。

燃料油经油喷嘴雾化后进入燃烧道和炉内。最初，细小的油滴相对于空气以较快的速度向前运动。经过极短距离后，被空气所阻滞，很快就和空气流的速度接近，相对速度接近于零。所以可用单独在静止气流中的油滴燃烧模型来了解油滴在燃烧道及炉内燃烧的基本规律。

设有一直径为 d_0 的油滴随空气飘动(图6-2)，油滴与空气之间没有相对运动，则这个油滴燃烧过程的物理模型可描述如下：油滴的周围有一个扩散火焰锋面，油滴外表面与火焰锋面之间是蒸发的油蒸气，其浓度在靠近油滴表面处最大，沿火焰锋面方向逐渐降低，在火焰锋面上浓度为零。火焰锋面之外是空气，空气中的氧不断向火焰锋面扩散过来，形成一个氧浓度梯度，在火焰锋面上氧浓度为零。火焰锋面上的温度最高，忽略辐射散热，其温度就是理论燃烧温度。火焰锋面发出的热量同时向内外两侧传导(辐射和对流传热一般可忽略)。向内传导的热量传到油滴表面后把油滴加热，使油蒸发汽化。油滴在高温火焰锋面包围下，近似地可认为已达到饱和温度。

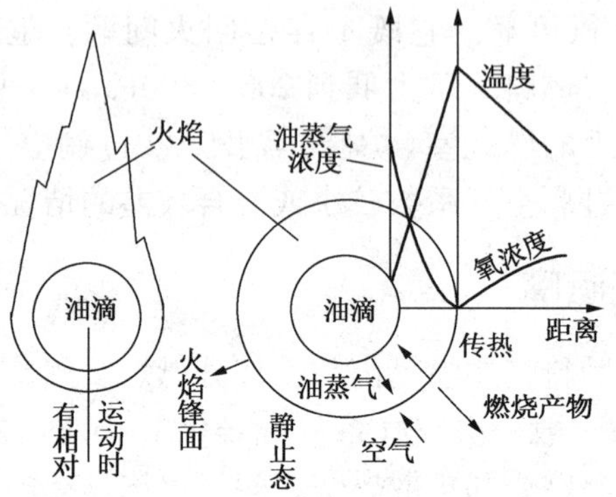

图6-2　油滴的燃烧

油蒸气从油滴表面到火焰锋面的流量可以根据火焰锋面到油滴表面的导热所提供的汽化潜热来计算，而氧气向火焰锋面扩散的数量必然等于火焰锋面上所消耗的氧量，因而也等于油蒸气的流量乘上化学反应方程式中氧与油的当量比(即理论空气量)。如果忽略油滴周围温度场的不均匀对导热系数、扩散系数的影响，也不考虑油滴表面生成的油蒸气向外扩散所引起的质量流，则根据上述关系作一个近似的计算，可以得到油滴烧完的时间与油滴初始直径 d_0 的平方成正比的关系式：

$$\tau = \frac{d_o^2}{K} \tag{6-1}$$

式中的 K 为比例常数，其值与燃料油的密度、导热系数、比热容、汽化潜热、饱和温度、燃烧理论空气量和火焰温度等因数有关。

由上述油滴燃烧的物理模型还可以看出，油蒸气从油滴表面向火焰锋面扩散的过程中，受高温而又遇不到氧，因而不可避免地会发生裂解而析炭，燃烧过程中，灼热的炭粒会发出连续光谱的热辐射，这就是油的燃烧为什么总是发光火焰的原因。

必须说明，实际上油滴的燃烧情况还要复杂得多。油滴相互之间、油滴与空气之间的对流效应对油滴燃烧都有影响。特别是在许多粒度不等的油滴组成的雾化炬中，油滴在相互十分靠近的条件下，它们的火炬相互传热而又相互防碍氧扩散。

燃料油雾化炬喷射进燃烧道和炉膛后，一方面受到炉膛和燃烧道的辐射热对油滴的加热，另一方面，主要是受湍流扩散而进入雾化炬的高温气体(燃烧产物)的对流加热。在离开油喷嘴一定距离处，当燃料与空气比例适当，并达到着火温度时，就开始着火燃烧。也就是说，在开始着火的截面(着火前沿区)以前，有一个吸热的“预备区”。重质燃料油雾化炬着火所必需的热量约为2.5～3.8MJ/kg，约占其低发热值的6%～10%。

于是，燃料油的火炬燃烧过程可以概括为三个阶段：

（1）燃料油的雾化；

（2）雾化的燃料油滴蒸发、扩散，和空气形成可燃混合物；

（3）可燃混合物的着火和燃烧。

在雾化炬中，油滴烧完的时间仍与其初始直径的平方成正比，只是比例常数 K 要乘以一个与压力有关的修正系数。但应该注意到，雾化炬中的油滴是不均匀的。一般而言，特性直径一定时，细粒油滴多，则着火较快；粗粒油滴多，则烧完所需的时间就长。另外，雾化炬中的油滴与空气混合的好坏也是其燃烧快慢的重要因素。

在雾化炬的内部区域，呈气体状态的烃受到加热也会发生氧化和热裂解。一般在200～300℃时开始氧化过程，在400℃或更高温度下，如果缺乏足够的氧，则会在雾化炬中出现热裂解而生成炭黑（析炭）。烷烃裂解的基本反应不外乎脱氢反应和断链反应。

脱氢反应： $$C_nH_{2n+2} \longrightarrow C_nH_{2n} + H_2$$

断链反应： $$C_{n+m}H_{2(n+m)+2} \longrightarrow C_nH_{2n} + C_mH_{2m+2}$$

例如，乙烷的裂解包含着一系列脱氢反应：

$$C_2H_6 \longrightarrow C_2H_4 + H_2$$

$$C_2H_6 \longrightarrow 2C + 3H_2$$

除了这些一次反应以外，生成的乙烯还可进一步发生二次反应：

$$C_2H_4 \longrightarrow C_2H_4 + H_2$$

$$\downarrow$$

$$2C(\text{炭黑}) + H_2$$

$$3C_2H_4 \longrightarrow C_6H_6 + 3H_2$$

$$\downarrow$$

$$\text{多环芳烃} \longrightarrow \text{炭黑}(C)$$

在温度刚超过500℃时主要经过芳烃的中间阶段而析炭。当温度达到900～1000℃以上时，主要是经过乙炔的中间阶段而析炭。

不同种类烃的裂解和析炭速度是不一样的。甲烷在各种烃类中是最慢的，丁烷要比甲烷快3～10倍，甲苯比甲烷快几个数量级。一般说来，C/H比越大，析炭越严重，环烃比链烃析炭严重，不饱和烃比饱和烃析炭严重。按析炭的严重性可把各种石油产品的次序排列成：渣油>重油>重柴油>轻柴油>汽油>液化石油气>天然气。

当空气不足或混合不好，或来不及使炭黑燃烧时，就会冒黑烟，妨碍设备正常运行，造成机械不完全燃烧和大气污染。

根据重质燃料油雾化炬燃烧的特点，一般可采用下列措施来达到强化燃烧。

（1）选用合适的燃料油系统及燃料油喷嘴，保证雾化良好，并使雾化炬分布均匀。

（2）采用合适的配风器，使空气与油滴迅速混合。提高风压从而增加空气的功能，并用旋流和湍流的办法来促使火炬扰动，强化混合过程。这是现代高强燃烧器强化燃烧的重要手段之一。

（3）要使油和空气的混合发生在高温区以保证着火，因此有必要采用圆盘形或圆锥形稳燃器等，使高温烟气产生回流，并与火炬根部接触，以加热油雾化炬，直到着火。同时还要供给火炬根部足够的空气，以防止油在高温下因缺氧而裂解。

(4) 将燃料油与空气预热，以保证燃料油更好地雾化和蒸发。

(5) 采用预燃筒以提高燃烧区温度，并与配风器配合以获得理想的流型。

二、燃料油的雾化及油喷嘴

1. 燃料油的雾化

雾化可以增加燃料油的总表面积，强化燃烧。设1kg燃料油呈球形，其总表面积为0.0483m²，假如把它雾化成直径30μm的油滴，其总表面积将达到200m²，增加了4140倍。因此现代燃油工业炉几乎都采用雾化燃烧方法（燃料油的另一种燃烧方法是汽化燃烧法，一般在内燃机中使用这种燃烧法）。燃料油的雾化是由油喷嘴来实现的，其油雾滴的粒径范围通常是10～200μm。一般认为粒径小于50μm的油雾滴占85%以上时，对燃烧是合适的。

燃料油雾化的机理可以大致描述如下：由于离心力的作用或雾化介质的冲击，燃料油变成极薄的油膜或较大的柱状油滴，它们在高速飞行中会发生振动，振幅无限制地自发增大，终至破裂。破裂的油滴在继续高速飞行中，在周围介质（空气或烟气）的阻力作用下变形而进一步粉碎。雾化的效果与惯性力、周围介质的阻力、黏性力和表面张力等因素有关。

油喷嘴的雾化效果可以在冷态试验台上测定。评定雾化效果的指标有粒度（一般以索太尔平均直径表示）、雾化角和流量密度（油滴分布）等三项。通过冷态试验，还可以测得油喷嘴的油流量和汽耗（试验时一般用压缩空气代替蒸汽）。用冷态试验的方法可以进行喷嘴选型、结构尺寸的筛选、最佳操作参数的确定以及燃烧效果的预测等。

由于油喷嘴的主要作用是雾化燃料油，因此通常按其雾化方式来分类。油喷嘴的类型是多种多样的，它们各有各的特点和适用范围，例如锅炉上大都用机械雾化（压力雾化）喷嘴，金属加工的加热炉上多用鼓风机空气雾化喷嘴等。炼油及石油化工管式炉用的油喷嘴几乎都是内混式蒸汽雾化型，因此下面将着重介绍这种喷嘴的结构及特点。

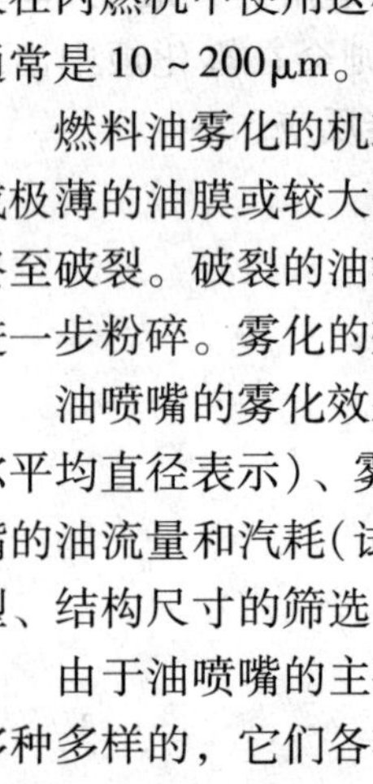

图6－3 内混式蒸汽雾化油喷嘴的喷头

2. 内混式蒸汽雾化油喷嘴的结构和特点

燃料油走内管经中心孔（油孔）射入混合室；蒸汽走外套管经油孔周围的一组小孔（汽孔）喷入混合室，并以一定角度冲击油流，在混合室内形成乳浊液；充分混合后的油－蒸汽乳浊液以极高的速度从一组混合室出口孔（喷孔）喷出。试验证明，喷孔流速大于200m/s时，就能得到良好的雾化效果。值得指出的是，内混式蒸汽雾化油喷嘴的混合室内是气－液两相流，如果蒸汽和燃料油的操作参数合适，可以在混合室获得细密的分散气泡流流型，油汽混合物喷出时，蒸汽因压力突然降低急速膨胀而使汽泡爆炸，其外的油膜被粉碎，这就是所谓的气泡雾化。合理设计油孔、汽孔、喷孔和混合室尺寸，可以在较宽的操作范围内获得稳定而细密的分散气泡流，从而设计出气泡雾化喷嘴（图6－3）。

由于各出口喷孔之间具有一定张角（例如40°）因此内混式蒸汽雾化喷嘴的雾化炬呈空心圆锥形，其流量密度曲线呈双驼峰状，如图6－4所示。这样的油滴分布有利于与空气扩散混合，避免燃料油在缺氧的情况下热裂解，这是内混式较之单喷孔的外混式的最大优点。外混式的油滴分布呈单驼峰状，在喷嘴轴线上密，四周疏，这种分布会使中心的油滴在缺氧的条件下受热而裂解，最终产生炭粒而冒黑烟。另外，内混式蒸汽雾化喷嘴的雾化角只取决于出口喷孔张角而与操作参数无关，这是它比机械雾化喷嘴(雾化角随操作参数而变)的优越之处，有利于与配风器和燃烧道或预燃筒配合，得到理想的流型。

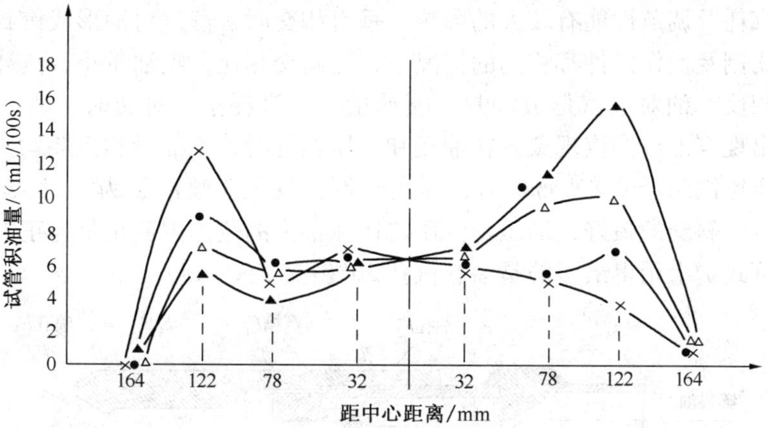

图6-4 内混式蒸汽雾化油喷嘴的雾化炬流量密度曲线

内混式的结构尺寸，例如油孔、汽孔和喷孔(混合室出口孔)的比例及其相互间的夹角等，都直接影响操作性能，试验所得各孔截面比和油压 P_2、汽压 P_1 及混合室压力 P_3 之间的关系绘于图6-5，从图中可以看出，随着油压 P_2 的降低，汽压 P_1 的升高，即 P_2/P_1 降低，则 P_3/P_2 升高。当 $P_3/P_2=1$ 时，达到油喷嘴的操作下限。再减小 P_2/P_1 就会使 $P_3/P_2>1$，即混合室压力 P_3 大于油压 P_2，蒸汽倒流入油管，出现“倒汽现象”。增加油压 P_2 或降低汽压 P_1，即 P_2/P_1 升高，则 P_3/P_2 也随之升高。当 $P_3/P_1=1$ 时，达到油喷嘴的操作上限。再增加 P_2/P_1，就会使 $P_3>P_1$，出现“倒油现象”，即油倒流入汽管。为了避免倒油现象，一般规定油压比汽压低0.1MPa，高操作参数为油、汽压相等，即 $P_2/P_1=1$。于是图6-5中，$P_3/P_2=1$ 时的横坐标值到 $P_2/P_1=1$ 之间的距离，就是油喷嘴的操作弹性范围。当油孔截面积 F_2 和汽孔截面积 F_1 之比一定时，减小喷孔截面积 F_3，则操作弹性范围缩小。当 F_2 和 F_3 比例一定而减小 F_1 时，操作弹性范围增加。适宜的截面比为 F_1∶F_2∶F_3 =1∶3∶8.5 和1∶4∶8∶5。

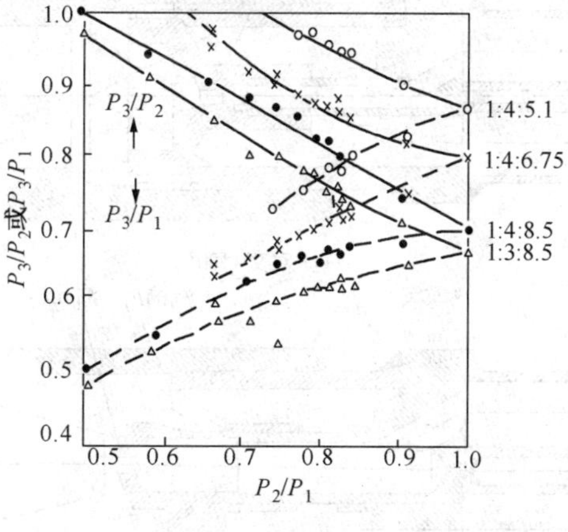

图6-5 内混式蒸汽雾化油喷嘴压力关系图

油、汽孔之间的夹角对操作性能的影响也是很明显的。从定性的分析来看，油、汽孔垂直相交有利于形成均匀的乳浊液，改善雾化效果，但容易产生油封或汽封，操作弹性小；平流，即油、汽孔平行，对形成乳浊液不利，但油、汽相互干扰小，调节性能好；斜交可以兼有两者的优点而避开两者的弱点。曾对油、汽孔的不同夹角进行过试验，试验的油、汽孔相交形式和角度有斜交(30°)、垂直相交(90°)、蒸汽旋转垂直相交(90°)，对交(180°)等四种，如图6-6所示。试验表明，油、汽孔相交的形式和角度，对雾化效果没有明显影响，但对喷油量、汽耗及调节性能有较大的影响。垂直相交时，蒸汽对油形成汽封，在油孔、汽孔和喷孔截面比例及操作条件都相同的情况下，与斜交相比，喷油量小，汽耗大。蒸汽旋转垂直相交时则相反，油对蒸汽形成油封，喷油量大，汽耗小。对交时，油、汽相互干扰严重，特别容易出现倒油或倒汽现象，在油压和汽压相等时，喷油量和汽耗均比同条件下斜交的小，但当油压比汽压低9.8N/cm^{2}时，即出现倒汽现象。喷油量为零时，汽耗将无穷大。就调节性能而言，斜交的最好，油压与汽压之比在很大的范围内变化都能正常操作。目前炼油及石油化工管式炉上用得最多的是油、汽孔30°斜交。

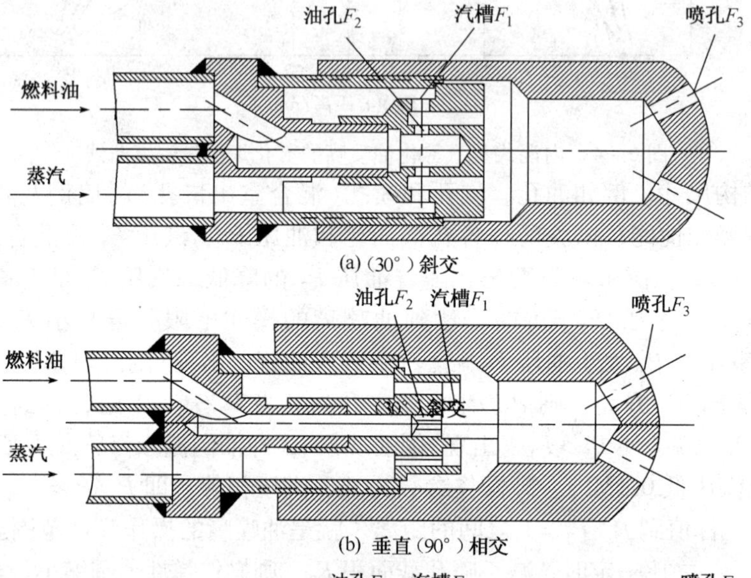

图6-6　油、汽孔相交的形式

内混式蒸汽雾化油喷嘴的燃料油压力(表压)一般为0.2～0.9MPa。为了避免出口喷孔堵塞时燃料油倒流入蒸汽管内，蒸汽压力应比油压高 0.1MPa。此外，由于饱和蒸汽膨胀后会含有大量水分，不利于雾化和燃烧，因此应采用过热蒸汽作雾化剂。例如，1.0MPa 压力(绝压)的饱和蒸汽经绝热膨胀至大气压时，蒸汽中水分的含量可达 13%。而 1.0MPa、350℃的过热蒸汽，膨胀结束时蒸汽还是干燥的。在通用的内混式结构中，蒸汽要经过两级膨胀。在二级内混式结构中，蒸汽要经过三级膨胀。如果蒸汽过热度不够，在混合室内就有可能出现水，因此内混式喷嘴的雾化蒸汽必须具有足够高的过热度。

内混式蒸汽雾化油喷嘴可以获得良好的雾化效果(索太尔平均直径在 80μm 以下)和理想的油滴分布，结构简单，加工制造要求不高，不易堵塞，适用于烧劣质燃料油甚至污油，也适用于能量较小的燃烧器。因此内混式蒸汽雾化油喷嘴在炼油及石油化工管式炉上获得了广泛的应用。

三、燃料油燃烧的稳定性

燃料油雾滴－空气均匀混合物的燃烧稳定性及稳燃原理与燃料气－空气混合物的基本相同，所不同的有以下几点：

(1) 油雾和空气的混合物，宏观上可以认为其成分是十分均匀的，但在微观上，由于燃料油呈滴状悬浮在空气中，仍应认为成分是不均匀的。

(2) 火焰虽然可以在油雾滴－空气混合物中传播，但其火焰正常传播速度要比油蒸气(相当于燃料气)－空气混合物小一些，并且，油滴愈粗，火焰正常传播速度愈小。

(3) 油雾滴－空气混合物与油蒸气(相当于燃料气)－空气混合物相比，尽管其火焰正常传播速度小，易于脱火，但其燃烧过程是边汽化，边与空气混合，同时边燃烧的，它的火焰属扩散火焰。正如前面燃料气燃烧部分所述，扩散火焰比预混火焰的稳定性好，因此，总的火焰稳定范围要宽些。

在自然通风和低风压(低风速)的鼓风式燃烧器中，燃料油雾化炬的燃烧可不必专门采取稳燃措施。但在风速较高的强制通风燃烧器中，则必须采取稳燃措施。稳燃的基本原理是造成一个回流区，使高温烟气(燃烧产物)回流，对油雾进行加热、汽化和强迫点燃。造成回流区的方法很多，旋转射流、燃烧道截面突然扩大以及凹凸不平的燃烧道壁面等引起的死滞旋涡区均可造成烟气回流。圆锥形(截面为 V 形)稳燃器是强制通风燃烧器中常用的。图 6－7 是它的尾迹中的温度分布和流线图，通过对该图的分析，可以了解稳燃器稳燃的原理。图中 0—0 线为循环区边界，此线以外是主气流。循环区内的流线形成封闭曲线，流速向上游回流的地方是回流区。可燃混合物的初温约 150℃，它与 1230℃左右的回流烟气混合，温度升高到 930℃左右，然后流进循环区参加回流循环，当流到图中的 1—1 线处，温度已升高到 1230℃左右。主气流受到循环区这一入火团的火焰传播，终至全部着火。

应该指出的是，稳燃的关键在于循环气流中能否建立一个恒定的温度场，而中心保持高温。循环区边界由于主气流掠过而冷却，如果循环区足够大，能形成稳定的温度场，循环区中心就能一直保持高温，循环区周围的气流温度也就能升高到着火状态。相反，如果循环区太小，其温度下降就无法阻止，温度有可能降到循环区中的火焰完全熄灭为止。也就是说，稳燃器造成的循环区必须足够大，否则达不到稳燃的目的。

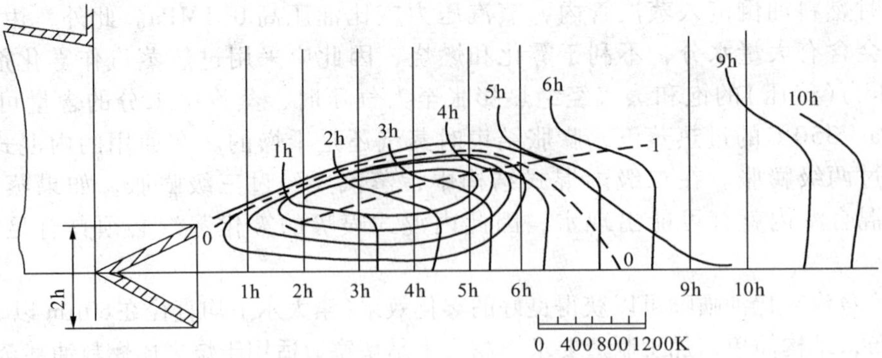

图 6-7　稳燃器尾迹中的温度分布和流线图

第三节　配　风　器

配风器是分配和输送燃烧空气的机构。其作用是供给燃料流股以适量的空气，并使空气与燃料迅速完善地混合。用于油燃烧器的配风器，将供给的空气分成一次风和二次风。一次风解决着火、稳燃和减少炭黑生成等问题。在燃料油－空气的混合气流中，通常只有部分油蒸气和空气的混合物首先着火，着火所需的空气量并不多。因此要求一次风量要少，流速要低，以利于稳定着火。另一方面，油雾一开始着火，就需要有适量的氧气供给，以免油在高温下因缺氧而热裂解，产生炭黑。所以燃料油燃烧时，一次风又是不可缺少的。一般一次风量占燃烧空气量的 10% ~30% 为宜。着火以后，燃料油需要进一步供给较大量的空气，以保证完全燃烧，二次风的作用也就在于此。为了使二次风能和油雾迅速混合，必须以较高速度喷入燃烧道。

配风器基本上可以分成平流式和旋流式两大类。炼油及石油化工管式炉所用的自然通风和鼓风式燃烧器，采用的是简单平流式配风器(图 6-8)，它由滑动风门和燃烧道耐火砖组成的风口(喉口)构成。结构设计也比较简单，通常要求燃烧道的突出部分最大只能与雾化炬的边界线相切，为避免燃烧道结焦，一般还要求留出 10 ~15mm 的间隙，如图 6-8 所示。其风口截面的计算，以空气通过的压降不超过 60Pa(自然通风)或 250Pa(鼓风式燃烧器)为准。滑动风门的开孔截面积一般为风门截面的 1.1 ~1.5 倍。考虑到直立上抽式圆筒炉、立式炉和炉底负压一般有 100 ~250Pa，而炼油及石油化工管式炉用鼓风式燃烧器又有可能在自然通风下操作，目前管式炉用油－气联合燃烧器的风口截面一般按空气通过燃烧器的压降为 100 ~150Pa 计算。

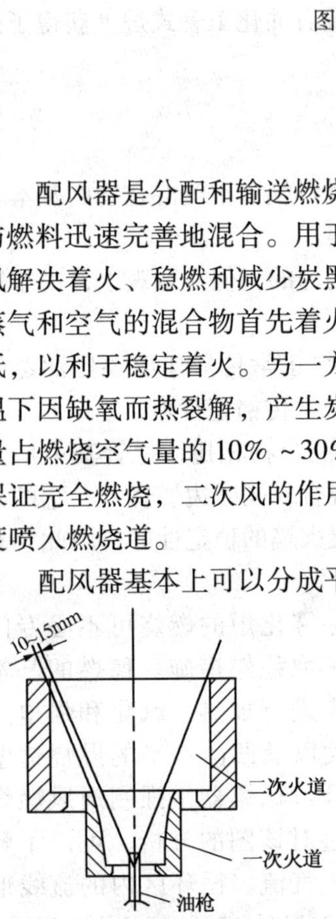

图 6-8　自然通风或鼓风式油气联合燃烧器的燃烧道

第四节　燃烧道和预燃筒

燃料气在着火燃烧以前需要吸收热量以便从起始温度升高到着火温度。燃料油在着火之前则需要吸收更多的热量，以便蒸发和加热到着火温度。这些热量靠已燃烧的燃料生成的高温烟气提供。此外，燃料在燃烧过程中一边产生热量，一边还要向外散热，特别是在冷炉点火时或炉膛温度较低的情况下，散热速率将很大。在火焰的根部，特别是油火焰的根部，由于燃料要进入燃烧前的准备阶段，需要吸收大量的热量。因此减少火焰根部的散热，对着火和稳燃都是很有帮助的。在火焰根部设置一段燃烧道，不但能使其基本上不散热，而且耐火材料蓄积的热量还能提供辐射热源，使火焰根部温度升高。管式炉的炉膛温度一般都较低，因此它所用的燃烧器都应设置燃烧道。

燃烧道的另一个作用是约束空气，迫使其与燃料混合而不致散溢于炉膛中。自然通风或低压鼓风式燃烧器，空气动能小，穿透能力弱，燃烧道对空气的约束作用更显得重要。

配风器提供的气流流型，往往要与燃烧道配合才能实现。实际上燃烧道往往是配风器一个不可分割的部分，只是在燃烧道内燃烧过程已经开始，火焰已经形成罢了。例如，后面将要介绍的自然通风油气联合燃烧器和低压鼓风油气联合燃烧器中，一、二次燃烧道就分别是平流式配风器的组成部分。

燃烧道的长度一般只占火焰长度的几分之一至十几分之一。如果火焰的大部，甚至全部都在燃烧道内，则这种燃烧道通常称为预燃筒或预燃室。其作用与燃烧道类似。但效果却非常显著，它会使燃烧过程大大强化。这是因为此时燃烧过程中基本上没有散热，火焰温度可以达到理论燃烧温度，燃烧的物理过程和化学过程都因此而得到强化。燃烧空气不会散溢，过剩空气量≤5%也能完全燃烧。气流的流型也十分理想，使燃料和空气的混合过程大大强化。因此，高强燃烧器一般都设置有预燃筒。

燃烧道和预燃筒都由耐火材料砌成。温度较低者，常采用黏土质耐火砖或高铝水泥耐火混凝土。温度较高者，多采用高铝砖或低钙铝酸盐水泥耐火混凝土。

预燃筒在使用中的两个主要问题是耐火材料的寿命和筒壁结焦。砌筑预燃筒的耐火材料既要能承受1800～2000℃的高温，又要能在燃烧器突然停运或起动时，经受住急冷急热。而耐火材料通常是不能在这两方面同时兼得的。再者，高级耐火材料价格昂贵，用来砌筑预燃筒是不经济的。因此，不能只靠采用高级材料的办法来解决寿命问题。采用合适的配风方式，在耐火材料表面上形成一层温度较低的空气保护膜，使耐火材料保持在较低的温度下，才是解决问题的根本办法。解决筒壁结焦问题的关键在于配风器、预燃筒和油喷嘴三者的良好配合，如果配合得当，可形成合适的流型，避免油滴飞溅到筒壁上。

第五节　管式炉用燃烧器

一、设计和选用管式炉燃烧器的注意事项

考虑到管式炉的燃料来源、工艺要求和炉型特点，设计和选用燃烧器时应注意下列各点：

1. 燃烧器应与燃料特点相适应

根据不同的燃料，选择不同类型的燃烧器，这是设计和选用管式炉燃烧器时应该首先考虑的问题。

由于炼油厂和石油化工厂自产燃料油，又有副产燃料气，因此炼油厂和石油化工厂的管式炉几乎都采用油－气联合燃烧器。炼油厂管式炉所用的燃料油多半都是高黏度的减压渣油，应该选用雾化效果好的油喷嘴，这就是现有炼油厂管式炉几乎都选用蒸汽雾化油喷嘴的

主要原因。炼油厂重整装置和加氢装置的管式炉，一般使用本装置的副产气作燃料。这些装置的副产气氢含量较高，火焰传播速度快，容易回火，因此设计这种装置的管式炉时，不应选用预混式或半预混式的燃料气喷嘴，而应采用外混式，以免经常回火而不能正常操作，甚至造成不良事故。

化工厂的管式炉基本上是以该厂的副产气作燃料，因此大都使用气体燃烧器。例如，制氢装置有大量的变压吸附释放气，因此制氢炉的燃烧器首先要烧这种压力和热值均较低的释放气，但释放气的总热量又不能满足制氢炉的要求，并且在装置开工时还没有释放气，因此，制氢炉的燃烧器还要能烧压力和热值均较高的炼厂气。又例如乙烯裂解炉，一般要设置底烧扁平焰燃烧器，以烧副产的裂解柴油(或减黏油)和碳五(C_5)，而侧壁设置辐射墙式气体燃烧器，烧副产气或补充的炼厂气。有的管式炉就用本装置的原料气(或原料油)作燃料，而不另外设置燃料系统。例如，合成氨厂的一段转化炉，如果氨厂的原料是炼厂气，则以炼厂气为燃料。如果以油田气或天然气作原料，则燃料也用油田气或天然气。如果以石脑油作原料，则燃料也用石脑油。因此，化工厂管式炉的燃烧器，首先必须根据它们所用的原料来选择。当原料改变时，燃料也改变。特别是原料由气体改为石脑油时，往往需要更换燃烧器，或增设石脑油汽化设备和拌热系统，将石脑油汽化后燃烧，仍用原来的气体燃烧器。

2. 燃烧器应满足管式炉的工艺要求

首先，燃烧器的能量(放热量)应满足管式炉热负荷的要求。考虑到不同的炼油及石油化工厂，甚至同一企业的不同装置中，燃烧器的操作参数(燃料性质和压力、雾化蒸汽的压力和温度)都不完全一样。设计通用燃烧器时，应以较低的操作参数作为设计计算的依据，以保证燃烧器在较低参数下运行时能达到额定能量。确定燃烧器数量时，其总能量应比管式炉所需燃料供热量多20%～25%，以便在个别燃烧器停运检修时，仍能保证管式炉的操作负荷不致下降。

其次，管式炉的炉管内，通常都是容易结焦、变质的油品或溶剂，设计和布置燃烧器的一个重要原则就是保证炉管不致局部过热。这就要求燃烧器的火焰形状稳定而不飘动，火焰不舔管。布置燃烧器时，应使火焰不过分靠近炉管。

管式炉的炉管表面热强度是否均匀，直接影响炉子的处理量、操作周期和炉管寿命，因此设计和布置燃烧器的另一个要求就是要力求使炉管表面热强度均匀。这就要求根据不同的炉型和工艺条件，采用不同的燃烧器，并进行合理布置。对于那些不同部位要求不同热强度的管式炉，则应采用分区布置燃烧器、分区调节的方法来满足要求。还可以采用定向燃烧器，通过合理安排火焰射流的方向来改善炉内传热。

此外，管式炉操作周期一般都较长，最长的可达6年以上，其所用的燃烧器也应是能长周期运转的。燃烧器的油喷嘴和燃料气喷嘴均应能在不停炉的情况下拆下维修，并能方便地安装。

3. 燃烧器应与炉型配合

管式炉的炉型与燃烧器是密切相关的。不同的炉型要求不同的燃烧器与之配合。反之，一种燃烧器也只适用于一种或几种炉型。如果燃烧器与炉型不匹配，就会使炉子结构不合理，甚至难以满足工艺要求。圆筒炉、立式炉、斜顶炉和方箱炉，由于炉膛较大，一般采用圆柱型火焰的燃烧器，集中布置在炉底或侧墙上。但立式炉炉膛高度不高，斜顶炉和方箱炉炉膛深度有限，因此均不宜采用火焰太长的燃烧器。另外，为保证热强度沿炉管分布均匀，应采用能量较小的燃烧器沿炉管长度均匀布置。对于圆筒炉或立管立式炉，因其炉膛较高，宜采用细长火焰的燃烧器。一般认为火焰长度为炉管高度的60% ~70%较合适。还有人认为火焰长度更高些，要求火焰前锋仅与炉顶相差2 ~3m。但目前大多数圆筒炉的火焰长度仍为炉管高度的60% ~70%，有的还要短些。但总的来说，圆筒炉的炉管愈长，火焰应愈长才是合理的。对于炉管太高的圆筒炉(炉管高度>16m)，火焰长度难以满足要求，应将燃烧器沿高度分层布置。圆筒炉可以在炉底布置一圈能量较小的燃烧器(1 ~3MW)，也可在炉底中心布置三个甚至一个大能量燃烧器。

采用附墙火焰的立式炉和阶梯炉等需要用扁平火焰的燃烧器。而无焰炉则采用板式或辐射墙式无焰燃烧器。由于此种炉型要求燃烧器均匀地或按一定要求分区布置在大面积的辐射墙上，因此燃烧器的数量必然很多，而每个燃烧器的能量则很小。

大型化的管式炉，需要用大能量的燃烧器，以减少燃烧器的数量，便于操作维护和自动控制。

4. 燃烧器应满足节能和环保要求

燃烧器是管式炉的供能设备，它当然应该满足节约能源的要求。这就要求燃烧器尽可能地减少自身能耗，并在尽可能少的过剩空气量下达到完全燃烧。前者主要是指降低油喷嘴的汽耗和鼓风机的电耗。后者指的是要能实现低氧燃烧。

燃烧器也是污染源，燃烧产生的SO_3和NO_x会污染大气，SO_3还会造成炉子低温部位的腐蚀。为了满足环境保护方面的要求，除采用低氧燃烧外，还应控制空气预热温度和燃烧温度，即采用低NO_x燃烧器。另外，燃烧器还应降低噪声，以减少噪声污染。

二、节能型和环保型燃烧器介绍

1. 节能型燃烧器

节能型燃烧器有两个重要的衡量指标：一是其完全燃烧的程度；二是其达到完全燃烧所需的最小过剩空气量。在理论空气量下，工业燃烧器要达到完全燃烧是不可能的。过剩空气量太少，也会产生化学的和机械的不完全燃烧，造成能量损失；过剩空气量太多，则会造成过多的排烟损失。一般地说，燃料气燃烧器在5%左右的过剩空量达到完全燃烧就可以认为是节能型的；燃料油燃烧器在10%左右的过剩空气量达到完全燃烧即可认为是节能型的。

在自然状态下，空气中的含氧量约为21%，普通燃烧器均采用自然状态下的空气，如果采用比自然状态下含氧量高的空气助燃，则称为富氧燃烧。富氧燃烧可以得到更高的火焰温度，增大火焰与被加热物料之间的温差，从而增大了炉内的辐射传热量，提高了炉内有效利用的热量：同时，由于富氧燃烧的理论空气量少，烟气量也少，排烟损失也相应减少。随着空气中氧浓度的增加，燃烧所需的理论空气量减少，火焰温度升高。一般富氧空气中的氧浓度在25% ~30%时，可以获得最佳的节能效果。这在玻璃熔化炉和陶瓷烧成窑等高温炉窑上取得了十分明显的节能效果，即使考虑到富氧空气制备系统的电耗量，其一次能源的节约量也相当可观。当富氧空气中氧浓度在28%时，一次能源的节能率可达14% ~31%。

富氧燃烧技术的致命缺点是其排烟中NO_x问题难以解决，并且其节能效果也只有在排烟温度较高的工业炉窑上才明显，因此，石油化工管式炉上不采用富氧燃烧，只采用自然状态空气助燃的节能型燃烧器。

2. 环保型燃烧器

燃烧器对环境的污染主要是噪声污染和烟气(燃烧产物)中有害物质对空气的污染。环保型燃烧器必须采取有效措施使这两方面的污染降低到国家或地区标准所允许的指标以下。自然通风的燃烧器采用隔声箱，机械通风的燃烧器采用风道和燃烧器保温等措施，可以有效地将炉区噪声降到85dB(A)以下。也就是说，燃烧器在解决噪声方面的环保问题并不难，不用在此详述。

烟气中对空气造成污染的物质主要有飘尘(机械杂质)、一氧化碳、氧化硫和氧化氮等。在完全燃烧的情况下，烟气中已不存在炭黑、炭粒和一氧化碳等，仅剩下燃料灰分形成的飘尘、氧化硫和氧化氮等污染物质。燃料灰分形成的飘尘和氧化硫只要对燃料或烟气进行处理方可解决，燃烧器本身几乎是无能为力的。烟气中的氧化氮除与燃料含氮量有一定关系外，主要与燃烧过程和燃烧方式密切相关。因此，燃烧器要解决烟气污染，主要是解决氧化氮的问题。正因为如此，现在一谈到环保型燃烧器，人们立即想到它不仅是一个能在低过剩空气量下达到完全燃烧的节能型燃烧器，而且是一个低 NO_x 燃烧器。

三、燃烧器对燃料系统的要求

为了保证燃烧器安全和稳定地操作，燃料系统应该满足若干要求。

1. 燃料油储罐

储罐的容量一般按15～30天的烧油量考虑。储罐的数量以两个以上为宜，一个供油，一个静止脱水，交替使用。重质燃料油内含有不饱和链烃，与空气接触就会缓慢氧化或起化学反应，生成胶质、树脂质和沥青质。反应随着储存时间而增加。长期受热或温度过高，能加速这些反应，造成油罐底部聚渣，堵塞过滤器和喷嘴的狭小通道等。因此，重质燃料油的储存时间太长是不合适的。

储油罐内应设置蒸汽加热盘管，油温应维持在80℃左右。低于60℃时燃料油的黏度太大，输送困难，也不利于脱水。高于95℃时，如果燃料油含水或管路扫线直接进罐，容易引起油内水分突沸，将油带出而造成冒罐事故。另外，为了避免火灾，罐内预热的温度应比闪点最少低10℃。一般重质燃料油对这一条限制均能满足，但对于某些高黏度低闪点的燃料油，就须采取特殊措施处理。例如，采用局部加热的力法，即在罐底抽出管周围增加局部加热盘管，使这一局部地区的油加热到输送所需要的温度，而整个罐内的油温却比闪点低10℃左右。

当用减压塔底出来的渣油有接作加热炉的燃料时，装置内可不设置储油罐。从减压塔底流出的渣油经热油泵升压后去换热器，从换热器组中的某处开一支线抽出压力和温度(180～200℃)均较合适的渣油直接向加热炉供油。目前炼油厂常采用这方案供油，而炉子点火开工时因无渣油则烧原油。

2. 燃料油泵及循环比

供油泵一般设置两台，一台操作，一台备用。当采用往复泵或比例泵供油时，应在泵后设置稳压罐，以保证管网压力稳定。

为了在负荷波动时，仍然保证向各加热炉的燃烧器供油稳定，供油量应比用油量大若干倍。供油量与用油量之比叫循环比，循环比大，则供油稳定，可防止各炉或燃烧器之间“抢油”而使个别燃烧器供油不足，但这会使燃料油泵能耗增高而不经济；循环比小，虽然可节省运转费用，但供油系统对负荷的波动敏感，难以稳定操作，因此应该恰当地选择循环比。

在目前的炼油厂中，全厂供油系统的循环比一般为 2 ~ 3，装置内供油系统的循环比一般是 3 ~ 4。当用油量特别大(如 100t/h)时，循环比可为 1.3 ~ 1.5，大型热电站的使用经验表明，这是经济可行的。

3. 燃料油的过滤

为了防止在运输过程中或装卸油时带入的机械杂质使泵磨损和使油喷嘴堵塞，在燃料油管线的不同部位上应设置过滤器。过滤器选用滤网的规格应视泵的类型及油喷嘴的最小流通截面而定。一般选用的滤网规格见表 6 – 2。

表 6 – 2 燃料油过滤器的滤网规格

过滤器安装位置		滤网规格	滤网流通总面积为进口管截面积的倍数
供油泵前	螺杆泵、齿轮泵	144 ~ 400 孔/cm^2(30 ~ 50 目)	8 ~ 9 倍
	离心泵、蒸汽往复泵	64 ~ 100 孔/cm^2(20 ~ 25 目)	8 ~ 9 倍
燃烧器前	机械雾化油喷嘴	400 孔/cm^2(50 目)以上	2 倍以上
	蒸汽雾化油喷嘴	256 ~ 400 孔/cm^2(40 ~ 50 目)	2 倍以上

4. 预热和拌热

为了保证油喷嘴有良好的雾化效果，燃料油在油喷嘴前应预热到所要求的温度。根据各种油喷嘴对燃料油黏度的要求，表 6 – 3 列出了各种燃料油相应的预热温度。

为了便于输送燃料油和保证燃料油到达燃烧器前有足够高的温度，从储油罐到燃烧器前的整个管线上都应伴热，以防燃料油温度下降引起黏度升高。

为了防止燃料气中的凝结液影响燃烧器的正常操作，燃料气管线也应伴热。

为了防止冒罐事故，已被加热的燃料油若要循环回罐，需用冷却器冷却到 95℃ 以下，但这是不经济的。一般送至炉前的燃料油温度超过 100℃ 时，就将炉前循环管线截断，而只保留不经过预热器的大循环。

表 6 – 3 雾化蒸汽油喷嘴要求的燃料油温度

燃料油	推荐使用黏度 77mm^2/s(6°E) 相应的燃料油温度/℃	最大使用黏度 275mm^2/s(15°E) 相应的燃料油温度/℃
大庆原油减渣油	133	103
大港原油减渣油	135	108
胜利原油减渣油	194	162
20 号燃料油	74	48
60 号燃料油	100	72
100 号燃料油	111	81
200 号燃料油	118	88
大庆原油常压重油	89	66
大港原油常压重油	82	60
胜利原油常压重油	155	125

5. 阻火器

燃料气管网的防火防爆是应该特别注意的问题，如果燃料气管线发生泄漏，则在有热源的情况下就会引起着火，并可能蔓延至整个管网，随之而来的是压力突然上升，引起爆炸。在燃料气管网上设置阻火器，就可以阻止火焰蔓延，防止不幸事故的发生。

阻火器按作用原理可分为干式阻火器和安全水封式两种，管式炉燃料气管线上一般采用多层铜丝网的干式阻火器。阻火器应设置在尽可能靠近燃烧器的地方，这样，阻火层就不致于处在严重爆炸条件下，使用寿命可以延长。必要时在管线的另一端与干线相接的地方，也应安装第一个阻火器。

6. 其他要求

燃烧器对燃料系统还有以下几点要求：

（1）燃料油和燃料气管线上均需接有扫线蒸汽管。扫线蒸汽管上应设置止回阀，以防燃料窜入蒸汽管网。燃料油宜扫入专用的污油池，燃料气易扫线放空。燃烧器前的一小段支管里的燃料油和燃料气可扫入炉内。如果没有专用污油池，燃料油也可扫入储油罐，但需从罐顶入罐，这样既有利于大量蒸汽迅速排除，也可减少冒罐的危险。

（2）燃烧器前的操作阀应力求设在能看见火焰的地方。

（3）通向燃烧器的燃料气和蒸汽支管均应从总管的上部引出，以避免凝液流入燃烧器。

（4）通向燃烧器的燃料油支管应在紧靠总管的地方设置阀门并接扫线蒸汽管，以便在个别燃烧器停运时将支管内的燃料油全部扫尽，否则在支管内会有一段燃料油凝结，给重新开启造成困难。

（5）燃料油、燃料气和蒸汽管线均应有低点放空措施，便于试运冲洗及停工扫线后放水。

（6）当燃料气管线的预热和伴热不能消除凝液和水时，应设置气液分离罐，以避免凝液和水流入燃烧器影响正常操作。

（7）底烧燃烧器的手动调节阀应设在炉外，而不要紧靠燃烧器，以防回火或炉底着火时危及操作人员的安全。

（8）长明灯燃料气管线应接在主燃料气管线的压控阀之前，该支线上只设置手动阀，而不应设置自动阀，以避免误操作关闭了长明灯的气源。当单个燃烧器放热量小于0.5MW 时，手动阀后还应设置减压阀，保证长明灯燃料气压力不超高，以免出现喧宾夺主的现象。

第六节　燃烧器的性能与选型

燃烧器按所用燃料的不同可分为燃料油然烧器、燃料气燃烧器和油－气联合燃烧器三大类。按供风方式的不同，可分为自然通风燃烧器和强制通风燃烧器，低风压强制通风燃烧器一般也称为鼓风式燃烧器。按燃烧器的能量(发热量)，可分为小能量和大能量两种。在管式炉上，一般5.5MW 以下的属小能量燃烧器，这是目前管式炉上用得最普遍的。5.5MW 以上的属于大能量燃烧器，目前国外管式炉上最大的燃烧器发热量达70MW。按燃烧的强化程度(可用容积热强度来衡量)可分为普通燃烧器和高强燃烧器。

一、燃烧器的分类

（1）按燃料形式分：①气体燃烧器(烧瓦斯)；②液体燃烧器(烧油)；③油气联合燃烧器。

（2）按供风形式分：① 自然供风；②强制供风。

（3）按安装位置分：①底烧；②侧烧；③顶烧；④附墙。

（4）气体燃烧器按燃料与空气的混合形式可分为外混式（扩散式），内混式（动力燃烧）两种（表6－4）。

表6－4　外混式与内混式对比

外混式	内混式
优点：不回火，结构简单，噪声比较低，燃烧温度比较低，NO_x 低	缺点：易回火，结构复杂，噪声大，燃烧温度比较高，NO_x 高
缺点：过剩空气系数高，火焰高度高，边混合边燃烧，热强度低	优点：过剩空气系数低，火焰高度低，热强度高（主要表现在辐射室）

（5）燃油燃烧器雾化形式：①分外混式（适用大负荷烧嘴），②内混式（雾化级数多，雾化粒度细，效果好）。

二、燃烧器技术性能

在炉型结构、物料物性、燃烧器台数相同时，管式加热炉辐射室的传热量（Q_R）随火焰高度的降低而增加。辐射室传热量增加，对流室传热量必定下降。由于辐射室炉管平均表面热强度是对流室炉管平均表面热强度的2倍，辐射室传热量增加和对流室传热量下降必然使得全炉炉管平均表面热强度提高。

过剩空气系数与炉子氧含量以及辐射室传热量、炉子热效率的关系：

实际进入炉膛的空气量与理论空气量之比，叫作过剩空气系数。

理论空气系数与炉子氧含量的关系大约可按以下公式进行粗略计算：

$$0.9\times0.21(\alpha-1)/\alpha$$

例如：若过剩空气系数 α 为1.2，则完全燃烧状况下，炉子的氧含量大约为：

$$0.9\times0.21\times(1.2-1)\div1.2=0.0315=3.15\%。$$

由此可以看出，过剩空气系数增加，炉子氧含量增加，降低了火焰温度，减少了三原子气体的浓度，降低了辐射热的吸收率，减小了辐射室的传热量，同时也必然降低炉子的热效率。通过测定，在排烟温度、不完全燃烧损失和外壁散热损失不变时，过剩空气系数每降低10%可使炉子热效率提高1%～1.5%。

三、燃烧器的选用原则

1．选型要求

（1）燃烧器应能在较低过剩空气系数（α 不大于1.25）下完全燃烧。

（2）燃烧器的操作能耗（气耗和电耗）低。

（3）燃烧器的结构应便于安装、操作和检修。

（4）燃烧器应便于自动控制。

（5）燃烧器应与管式炉所用燃料相适应：

① 当同时使用液体燃料和气体燃料时，应选用油－气联合燃烧器；

② 当燃料油黏度较高（使用状态下不小于 $61mm^2/s$）时，应选用蒸汽雾化油喷嘴；

③ 当燃料气中氢含量较高（如重整装置副产气）时，不应采用预混式和半预混式燃料气

喷嘴。

2. 一般工艺操作要求

(1) 燃烧器在设计过剩空气系数下的最大放热量不应低于表6－5的规定。

表6－5　燃烧器在设计过剩空气系数下的最大放热量

燃烧器数量	最大放热量/正常放热量/%	燃烧器数量	最大放热量/正常放热量/%
≤3	150	6～7	120
4～5	125	≥8	115

(2) 燃烧器的操作参数应与管式炉所在工艺装置的燃料系统和蒸汽系统相适应。

(3) 燃烧器应有足够的操作弹性，以适应管式炉热负荷的变化。

(4) 燃烧器的火焰形状应稳定而不发飘，避免火焰舔炉管，造成局部过热。

(5) 单个燃烧器的发热量、数量和布置应尽量保证管排表面热强度均匀。

(6) 燃烧器焰形应与炉型和管排布置相配合：

① 炉膛较大时，可选用圆柱形火焰的燃烧器；

② 底烧管式炉炉膛较高时，应选用细长火焰的燃烧器；

③ 采用附墙火焰的立式炉、制氢炉、梯台炉，以及其他炉膛较窄的炉子时，应选用扁平火焰燃烧器或附墙火焰燃烧器。

3. 其他要求

(1) 燃烧器应采取隔声措施，炉区噪声A级一般不应大于90dB，并应符合国家或地区环境保护的有关规定。

(2) 自然通风或有可能短时间内在自然通风条件下操作的燃烧器，其空气通过风箱、隔声箱（或隔声罩）和燃料本身的总压降，在底烧时应不大于15mmH_2O(147.09Pa)；侧烧时应不大于6mmH_2O(58.84Pa)。

(3) 当一台管式炉的燃烧器以燃料气为主要燃料时，所选用的燃烧器必须具有火焰安全保护设施，如长期灯或火焰监测保护系统等。

(4) 对于单燃油的圆筒炉、燃烧器数量不宜少于三个。

(5) 自然通风火炬式燃烧器的安装位置与盘管和炉墙的距离一般不应于表6－6所列值。

表6－6　自然通风火炬式燃烧器的安装位置

单个燃烧器的最大放热量/MW		最小间距/m			
		A	B	C	D
		立烧时燃烧器至顶部炉管中心线或炉衬的垂直距离	燃烧器中心线至壁管中心线的横向间距	燃烧器中心线至末排炉管炉墙的横向间距	横烧时，对烧燃烧器之间的距离
燃油	1.0	3.5	0.8	0.6	5.0
	1.5	4.5	1.0	0.8	6.5
	2.5	6.5	1.2	1.0	8.5
	3.0	7.5	1.3	1.1	10.0
	3.5	8.5	1.4	1.2	11.0
	4.0	10.0	1.5	1.4	12.0
	4.5	11.0	1.6	1.5	13.0

单个燃烧器的最大放热量/MW		最小间距/m			
		A	B	C	D
		立烧时燃烧器至顶部炉管中心线或炉衬的垂直距离	燃烧器中心线至壁管中心线的横向间距	燃烧器中心线至末排炉管炉墙的横向间距	横烧时，对烧燃烧器之间的距离
燃气	0.5	2.0	0.6	0.5	2.4
	1.0	3.0	0.8	0.6	3.5
	1.5	4.0	0.9	0.8	4.8
	2.5	5.5	1.1	1.0	6.5
	3.0	6.5	1.2	1.1	7.5
	3.5	7.0	1.3	1.2	8.0
	4.0	8.0	1.4	1.4	8.5

（6）单台燃烧器的设计负荷选取：

$$Q_{单} = 1.25 \times Q_{炉子总有效负荷}/(\gamma \cdot n)$$

式中 γ——加热炉热效率,%；

n——燃燃器个数，个。

（7）燃烧器的形状一定要与炉型相匹配(一般选用原则)：圆筒炉选用圆形油气联合或单烧气燃烧器，方箱炉选用扁平(矩形)燃烧器。

四、燃烧器的操作弹性

（1）烧燃料油的操作弹性可选为2:1，最大不能超过3:1。

（2）烧高压燃料气的操作弹性可选为4:1，最大不能超过8:1。

（3）主烧低压燃料气的操作弹性可选为2:1，最大不能超过3:1。

（4）高、低压瓦斯的划分范围：高压瓦斯 $P > 0.05$MPa(表压)，低压瓦斯 $P < 0.05$MPa(表压)。

（5）雾化蒸汽耗量：重质油燃料为0.25kg蒸汽/kg油，轻油为0.2kg蒸汽/kg油。

（6）噪声：距燃烧器1m处噪声小于85dB。自然通风燃烧器单台能量大于50×10^4kcal/h(2.09×10^6kJ/h)，必须加装消声设施。

（7）排烟中的NO_x及SO_x含量：烟气中的NO_x含量是一个环保指标，现在已经成为衡量燃烧器性能优劣的一个主要依据。烟气NO_x中主要以NO为主，180mg/NM^{3}换算成百分比浓度大约为134μL/L。烟气中SO_x主要来源于燃料中的S，它在烟气中的含量是无法人为控制的。

（8）强制供风的燃烧器：对强制供风的燃烧器，除非有特殊的高空气压降要求和备用风机的条件，否则必须同时在自然通风的条件下满足加热炉正常负荷的要求，即在设计燃烧器时，必须首先考虑自然供风的条件。

（9）燃烧器的安全操作：燃烧器的安全操作是非常重要的，在以人为本安全生产越来越重要的今天，每台燃烧器设置长明灯成为必需。长明灯的燃料气管线必须是单独的，且压力稳定，不受主瓦斯调节的影响。

负压炉，燃烧器的长明灯必须用自吸式供风，且风量可以调节。

正压炉，燃烧器长明灯必须有单独的、稳定的供风源(如仪表风)，并且有压力显示。另外长明灯最好加装自动点火装置。

五、常用燃烧器简图

常用燃烧器见图6-9至图6-14所示。

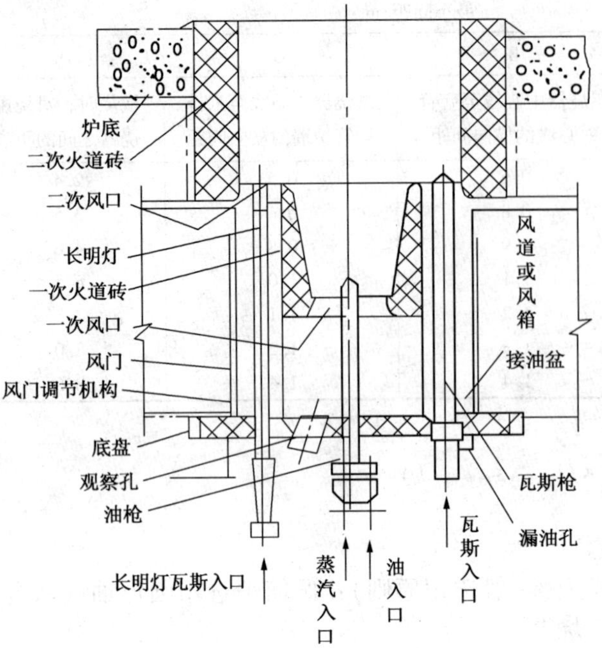

图 6－9　Ⅵ型油－气联合燃烧器

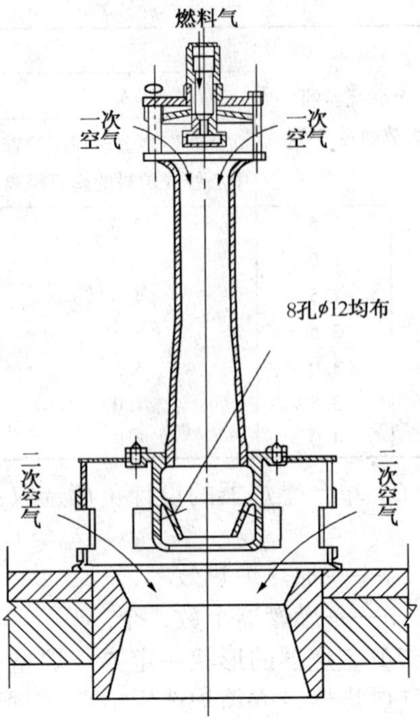

图 6－10　水蒸气烃类转化炉用半预混式气体燃烧器

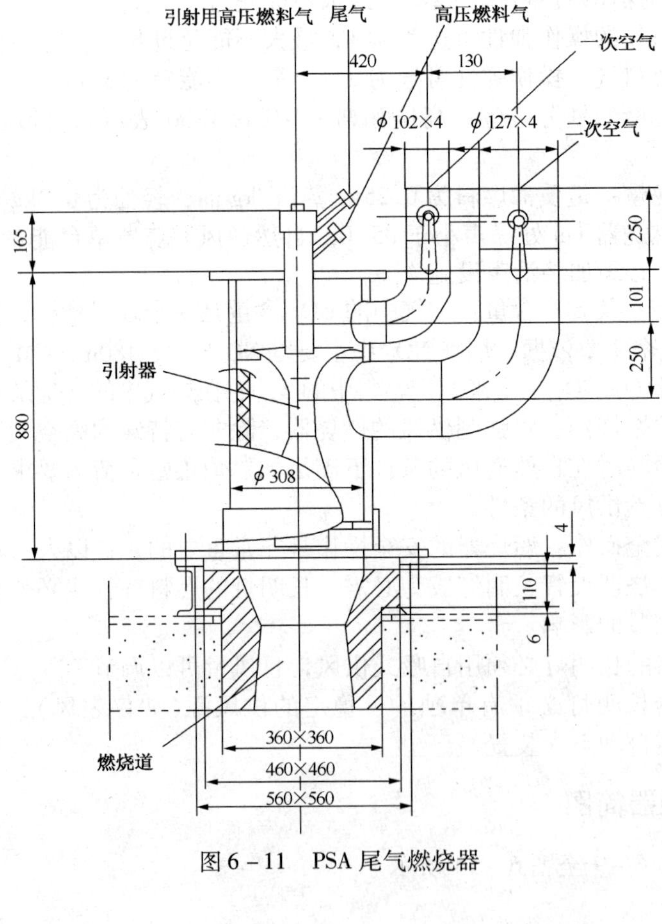

图 6－11　PSA 尾气燃烧器

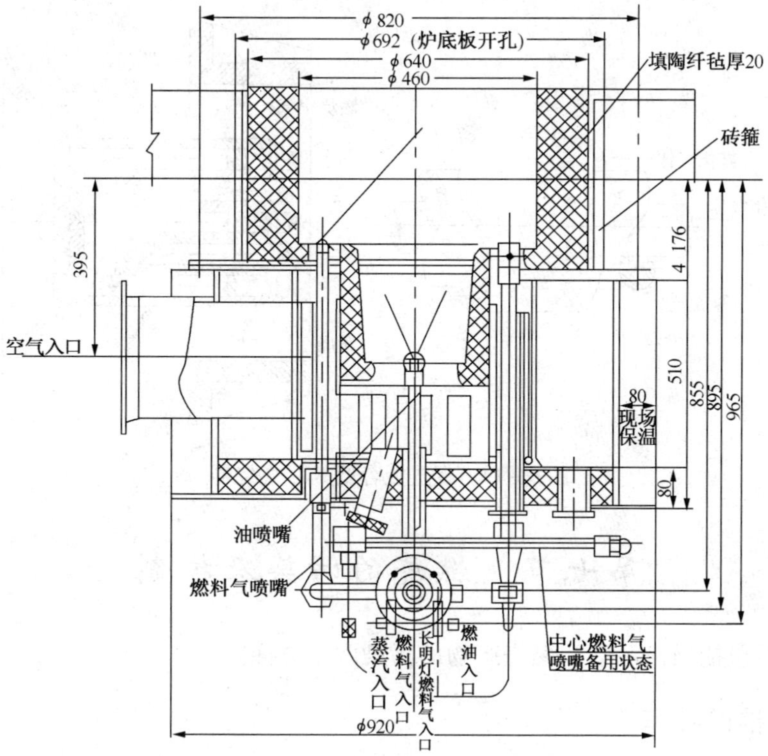

图 6－12　Ⅶ—B 型油－气联合燃烧器

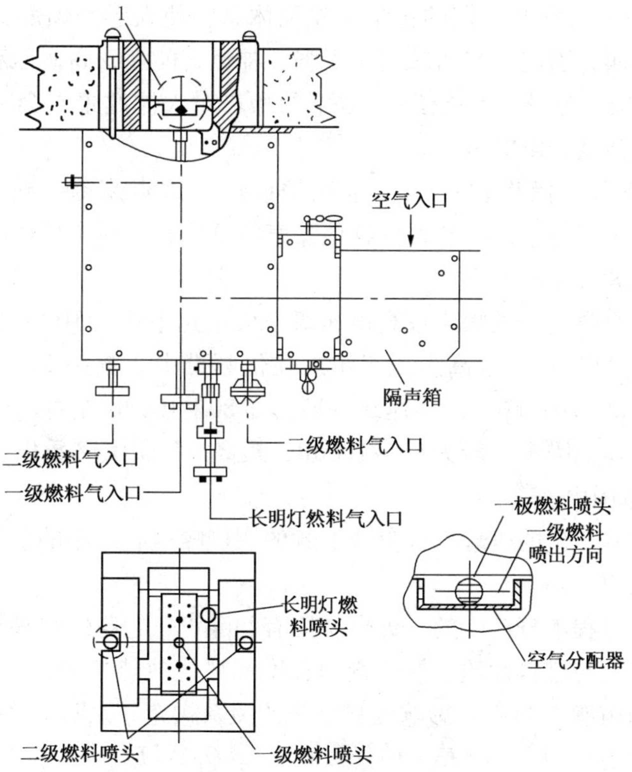

图 6－13　扁平焰低 NO_x 气体燃烧器

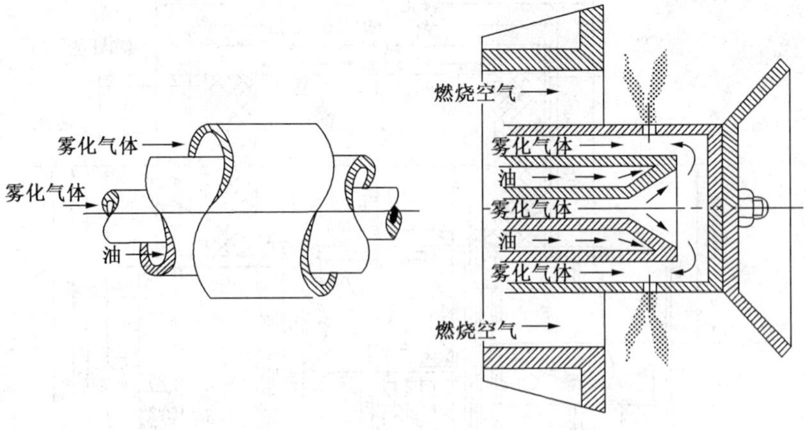

图 6－14　促进混合低 NO_x 燃烧器

第七节　燃烧的污染及控制

燃烧的污染包括噪声污染和燃烧产物的污染两个方面。

一、燃烧器的噪声

管式炉是炼油及石油化工厂的主要噪声源之一，而管式炉的噪声又主要来自燃烧器。噪声对环境的污染在于它影响人们的正常工作和休息，使人感到烦燥，降低工作效率。强噪声则会损害人的健康，引起记忆力减弱、失眠、神经官能症、高血压和耳聋等疾病。一般认为 80dB(A)(声压级、分贝、A 档读数)以下的噪声对人体健康不会有多大危害，但高于 80dB(A)的噪声对人体就有影响了。

管式炉设置在室外，操作员一般不常在炉前。从这点来看，燃烧器的噪声控制在 95dB(A)以下就可以了，但考虑到装置内其他噪声的叠加和对整个环境的影响，一般要求燃烧器的噪声应控制在 85dB(A)以下。

自然通风油气联合燃烧器的噪声最高声压级一般可达 100～110dB(测点距风门 0.5m 左右)，个别的甚至高达 120dB。最高声压级出现在倍频带中心频率 250～500Hz 的低频范围内。中、高频(500～8000Hz)噪声的声压级一般仅在 80～100dB 左右。

辐射型气体燃烧器的噪声一般为 95～100dB，最高声压级大多数出现在倍频带中心频率 1000Hz 以上的高频范围内。

燃烧器的噪声按其产生的机理可以分成低频的燃烧噪声和高频的射流噪声两部分。

(1) 低频燃烧噪声

燃烧噪声是燃烧过程本身产生的，即燃烧固有的噪声，它与燃料种类、燃烧器类型和供风方式等因素无关，而与燃料性质、燃烧剧烈程度和燃烧放热量等因素有关。Bragg 根据试验得出的燃烧噪声的声能 P 与主要影响因素之间的关系式充分说明了这一点：

$$P \approx [(K-1)^2(d/V)(L_0/Q_L)^2]U^2Q^2 \tag{6-2}$$

式中　K——由于燃烧过程的放热产生的气体膨胀比；

　　d——火焰厚度，mm；

V——火焰总体积，m^3；

L_0——理论空气量，m^3/s；

Q_L——燃料的低热值，kJ/kg；

U——燃料和空气的混合速度，kg/s；

Q——燃烧过程的放热量，kJ。

从式6－2可以看出，燃烧噪声主要与燃烧过程的放热量和混合速度有关（平方关系），其次与燃料性质有关。对于燃料性质一定的燃烧器，降低火焰紊流程度，甚至采用层流火焰，或减少每个燃烧器的放热量，看来都是减小燃烧噪声的途径，但在工业实际中，这是不太行得通的。因为这会使火焰变得软弱无力，燃烧室容积变得很大，或使燃烧器数量变得太多，既不经济，又不便于操作管理。

在燃烧器放热量和混合速度一定的情况下，燃料平均相对分子质量减少一半，噪声约增加6dB。这对于相对分子质量变化不大的燃料油来说，没有多大的意义，但对于燃料气来说，则是值得注意的。例如，燃料气中含有大量的氢气时，燃烧噪声有可能会增加10dB左右。

燃烧噪声的主要特点是其倍频带中心频率在63～500Hz的低频范围内，因此有人形象地称之为“燃烧吼声”。低频噪声的波长较长，随距离衰减较慢，传播得也较远，并且较小的障碍物对它没有遮蔽作用。所有这些都是在采取隔声措施时值得注意的。

（2）高频射流噪声

与燃烧噪声相反，射流噪声与燃烧过程无关。它主要是由气流高速喷射以及随之吸入的大量空气与燃料剧烈混合而产生的。可以说，即使在不点燃的冷喷情况下，也是会产生这种噪声的。在蒸汽雾化油喷嘴和引射式气体燃烧器的一次风口，可以明显地测出这种高频射流噪声。对于引射式气体燃烧器（例如辐射型气体燃烧器），其燃烧过程的湍流程度一般都不高，每个燃烧器的放热量也不大，因此其噪声主要是高频射流噪声。

高频噪声虽然随距离衰减得很快，但在燃烧器附近，它却特别刺耳和令人烦燥。

二、燃烧器噪声的控制

从环境保护的要求出发，燃烧器的噪声是必须加以控制的，最好的方法是采用无噪声（或噪声很低）的燃烧器。但正如前面所说，这在工业上几乎是不可能的。目前控制燃烧器噪声的方法大致有三种：

（1）从炉子布置上考虑，将管式炉布置在比较偏远的地方，或在装置内将管式炉布置在远离操作室的地方。但是，由于炼油和石油化工工艺流程和工厂场地的条件限制，这往往是不太容易办到的。

（2）采用隔声墙。用隔声墙将布置燃烧器的炉底或侧面围起来，可使隔声墙外的噪声大大降低，但隔声墙内的噪声仍然相当高，而操作人员又总是要进入隔声墙内进行操作和维护。因此，这并不是解决问题的好办法。另外，如果隔声墙设置得不合理，还会造成燃料气积存，甚至发生爆炸事故，因此这种措施也是不安全的。

（3）采用消声箱（罩）。燃烧器的噪声主要是通过一、二次风门传播到外界的，因此，行之有效的办法是在一、二次风门外设置消声箱或消声罩，使噪声在传播过程中得以衰减。

目前管式炉燃烧器基本上都采用阻尼性消声箱(罩)。它内衬吸声材料，声波使吸声材料毛细孔和窄缝中的空气发生振动，一部分声能由于摩擦和黏滞阻力而转变成热能，使声能迅速衰减。

设计消声箱时应注意以下几点：

① 内衬的吸声材料应在燃烧噪声频率(125～500Hz)范围内具有较高的吸声系数，目前较理想的吸声材料是超细玻璃棉。为达到上述目的，其厚度应为80～100mm，压紧后的密度最好能达到60～100kg/m^3。

② 噪声在从空气入口外逸之前，应在吸声表面上有几次反射。为此，在消声箱之外应不能直接看见燃烧器的风门。

③ 消声箱的外壳应用较厚(4～5mm)的钢板制成。

④ 整个燃烧器应被消声箱完全包围和密封。除合理设置的空气入口外，不应有任何缝隙。为了检查和放出燃烧器的漏油，需设置观察孔和漏油放出孔，但这些开孔均应设置便开式孔盖，在平时把孔封住。

⑤ 消声箱的容积一般应不小于0.4m^3。箱内收集漏油的地方不应敷设吸声材料而采用“外保温”结构或用薄钢板覆盖，以免漏下的燃料油渗入吸声材料。

⑥ 空气入口及其通道截面积应能保证燃烧空气的供给，并使其压降尽可能小。

燃烧产物的污染及其控制：燃烧产物(烟气)中含有二氧化硫(SO_2)、氧化氮(NO_x)；不完全燃烧时还存在一氧化碳(CO)和烟尘等。这些污染物由炉子排放到大气中，给人和动植物带来危害。

根据《中华人民共和国大气污染防治法》制定了《大气污染物综合排放标准》(GB 16297—1996)。该标准规定了33种大气污染物的排放限制值，同时规定了标准执行中的各种要求。对于石油化工管式炉来说，主要规定了大气污染物的最高允许排放浓度和最高允许排放速率，以及两个以上排气筒(烟囱)的间距要求和等效排气筒的计算方法等。

燃烧产物中大气污染物的含量与燃料性质和燃烧状况密切相关。烧燃料气和用蒸汽雾化油喷嘴烧燃料油的管式炉，一般都能达到完全燃烧，故烟尘及一氧化碳的排放量通常很少。但燃料油含硫量或燃料气中硫化氢含量高时，燃烧产物中的二氧化硫浓度会增高。

燃料中的氮和空气中的氮在燃烧时都可能生成一氧化氮($N_2 + O_2 \rightarrow 2NO$)。一氧化氮并非毒品，但它很容易和烃类一起在阳光下产生光化学烟雾，加速生成极毒的二氧化氮。

为了使管式炉附近的大气质量能符合国家标准的要求，就必须控制烟气中大气污染物的排放。可供选择的解决办法有下列几种：

(1) 对燃料进行预处理，例如燃料油脱硫或燃料气脱硫化氢，以减少烟气中的二氧化硫浓度。

(2) 对烟气进行处理，例如烟气脱除二氧化硫和烟气水洗脱除飘尘和悬浮微粒等。

(3) 采用高烟囱排放烟气，使大气污染物的地面浓度降低。

(4) 改进燃烧过程。对于氮氧化物(NO_x)，主要靠改进燃烧过程来减少其生成量。

内容提要：

- 燃烧器
  - 燃料气的燃烧和燃料气喷嘴
    - 着火过程和强迫点燃
    - 预混燃烧和预混式燃料喷嘴
    - 扩散燃烧和外混式燃料喷嘴
    - 半预混式燃料器喷嘴
  - 燃料油的燃烧和燃料油喷嘴
    - 燃料油的燃烧
    - 燃料油的雾化及油喷嘴
    - 燃料油燃烧的稳定性
  - 配风器
  - 燃烧道和预热筒
  - 管式炉用燃烧器
    - 设计和选用管式炉燃烧器的注意事项
    - 节能型和环保型燃烧器介绍
    - 燃烧器对燃料系统的要求
  - 燃烧器的设计计算
  - 燃烧的污染及控制
    - 燃烧器的噪声
    - 燃烧器噪声的控制

复习思考：

1. 燃烧器是如何分类的？
2. 燃烧器的重要性是什么？
3. 对燃烧器的基本要求是什么？
4. 油－气联合燃烧器由哪几部分组成？各有什么作用？
5. 油－气联合燃烧器的特点是什么？
6. 加热炉常用哪几种燃烧？
7. 燃料燃烧必须具备哪些条件？
8. 自然通风燃烧器改为强制送风有什么好处？
9. 强制送风燃烧器与自然通风燃烧器相比有何优点？
10. 在瓦斯管线上安装阻火器的目的是什么？

第七章　烟气余热预热空气系统

加热炉排出的高温烟气带着大量的热量，如何将其尽可能地回收利用？

高温烟气带走大量的热量，降低排烟温度，减少排烟热损失就可以提高热效率。当炉子热效率为90%时，排烟损失占总损失的70%～80%；当炉子热效率为70%时，排烟损失占总损失的比例高达90%以上。烟气余热回收是指从离开对流室的烟气中进一步回收余热，目前加热炉的余热回收系统多采用预热燃烧用空气的方式，其自成体系，不受工艺流程的约束。

第一节　烟气预热空气的方案

一、烟气间接预热空气

如如图7－1所示，液相的热载体先到对流室尾部取热，以降低排烟温度，然后再到热油式空气预热器中将燃烧空气加热。冷却后的热载体再进入对流室尾部被加热，如此循环，利用烟气的余热间接预热空气。

图7－2所示，如果加热炉的工艺物流(被加热介质)进炉温度较高，即使减小了对流室末端温差，排烟温度仍很高。这时可分出一部分工艺物流先进入热油式空气预热器预热空气，待其降温后再送入对流室末端，使排烟温度降低。当工艺物流为液相时，这种方案的优越性比较显著。无论在空气预热器中，还是在对流室中，管内均为液相，管内膜传热系数很大，只需在管外的空气侧或烟气侧采用翅片或钉头强化传热，就可以使总传热系数提高。与烟气直接预热空气相比，其设备体积要小得多。

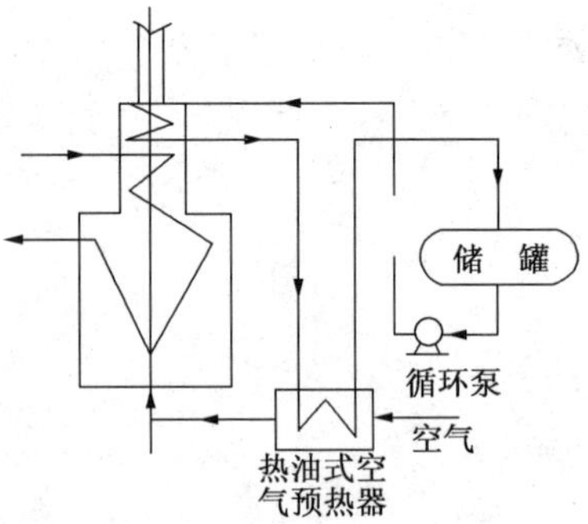

图7－1　热载体预热空气流程

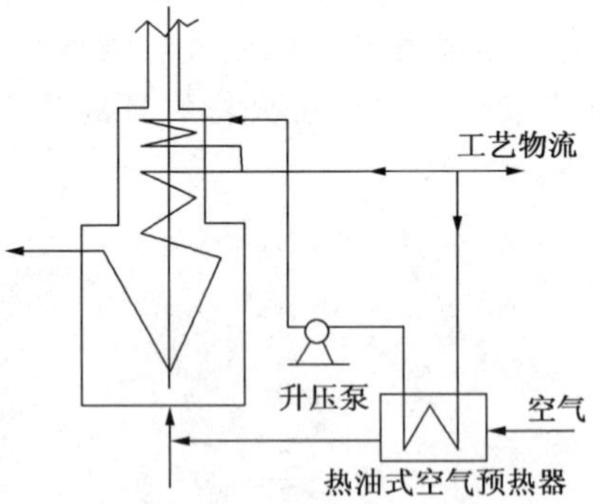

图7－2　工艺物流分支预热空气流程

烟气间接预热空气方案的最大优点：在烟气和空气之间引入了液体载热体，使传热过程在气－液两相之间进行，气相在管外，便于用钉头或翅片扩大传热面积以强化传热，从而节省传热面积。但是，这种方案一般要受工艺流程的约束，难以自成系统，并使工艺操作变得复杂。

二、烟气直接预热空气

烟气直接预热空气就是不经过中间介质，烟气直接通过空气预热器换热面将热量传递给空气。虽然这种气体－气体的换热过程传热效果差，但由于其自成系统，当余热回收系统出故障时，不会影响整个工艺过程。因此，它在管式加热炉上得到广泛使用。烟气直接预热空气所用的空气预热器有很多种，按其换热方式可分为间壁式和蓄热式两大类。

查一查：除了间壁式和蓄热式换热，常见的工业换热方式还有什么？

间壁式空气预热器是指烟气的热量通过固体壁连续不断地传递给空气的预热器，如管式（钢管、铸铁管、玻璃管、搪瓷管等）空气预热器，热管式空气预热器、板式空气预热器、喷流式空气预热器、套管式空气预热器等。对于管式空气预热器，可采用钉头管、高频焊翅片管、挤制螺纹管、挤制翅片管、铸铁翅片（钉头）管等，来强化管外传热过程；采用扰流子、钎焊式纵向翅片或铸造内翅片（钉头）等来强化管内传热过程。空气流速增大，则空气侧传热膜系数增大，喷流式空气预热器，就是将烟气喷流，增大烟气侧传热膜系数从而强化传热的。

蓄热式空气预热器的换热面本身就是蓄热体，高温烟气经过时它先从烟气吸热，而后空气流过时它再将热量传递给空气。通常有两种方式：一种是蓄热体固定不动，周期性切换风－烟道；另一种是蓄热体自身旋转，风－烟道不动。

各式各样的空气预热器各有自己的特点和适用场合，就石油化工行业而言，欧洲用钢管－铸铁管－玻璃管三段组合管式空气预热器较多，美国多用回转式空气预热器，我国热管式空气预热器用得比较普遍。

第二节　各种空气预热器

一、热油式空气预热器

热油式空气预热器是烟气间接预热空气方案使用的预热器，它利用轻质馏分油（汽油、煤油或柴油）、联苯或导热油预热空气。热油走管内，空气走管外。一般热油入口温度高达270～350℃，经换热后温度降至60～70℃；空气由常温预热到210～260℃，通过风道送入加热炉燃烧器内。

图7－3是由四个单元管束组成的热油式空气预热器外形示意图。预热器包括单元管束、密封罩、上下放空口等部件，各单元管束之间的热油流体由密封罩外部的弯头连通。图7－4为单元管束示意图，每个单元管束由四排翅片管和管箱组成，管箱内用隔板隔成数管程。为保证热油进出口在同一侧，故常用2、4、6、8双数管程。两端的管箱，一端固定，一端可自由伸缩。热油进出口接管焊在固定管箱上，上下放空口也焊在固定管箱上下端板中间位置上。这样既保证了密封罩的严密性，又可使另一端管箱能够自由伸缩。单元管束呈长方形，管子成正三角形排列，管子两端加挡板，防止空气短路。密封罩内填塞保温棉，为便于安装和检修，密封罩做成可拆卸组合式。

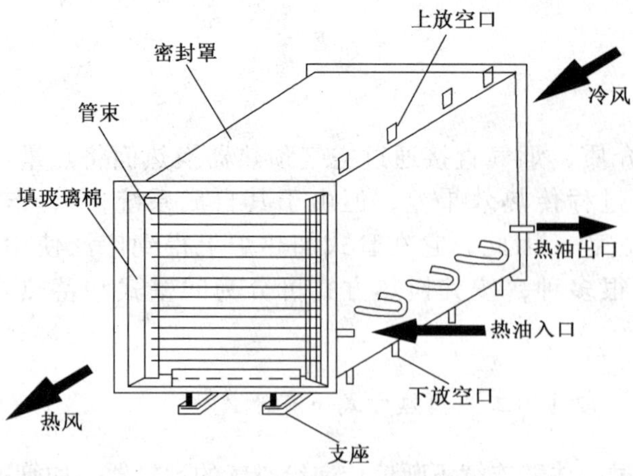

图 7－3　热油式空气预热器外形示意图

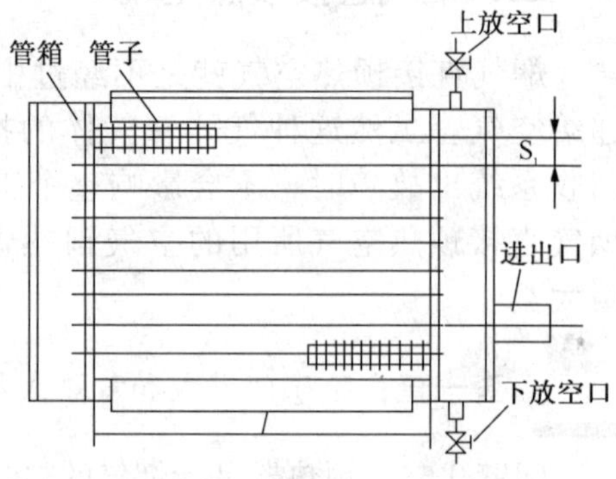

图 7－4　单元管束示意图

为提高总传热系数，管外一般加装翅片。翅片型式铝带缠绕式(用于180℃以下)、铝带镶嵌式(用于180～350℃)。温度更高时，可以采用钢带高频接触焊和双金属套管等型式。为防止热油漏入空气侧而发生事故，除保证管程有足够的强度和良好的密封性能外，还应在风道上采取安全措施，例如，预热器两端设置灭火蒸汽管；预热器出口侧设置看窗、油气检测器和防爆膜等。

二、间壁式空气预热器

采用烟气直接预热空气方案的间壁式空气预热器在管式炉中应用广泛，主要有钢管式空气预热器、玻璃管空气预热器和热管空气预热器等。

1. 钢管式空气预热器

钢管式空气预热器具有结构简单、制造容易、价格便宜、无转动部件等优点；其缺点是换热面密度小，当量直径大、所占地面或空间较多，特别是低温区受热面的低温露点腐蚀和积灰堵塞较严重，妨碍了加热炉热效率的进一步提高。

钢管式空气预热器可以直接放在加热炉对流室顶部，称为上置式；也可将出对流室的烟气引下来，送入空气预热器后再用引风机将烟气由烟囱排出，这种预热器一般安装在炉侧地面基础上或钢架上，故称下置式。上置式空气预热器占地面积小，结构较简单，而且利用烟囱的抽力排烟，可不用引风机，故节省电耗、操作费用少。缺点是预热器重量由炉子本体承受，必要时应对钢架予以加强，由于预热器放在炉顶，所以更换和检修较困难，并且也不能甩开预热系统对主炉进行独立操作。下置式空气预热器的主要优点是预热器更换和检修方便、操作灵活；但占地面积、钢材耗量和投资均较多。

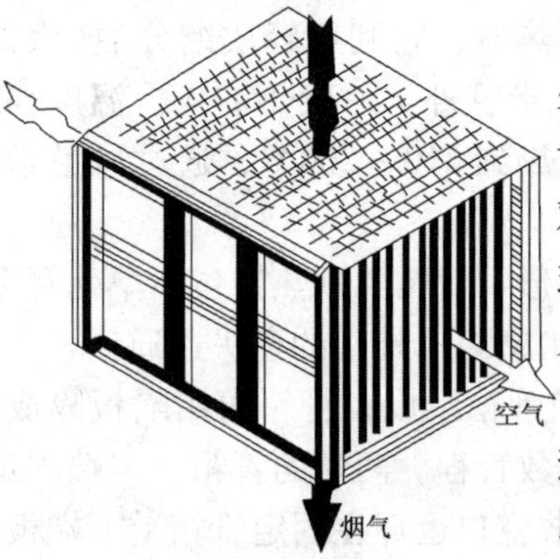

图 7－5　钢管式预热器单体图

钢管式空气预热器一般由几个单体组成，图 7－5 为预热器单体图。根据换热管是水平还是垂直安装，预热器分为卧式和立式两种。一般在立式预热器内，换热管垂直安装，烟气走管程，空气走壳程；而在卧式预热器内，换热管水平安装，烟气走壳程，空气走管程。

图 7－6 为立式和卧式预热器的组合图。对于间壁式传热过程，若不计管壁热阻，总传

热系数总是接近于两侧流体中的较小的对流传热系数，而壁温总是接近于对流传热系数大的一侧流体的温度。空气和烟气在预热器内流动，当烟气和空气流速相等时，由于横向冲刷的对流传热系数比纵向冲刷的对流传热系数大，因此立式预热器的壁温接近于空气，卧式预热器的壁温接近于烟气。也就是说，卧式预热器管壁温度较高，可减轻低温露点腐蚀。

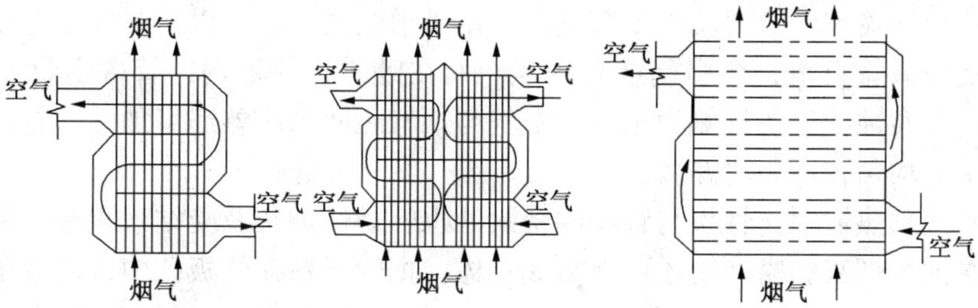

(a)立式　(b)立式　(c)卧式

图 7－6　立式和卧式钢管式预热器的组合图

立式空气预热器如果放置在炉子上部，由于受烟囱抽力的限制，烟气流速不高，使自吹灰作用减弱；同时，单根管子内全部的积灰和腐蚀物随冷凝液下流到空气进口部位的换热管内，容易使管内通道堵塞，流动阻力增大，给正常操作带来困难。如果上置式空气预热器为卧式，则可采用加大管心距的办法来减小流动阻力和解决积灰“架桥”的问题。可见，采用上置式空气预热器时，建议选用卧式；而下置式空气预热器则可根据具体条件选用。

想一想：卧式空气预热器有哪些优点呢？

2. 玻璃管空气预热器

为了进一步降低排烟温度，提高加热炉热效率，当采用金属预热器会遭受严重腐蚀时，可以考虑采用玻璃管空气预热器。玻璃管空气预热器不能承受高温，适宜在烟气露点温度以下工作，作为一种防止低温露点腐蚀措施，一般都是和其他型式的预热器联合使用的。

玻璃管空气预热器与钢管空气预热器在结构形式上基本相同，由玻璃管和两端的管板构成，玻璃管与两端管板通过软密封结构连接，软密封结构一般有填料密封装置和聚四氟乙烯密封圈两种，如图 7－7 所示。玻璃管的长度一般不应超过 3m，否则在装卸、运输、安装和运转中容易造成破损。预热器中间不能设置隔板，以免阻碍玻璃管的热膨胀，或在振动时将玻璃管碰坏。在管箱中装有若干支撑钢管，起到固定管板和增加预热器刚性的作用。在卧式玻璃管空气预热器中，因检修和清灰的需要，有时在管束上部装有 2～3 排保护钢管。管束的排列除采用单一的错列与顺列外，为减轻堵灰，也有采用上下管束节距不同的错列布置或错列与顺列混合布置的。

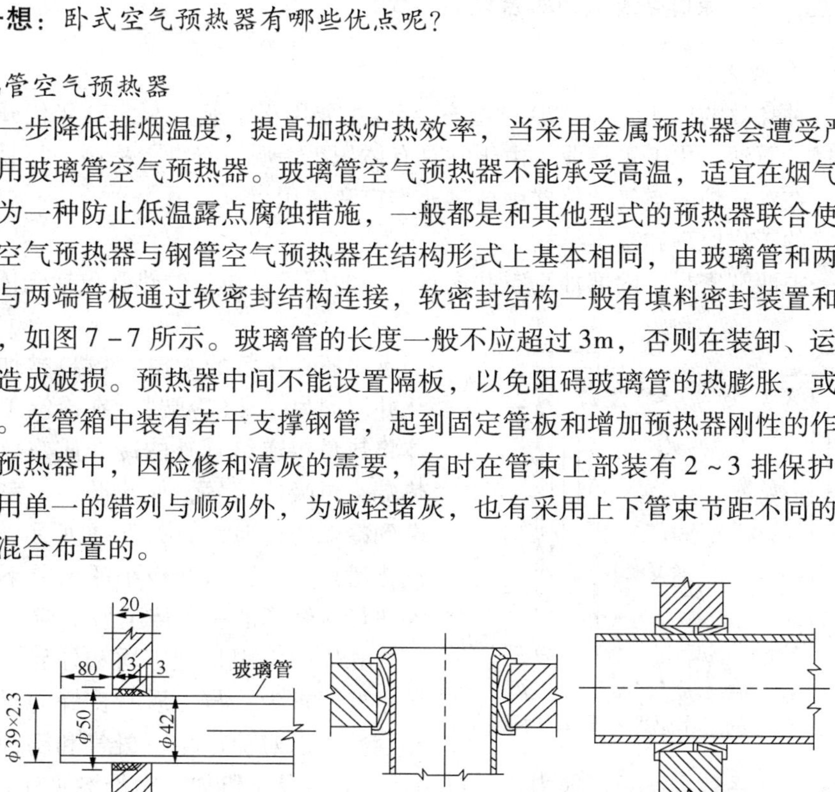

(a) 立式　(b) 卧式

图 7－7　玻璃管空气预热器的软密封结构

与钢管空气预热器一样，玻璃管空气预热器也可以采用立式或卧式。由于玻璃管与管板之间采用软密封结构，对比卧式与立式空气预热器，卧式具有更多的优势。

(1) 立式预热器的管子上、下管端全位于烟道内，较易断裂，而且断管更换困难，而卧式的管子可向两侧抽出，容易更换。

(2) 立式预热器玻璃管两端位于烟气侧，由于承受高温，所以密封件会老化和变质，严重时难以承受玻璃管自重，会引起严重漏风。而在卧式预热器内，管端密封件全位于空气侧，温度低、无腐蚀，且空气侧为正压，空气与烟气之间的压差还可加强密封。管子自重由两端支持，受力均匀，不易泄漏。

(3) 在立式预热器中，管板与管端的密封处也容易使烟灰及凝结液积聚，加剧对密封填料和管板的腐蚀，烟灰和腐蚀物还可能结成一体，把管子粘在管板孔中，使管子不能自由伸缩而破裂。

(4) 立管内的积灰和冷凝液易将管孔堵塞，不易清除，如强行清除会使玻璃管破裂。在卧式预热器内，只要适当选择管心距，就不会出现由于积灰而引起的堵塞现象。管外的积灰也较易清除。

(5) 在立式玻璃管预热器中，如采用水冲洗的办法进行清灰，则大量带酸性的灰水易从破裂的管子中流出，积聚在下管板的上表面，对管板产生严重的腐蚀。同时用水冲洗时，也易造成上部管口的破裂。

查一查：哪些原因会造成预热器玻璃管破损？

3. 热管空气预热器

热管是一种高效的传热元件，20 世纪 60 年代主要用于宇航技术，70 年代开始广泛应用于电子、机械、石油、化工等行业。由于它具有体积小、质量轻、效率高、不易受低温露点腐蚀等优点，在管式炉的空气预热器中被迅速推广和应用。

(1) 热管的工作原理和基本结构

热管是一根两端密封，内部抽真空并充有工质的管子，典型的热管包括壳体、工质和吸液芯三部分。

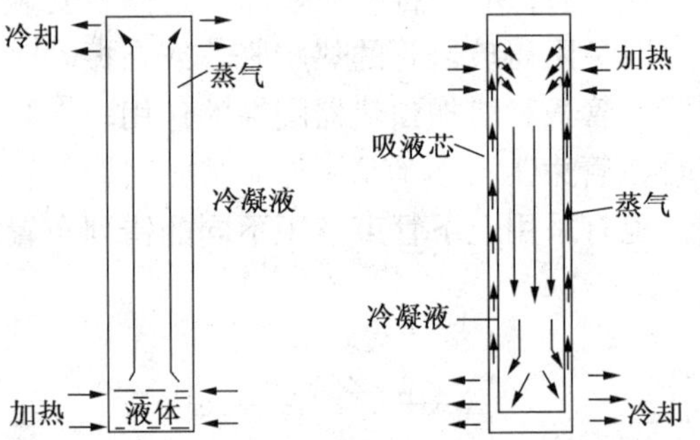

图 7－8　热管的工作原理和基本结构

工质在热管的一端(热端)被加热，蒸发汽化并流向另一端(冷端)，在冷端工质冷凝成液体将热量传递给管外的冷介质，冷凝液流回到热端，再吸热蒸发，如此循环，完成热量从热端到冷端的传递，如图 7－8 所示。由于液体的汽化潜热大，所以在极小的温差下就能把大量的热量从管子的一端传至另一端。

壳体的作用是把工质和外界隔开，对其材质主要要求为：与工质有良好的浸润性和化学相容性，以避免产生不凝气和腐蚀，影响热管的传热性能；导热系数高，承压能力强，机械强度高，易于机加工，价格便宜。常用的壳体材料是碳钢和不锈钢，其次是铜、铝、镍等材质，也可采用玻璃、陶瓷等非金属材料。

工质是热管中携带热能的工作物质，它应满足下列要求：在要求的工作范围内能产生相变，并具有合适的饱和蒸气压力；化学性能稳定并与壳体和吸液芯有良好的化学相容性；能浸润壳体与吸液芯；导热系数高、汽化潜热高和密度高；黏度低和表面张力高；无毒、无放射性、不易燃易爆等。工程上(碳)钢 - 水热管被广泛使用。

吸液芯的作用是产生毛细力，其材料可与壳体相同，也可不同。对吸液芯材料的基本要求：与工质和壳体有良好的化学相容性和浸润性；导热性能好；易于加工，能与内壁很好的吻合。石油化工管式炉所用热管式空气预热的热管几乎都不应有吸液芯。

按冷凝液回流原理常见热管的有重力式(热虹吸式)和毛细力式(吸液芯式)。重力式热管的冷凝液靠重力回流，因此只能垂直安装或倾斜安装，热端在下，冷端在上。毛细力式热管，冷凝液靠毛细压力送回热端，利用热端和冷端的蒸汽压差将蒸汽从热端送至冷端，因此其安装位置不受限制，甚至可与重力式热管相反，即热端在上，冷端在下。

按照工作温度热管通常可分为五类：超低温热管(工作温度低于 -200℃)、低温热管(工作温度 -200 ~ 50℃)、常温热管(工作温度 50 ~ 250℃)、中温热管(工作温度 250 ~ 600℃)和高温热管(工作温度高于 600℃)。

查一查：热管有哪些传热特性？

(2) 热管式空气预热器

热管式空气预热器的结构主要包括热管束、隔板和外壳三部分。隔板将热管的蒸发段和冷凝段隔开，同时也将烟气通道和空气通道隔开。工质在烟气侧吸热蒸发，到空气侧放热冷凝。由于烟气侧是负压，空气侧是正压，所以隔板与热管之间的密封必须十分严密，否则空气会大量漏入烟气中，使实际热效率大大降低。热管束是传递热量的核心，热管内部的蒸发或冷凝给热系数都很大，而外部的烟气侧和空气侧给热系数都很小，因此为了强化管外传热，一般都采用翅片管。烧油时，为了便于清灰，在烟气侧通常采用片间距较大的开口翅片或钉头。石油化工管式炉使用的热管式空气预热器几乎都是重力式热管，因此只能垂直或倾斜安装，且烟气侧必须位于下部。一般倾斜式置于对流室顶(炉顶)，而垂直式置于地面，如图 7 - 9 所示。

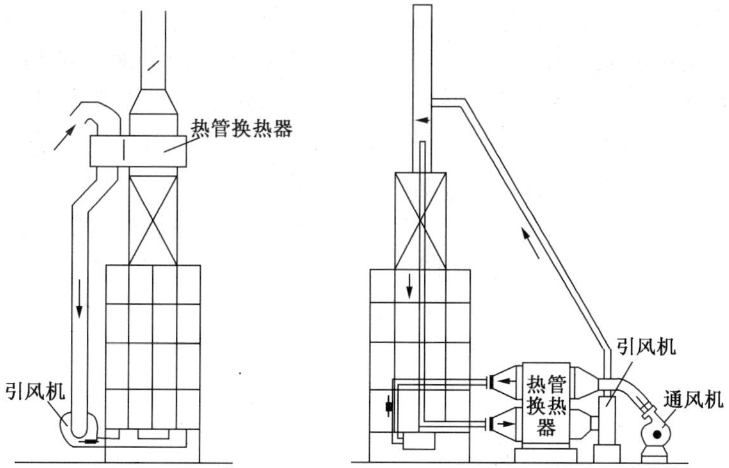

(a) 卧式热管　　(b) 立式热管

图 7 - 9　热管式空气预热器

三、蓄热式空气预热器

（1）基本结构和工作原理

回转式空气预热器是典型的蓄热式换热器，有蓄热体转动与烟风道转动两种类型，炼油厂加热炉一般均为蓄热体转动。根据转子轴的安装位置，回转式空气预热器有立式和卧式两种，立式预热器的转子轴是垂直安装，烟道和空气道的接口均位于上下方；而卧式预热器的转子轴为水平放置，烟道和空气的接口则位于两侧。

图7-10为卧式回转式空气预热器的示意图。换热元件（蓄热板）是由0.5~1.2mm厚型式不同的波纹钢板层迭构成。当换热元件由转子带动回转时，烟气和空气逆流流过。烟气流过时，将热量传给换热元件，降温后的烟气经引风机排入烟囱；冷空气流过时，从换热元件中吸收热量，温度升高后进入燃烧器。由于在空气入口和烟气出口一侧，两种流体的温度均较低，故称为冷端，而另一侧称为热端。冷端蓄热片的壁温较低，容易积灰和出现露点腐蚀。冷热端的换热元件板型、材质及厚度可以分别选用。烟气侧和空气侧的换热面积相等。转子的转速一般为1~3r/min。

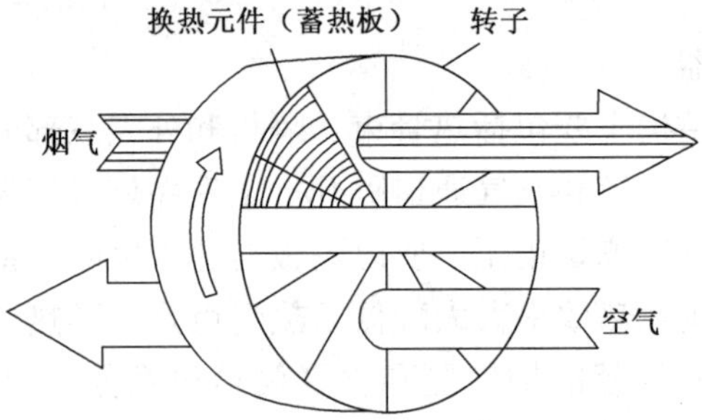

图7-10　卧式回转式空气预热器的示意图

（2）优缺点

低温露点腐蚀轻，积灰少。由于回转式空气预热器的换热元件（蓄热板）中连续不断地流过温度不同的两种介质，换热表面上冷凝的硫酸酸液量和浓度都在不断变化，所以回转式空气预热器换热表面的低温露点腐蚀比管式空气预热器轻。当换热面转入空气侧时，快速流动的空气也起到一定的吹灰作用，减少了积灰。便于吹灰，便于对腐蚀后的元件进行更换。由于回转式空气预热器换热元件是连续转动的，所以只需要一个单孔摆动式吹灰器，就可吹到冷端截面上各个部位的积灰。回转式空气预热器冷端可利用蓄热板材质、厚度的选择来应对低温露点腐蚀，同时，蓄热板装在可以整体拆卸的扇形框篮内，在检修时可通过预热器外壳上的开孔进行更换，也可将蓄热板的安装方向倒换，将腐蚀最严重的端部放置在温度较高的区段，以延长使用寿命。

金属用量少、单位体积预热器提供的换热面积大。管式空气预热器的钢管一般外径40~51mm，壁厚1.25~1.5mm。回转式空气预热器的蓄热板，热端厚度一般为0.50mm，冷端为0.8~1.2mm，大型回转式空气预热器的金属用量约为管式预热器的1/3。回转式空气预热器单位体积预热器的换热面积为300~400m^2/m^3，而管式约为50m^2/m^3。

回转式空气预热器在转动中通过换热元件进行换热时，有一部分空气被携带进入烟气侧，称为携带漏风；另外，由于空气侧为正压区，而烟气侧为负压区，在运行中又有一部分空气通过转子径向、周向及轴端的间隙向烟气侧泄漏，这称为直接漏风。漏风量较多，是回转式空气预热器的主要缺点。另外，回转式空气预热器有转动部件，能耗大，制造要求较严格，造价较贵，因此不适合在热负荷小于12MW的加热炉上使用，特别适合大型加热炉。

内容提要：

- 烟气预热空气方案
  - 烟气间接预热方案
  - 烟气直接预热方案
- 空气预热器
  - 间壁式
    - 热油式空气预热器
    - 钢管式空气预热器
    - 玻璃管空气预热器
    - 热管空气预热器
  - 蓄热式：回转式空气预热器

复习思考：

1. 烟气预热空气的预热方案分别有哪些？各自有什么特点？
2. 烟气间接预热空气有什么优点？
3. 烟气直接预热空气常用哪些预热器？
4. 热油式空气预热器的主要结构是什么？
5. 对比立式与卧式钢管式空气预热器的优缺点。
6. 卧式玻璃管空气预热器有哪些优点？
7. 热管的基本结构和工作原理如何？
8. 热管式空气预热器结构有哪些？
9. 回转式空气预热器结构与工作原理是什么？
10. 回转式空气预热器有哪些优缺点？

第八章　提高管式加热炉热效率

为什么要关注管式加热炉的热效率？

提高加热炉的热效率可以采取哪些措施呢？

热效率是衡量管式炉先进性的一个重要指标。提高管式炉的热效率，减少燃料消耗，对降低装置能耗具有十分重要的意义。提高管式炉的热效率就意味着节省燃料，燃料节省的比率（$\Delta B=(B_{原}+B_{新})/B_{原}\times 100\%$）一般都比提高的热效率高，而且原热效率越低，这个差值就越大。例如，原热效率仅50%的管式炉，将其热效率提高10%，则燃料可节省16.6%，而原热效率为80%的管式炉，将其热效率提高10%，则燃料可节省11.2%。

第一节　提高热效率的措施

一、结合装置特点综合节能

一个装置内常常不只一台管式炉，而且还有各种其他换热设备，它们之间在热能利用方面往往是可以互补的。这就有必要首先把管式炉同整个装置结合在一起，全面考虑和优化，以便采取综合节能措施。

炼油装置通过优化换热流程，降低管式炉热负荷，从而减少燃料消耗，是降低装置能耗最直接、最有效的措施。以常减压装置的常压炉为例，在20世纪70年代以前，原油入炉温度（换热终温）仅220℃左右。一台800×10^4t/a处理量的常减压装置，常压炉热负荷为103.7MW，现在经过优化换热流程，原油入炉温度293℃，同样处理量的常减压装置，常压炉热负荷仅58.1MW，同时采用了空气预热器，燃烧空气被预热到273℃，燃料（标油）消耗5314kg/h。如果不优化换热流程，入口温度仅220℃，出口条件和空气预热温度不变，则燃料（标油）消耗高达9641kg/h，可见，优化换热流程节省燃料，节能效果显著。

对装置中的多个炉子可以综合考虑，集中联合回收余热。加氢装置的反应炉，常常采用纯辐射的单排管双面辐射炉型，排烟温度高达700～800℃。该装置一般还有重沸炉或分馏炉，其介质入炉温度不高，通常采用对流－辐射炉型。可采取联合回收余热的方案：一种是让分馏炉的被加热介质先进反应炉对流室，再进分馏炉的对流室；另一种是将反应炉的热烟气引入分馏炉的对流室入口处，分馏炉的对流室变成两炉共用。这样两炉的排烟温度都会大大降低，提高了总的热效率，减少了燃料消耗。对于小炉群，单个炉子由于其热负荷不大，单独上一套余热回收系统并不经济，但将这些小炉子的烟气集中起来上一套余热回收系统则是合理的。国外一些企业把全厂炉子的烟气集中进行余热回收再通过高烟囱统一排放。

炼油装置的一些产品是要经过空气冷却器冷却后送出装置的。如果将这些空气冷却器出来的热空气收集起来供给炉子作燃烧空气，就可以回收一部分热能，从而降低装置的能耗。新建的炼油装置，一般都采取这种节能措施。

二、降低排烟温度以减少排烟热损失

1. 降低排烟温度的措施

（1）减小对流室末端温差，即减小排烟温度与被加热介质入对流室温度之差

加热炉的排烟温度一般是根据进入炉子的管内介质温度来确定的。如介质进入炉子的温度为250℃，则炉子排烟温度一定高于250℃才能将烟气热量传给介质。炉子排烟温度越高，烟气与介质之间的温差越大，则炉子对流炉管越省，设备投资少，但热效率越低，操作费用高；相反，炉子排烟温度越低，烟气与介质之间的温差越小，设备投资大，热效率高，操作费用低。这项措施涉及到设备投资和操作费用的权衡问题，应该通过详细的技术经济比较来决定。过去采用的排烟温度与入炉介质温度之间的温差大部分都在150～200℃之间，由于燃料价格不断上涨，为了减少燃料用量，目前正在不断缩小这个温差值，当炉子设计采用了钉头管或翅片管时，温差值可缩小到50℃。

（2）采用烟气余热锅炉以发生蒸汽

有些管式炉热负荷很大，为了减少压降又不能在对流室布置炉管，只能将对流室作为烟气余热锅炉。制氢装置的转化炉，其转化反应只能在辐射室的转化管内进行，热负荷相当大，烟气出辐射室的温度也比一般管式炉高得多，对流室仅靠预热原料气远不能将烟气温度降下来，只能将排烟送入烟气余热锅炉回收余热。对于炼油厂，这些烟气余热锅炉产生的蒸汽并入蒸汽管网，往往使得全厂蒸汽过剩，一般也只能通过停掉一些蒸汽锅炉来平衡。

（3）将需要加热的低温介质引入对流室末端

当然，这里首先必须要有需要加热的低温介质。在常减压装置中，冷进料－热油预热空气的节能方案就是根据这个思路开发出来的。把管式炉的对流室作为换热器，加入换热流程中一并优化，将一部分冷油料引入对流室末端，降低排烟温度；而将另一部分需要降温换热的热油品用来预热空气，回收油品余热。

（4）采用各种空气预热器以预热空气

烟气预热空气是管式炉回收烟气余热，提高热效率的主要方法，也是最常用的方法。烟气直接预热空气的优点在于它自成体系，不受工艺流程的约束。值得指出的是，随着空气温度的提高，燃烧产物中的NO_x增加，如果没有适当的措施来降低NO_x，则不利环保，另外空气温度过高，还可能引起燃油喷头结焦或燃烧器变形过大，除非改变燃烧器结构和材质，一般空气预热温度不宜超过300℃。

（5）除灰除垢，以保证管式炉长期在高热效率下运转

燃料油燃烧后，燃料中的盐分会沉积在炉管外表面，特别是辐射室炉管外表面；不完全燃烧产生的炭粒和燃料中的灰分等烟尘也会污染对流室炉管的外表面。积盐积灰这些均会增加热阻，降低传热效果，使排烟温度迅速上升，热效率显著下降。为了保证管式炉长期在较高的热效率下运转，必须坚持定期清除积灰和积盐。

2. 降低排烟温度的限制

从理论上讲，排烟温度可以降到接近环境温度，这时可以获得最高的热效率。但在工程实际中这是不可能的，因为排烟温度的降低要受经济和技术两方面的限制。

随着排烟温度的降低，烟气余热回收系统的末端温差越来越小，传热效果也越来越差，回收余热的换热面积也就越来越大，设备投资迅速增加，因此必须根据经济评价确定一个经济合理的余热回收末端温差。

降低排烟温度在技术方面主要受烟气露点的限制。余热回收换热面的温度必须高于烟气的露点温度，否则换热面将受到露点腐蚀而损坏。另外，换热面在露点下积的灰将是“黏灰”，黏灰是很难清除的。这种黏灰越积越多，烟气侧的阻力迅速增加，甚至使余热回收系统难以操作而被迫停运。

三、降低过剩空气系数以减少排烟热损失

管式炉通过燃料燃烧产生热量，实际生产中，燃料不可能在按化学平衡计算的空气量(理论空气量)下完全燃烧的，总是要在一定过剩空气量的条件下才能实现完全燃烧。燃烧所用实际空气量与理论空气量之比叫做过剩空气系数 α，一般炼油装置管式炉正常的过剩空气系数，烧气时为1.05~1.15，烧油时为1.15~1.25。实际操作中，如果过剩空气量增加，过剩空气随排烟将大量热量带走，使排烟热损失增加，热效率低。由于过剩的空气是在排烟温度下进入大气的，所以排烟温度越高，过剩空气带走的热量就越多，对热效率的影响也就越大。另外，过剩空气系数太大的害处还有：加速炉管和炉内构件的氧化、增加对流室吸热量、提高 SO_2 向 SO_3 的转化率从而加剧低温露点腐蚀等。

降低过剩空气系数的主要方法：(1)选用性能良好的燃烧器，保证在较低的过剩空气系数下完全燃烧；(2)在操作过程中管理好“三门一板”，确保管式炉在合理的过剩空气系数下运转，既不让过剩空气量太大，也不因过剩空气不够而出现不完全燃烧；(3)做好管式炉的堵漏，因为炼油管式炉几乎都是负压操作的，如果看火门、人孔门、弯头箱门等关闭不严或炉墙有泄漏之处，从这些地方漏入炉内的空气一般都不参与燃烧而白白带走热量。

想一想：操作中过剩空气系数太大、过小对加热炉有什么影响？
什么是加热炉的“三门一板”？

四、减少不完全燃烧损失

过剩空气带走热量，高温烟气带走热量，都是烟气物理热损失，而燃料不完全燃烧会造成化学热损失。它使炉子热效率降低，产生的炭粒在对流室炉管表面积灰，影响传热效果，还会造成大气污染。

减少不完全燃烧损失的措施首先是选用性能良好的燃烧器，并及时和定期地维护，使燃烧器长期保持在良好状态下运行，以保证在正常操作范围内能完全燃烧。其次是在操作中精心调节“三门一板”，以保证过剩空气量既不太多，也不太少。

五、减少散热损失

管式炉外壁以辐射和对流两种方式向大气散热。散热量与炉外壁温度、环境温度和风速等有关。但是，环境温度和风速对炉外壁温度影响较大，而对散热损失虽然有影响，但是影响并不大。

新建的管式炉炉墙保温良好，散热损失并不大，一般仅占炉子总供热量的1.5%~3%。因此，靠减少散热损失来提高热效率的余地并不大。但对于已经使用多年，炉墙已有损坏的炉子，及时修补炉墙对减少散热损失，提高热效率却是很有必要的。

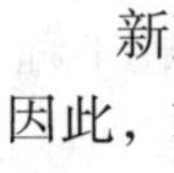

查一查：为什么环境温度和风速对炉外壁温度影响较大，但对散热损失影响不大？

第二节 低温露点腐蚀

一、低温露点腐蚀

在加热炉的燃料油或燃料气中通常会含有少量的硫，经过燃烧，硫全部生成SO_2。由于燃烧室中有过量的氧气存在，所以又有少量的SO_2再与氧反应生成SO_3。在一般情况下，大约有1%～3%的SO_2转化成SO_3。高温烟气中的SO_3气体不腐蚀金属，但当烟气温度降到400℃以下，SO_3将与水蒸气化合生成硫酸蒸气，其反应式如下：

$$H_2O(g)+SO_3(g)\xrightarrow{400°C\text{以下}}H_2SO_4(g)$$

含有硫酸蒸气的烟气露点大为升高，当受热面的壁温低于露点时，含有硫酸的蒸气就会在受热面上凝结成含有硫酸的液体，对受热面产生严重腐蚀。因为它是在温度较低的受热面上发生的腐蚀，故称低温腐蚀，另外，它是在受热面上结露后才发生这种腐蚀，所以又称露点腐蚀。

在操作过程中，如果受热面的壁温低于露点，除产生腐蚀外，这些凝结在低温受热面上的硫酸液体，还会粘附烟气中的灰尘，形成不易清除的黏灰，这种黏性积灰很难用一般吹灰的方法除去。积灰的存在，不仅影响了传热效果，增加了烟气侧的流动阻力，还会加剧腐蚀，严重时金属腐蚀物和积灰还会堵塞通路。因此，采取措施防止低温露点腐蚀是很重要的。

值得注意是，SO_2与水蒸气化合生成亚硫酸蒸汽，其露点温度较低，一般不可能在炉内凝结，不会对炉子换热面产生危害，而SO_3的生成是低温露点腐蚀主要因素。

露点温度的高低与燃料中的含硫量、过剩空气系数、SO_3的生成量以及水蒸气含量等因素有关。燃料含硫量越多，过剩空气系数越大，SO_3的生成量越多，露点温度越高。烟气中水蒸气含量越高，则露点越高。炉膛温度越高，过剩空气越少，则燃烧中的硫生成的SO_2被氧化成SO_3的量就越小，露点温度越低。

另外，影响腐蚀速度的因素有硫酸的浓度和壁温。浓硫酸对钢材的腐蚀速度很低，而硫酸浓度为50%左右时，其对碳钢的腐蚀速度最大。对壁温来说，温度高时，化学反应速度较快，腐蚀速度加快。所以，由于各个低温部位硫酸浓度和壁温不同，腐蚀速度也是有差别的。

想一想：燃料硫含量多，生成大量SO_2是产生低温露点腐蚀的根本原因？

二、防止低温露点腐蚀的措施

为了防止发生低温露点腐蚀，加热炉的排烟温度较高，这就成为降低排烟温度提高热效率的障碍。因此，采取措施防止和减少低温露点腐蚀意义重大。

（1）提高换热面壁温，防止低温露点腐蚀。提高壁温可以通过提高管外或管内的介质温度来达到，例如，空气预热器采用热风循环，把已经预热的空气从再循环管道引入风机入口与冷空气混合以提高空气预热器入口温度；低温油进料的入炉温度预热到100℃以上。

（2）采用耐腐蚀材料。耐腐蚀材料分非金属和金属材料两类，管式空气预热器的低温区可采用硼硅玻璃管。回转式空气预热器的冷端可以采用涂有搪瓷材料的换热元件。

（3）减少过剩空气系数。控制燃烧过剩空气量，能有效地减少 SO_3 的生成量，降低露点温度，减少低温腐蚀。

（4）使用低硫燃料。液体或气体燃料中的含硫量的增多，烟气露点温度升高。对气体燃料进行脱硫处理，则可显著降低烟气露点温度，减少低温腐蚀。

另外，低温部位采用可拆卸式结构也是经常采用的应对低温露点腐蚀的有效措施。

查一查：低温部位采用可拆卸式结构防止低温露点腐蚀的有哪些？

内容提要：

- 一、提高热效率的措施
  - 结合装置特点综合节能
  - 降低排烟温度以减少排烟热损失
  - 降低过剩空气系数以减少排烟热损失
  - 减少不完全燃烧损失
  - 减少散热损失
- 二、防止低温露点腐蚀的措施
  - 提高换热面壁温
  - 采用耐腐蚀材料
  - 减少过剩空气系数
  - 使用低硫燃料
  - 低温部位采用可拆卸结构

复习思考：

1. 提高加热炉热效率的意义有哪些？
2. 提高加热炉热效率的措施有哪些？
3. 降低排烟温度的措施有哪些？
4. 降低排烟温度有哪些限制？
5. 如何减少不完全燃烧造成的热损失？
6. 什么是过剩空气系数？
7. 过剩空气系数太大有什么危害？
8. 减小过剩空气系数应注意哪些问题？
9. 减小过剩空气系数的方法有哪些？
10. 加热炉的排烟温度一般根据什么来确定？
11. 什么是低温露点腐蚀？
12. 防止低温露点腐蚀的措施有哪些？

第九章　管式加热炉的控制、使用和维护

生产中管式加热炉如何操作？

加热炉的常见故障有哪些？如何处理？

管式加热炉是炼油、石油化工、石油输送等工业过程广泛使用的火力加热设备，运行中是耗能大户，如能有效节能，可以大幅降低生产成本。如何确保管式加热炉高效、平稳、长周期安全运行，是管式加热炉控制、操作的核心任务。

第一节　管式加热炉的控制

管式加热炉主要被控变量为被加热介质出炉的温度、被加热介质的流量、炉膛压力等。

一、温度控制

为了能对加热炉运转进行正确的评价，合理地调整燃烧，使加热炉操作有效，使流体的温度分布合适，使加热炉操作符合所选材质的要求，加热炉主要测量控制以下5个温度：

（1）炉膛温度

炉膛温度是指烟气离开辐射室的温度，炉膛温度高，辐射室传热量就大，但炉管容易结焦，甚至烧坏炉管、炉衬和管架。炉膛温度是保证加热炉长周期安全运行的一个很重要的工艺指标，一般控制在820～870℃以下。

（2）对流段温度

测量对流段温度是为了把操作温度限制在炉管及支撑管板的材质所允许的范围以内，同时监控加热炉效率。一般烟气离开对流段温度通常在300～450℃以下。

（3）排烟温度

测量加热炉烟道尾部排烟的温度能对加热炉的总效能进行评价，也可根据它把温度保持在烟囱材质允许的范围之内。

（4）炉管表面温度

炉管表面温度反映了加热炉炉管表面热强度，根据它把操作温度限制在炉管材料限制范围内操作。

（5）被加热物料出口温度

被加热物料出口温度是加热炉被控变量中最为重要的，只有保持一个稳定的数值，才能使物料满足下游加工工艺的要求或在炉管内物料进行化学反应的要求。

石油化工生产过程的管式加热炉对物料出口温度控制指标的要求相当严格，一般要求小于±1～2℃，而加热炉的干扰因素较多，再加上传热滞后和测量元件滞后，要实现温度控制系统平稳操作难度较大。目前常见的加热炉温度控制方案有以下几种：

(1) 温度单参数控制

对于被加热物料出口温度要求不高，而且燃料总管压力比较稳定的情况，可采用图9－1的温度单参数控制方案，根据加热炉物料出口温度直接调节燃料量。此种方案的优点为控制简单，投资少；缺点为由于加热炉的热负荷很大，当燃料的压力和热值稍有波动，炉出口温度就会显著变化；由于传热及测温元件的滞后，当加热量改变后，调节作用不及时，炉出口温度也会产生很大波动。

(2) 加热炉物料出口温度－燃料的流量/压力串级控制

如果严格要求加热炉的被加热物料出口温度，而且加热炉的各类进料参数稳定，对于性质稳定的燃料来说，可采用被加热物料出口温度控制回路作为主回路，燃料流量调节作为副回路的串级控制方案，如图9－2所示。利用副回路来及时测量到燃料流量波动的干扰，并加以控制，这样由于调节和反馈的通道都缩短了，因而加热炉出口温度的超调量减小，从而提高控制质量。以燃料流量作为副回路还可以了解燃料的消耗量，有利于装置运行时试验和核算。如果加热炉以燃料油作为燃料，因为燃料油黏度比较大，考虑到燃料油流量的变化可以线性体现为燃料油管线压力变化，如工艺对流量没有特殊要求，这时可采用燃料油压力调节作为副回路。燃料油压力调节作为副回路的控制方案较燃料油流量调节作为副回路的控制方案，优点为测量简单，缺点为燃烧火嘴的结焦有可能造成调节阀后压力升高，造成误操作。

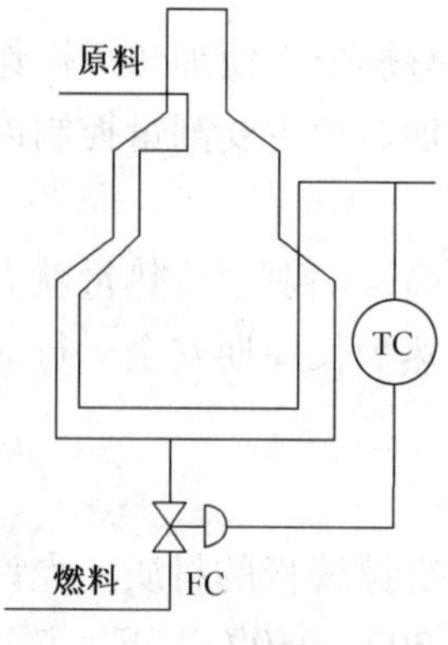

图9－1　温度单参数控制

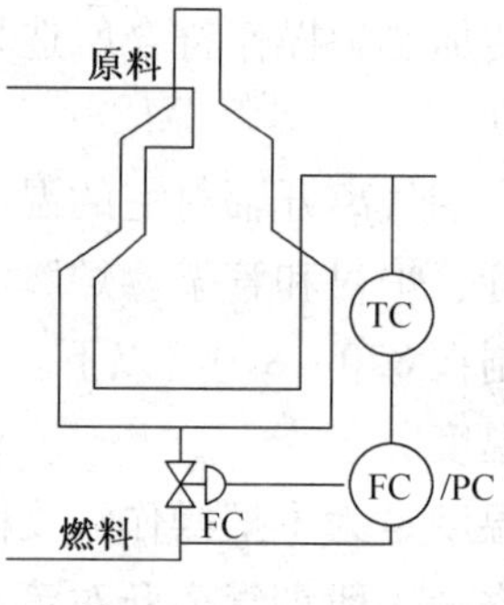

图9－2　加热炉物料出口温度－燃料的流量/压力串级控制

(3) 加热炉物料出口温度－炉膛温度串级控制

因为燃料油热值、进料流量、进料温度等干扰因素的影响，首先将反应为炉膛温度的变化，以后才影响到炉出口温度，因此可以把炉膛温度控制作为副回路，被加热物料出口温度控制为主回路组成串级回路，如图9－3所示。这样副回路起超前作用，当干扰因素反应到炉膛温度时就迅速调节，保持被加热物料出口温度的平稳。

(4) 加热炉的前馈－反馈控制

加热炉有时会遇到生产负荷即进料流量、温度变化频繁、干扰幅度又较大的情况，此时采用串级控制方案难以满足生产要求，此时采用如图9－4所示的前馈－反馈控制更有效。前馈控制部分克服进料流量(或温度)的干扰，而反馈控制克服其余干扰。

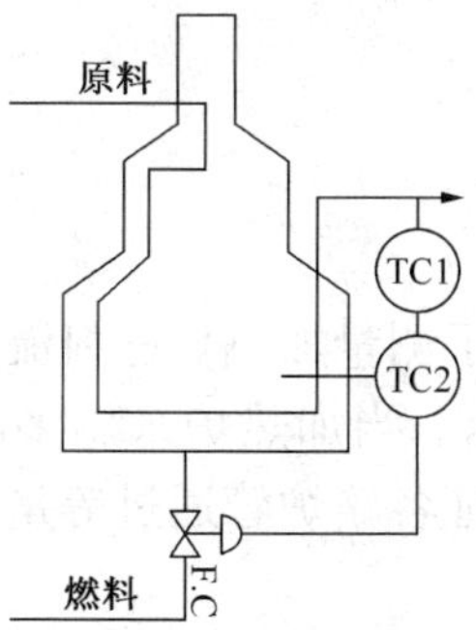

图9－3　加热炉物料出口温度－炉膛温度串级控制

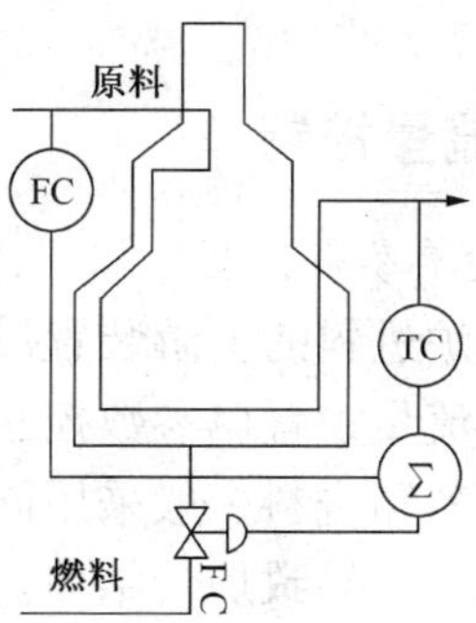

图9－4　加热炉的前馈－反馈控制

二、压力控制

1. 加热炉炉膛压力

负压通风的加热炉，炉膛压力值是保证燃料燃烧良好的主要控制参数，一般通过调节烟囱挡板开度控制炉膛压力。为了检测炉膛负压值，一般分别在烟囱、对流段、辐射室安装导压管，利用微差压变送器进行负压测量，远传到控制室进行监控。

2. 常明灯燃料的压力

燃烧燃料气的加热炉通常设置常明灯，常明灯燃料气的压力由自力式压力调节阀维持正常。这种方案节省了接线及控制室二次表等，简化了控制系统并节省投资。

3. 燃料压力

如果采用在燃料总管设置压力开关或压力变送器，对燃料系统压力过低进行联锁，防止燃料压力低回火，同时防止燃料气压力过高，引起喷嘴脱火或灭火。这种方案的缺点是不能正确反映燃烧器入口压力。如果在燃烧器前设置压力开关虽然能正确反映燃烧器压力，但是在开工时必须将此开关“旁路掉”，才能正常开工。

4. 燃料油及雾化蒸汽压力

为保证燃料油被充分雾化，必须控制好燃料油与雾化蒸汽之间的流量比，如雾化蒸汽压力过高，会浪费燃料和蒸汽，使加热炉效率降低；而雾化蒸汽压力过低，雾化效果不好，燃烧不完全，也会降低炉子热效率。在燃油压力变化不大的情况下，采用雾化蒸汽压力定值调节可以满足燃烧要求。如果燃料油压变化较大，单采用雾化蒸汽压力控制将不能保证燃料油得到良好的雾化，此时可采用：燃料油与雾化蒸汽压差控制（见图9－5）和燃料油与雾化蒸汽压力比值控制（见图9－6）。这两种方案，只能保证近似的流量比，只有保持喷嘴、管道等通道的畅通，才能实现有效的控制。

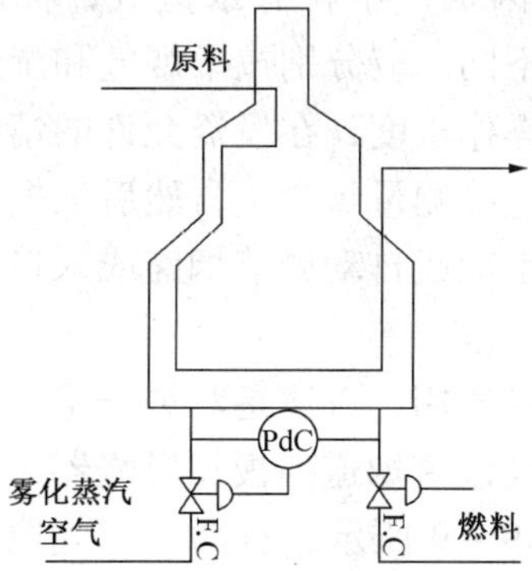

图9－5　燃料油与雾化蒸汽压差控制

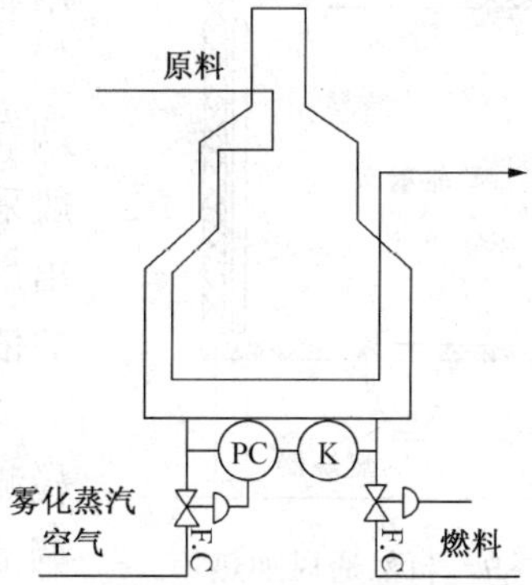

图9－6　燃料油与雾化蒸汽压力比值控制

三、进料流量控制

1. 进料流量单参数控制

如果向加热炉进料的上游装置没有出料限制，为了测量加热炉进料流量，稳定加热炉的工况，一般进料流量设置单参数控制，如图 9－7 所示。当加热炉采用多路进料时，为保证各路流量均匀，各路进料一般采用同样的设定值，保证各路炉管通过等量的物料，带走等量的热量，避免偏流，导致炉管结焦。

2. 上游设备液位与进料流量均匀控制

石油化工生产过程具有连续性，如果既要保持加热炉进料稳定，又要保持上游设备液位稳定。在此情况下，通常希望上游设备的液位与加热炉进料流量组成串级均匀控制，如图 9－8所示。

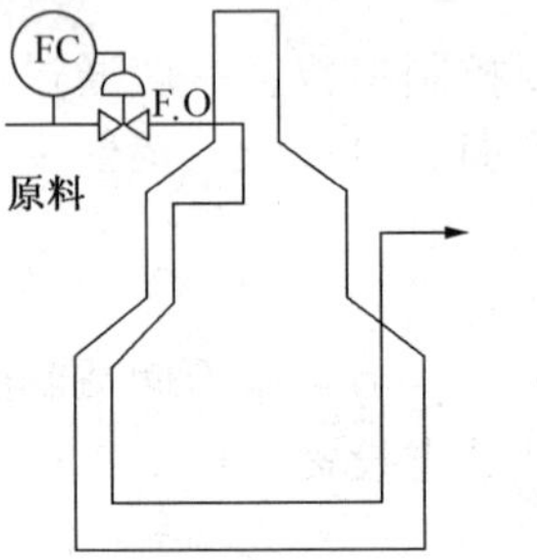

图 9－7　进料流量单参数控制

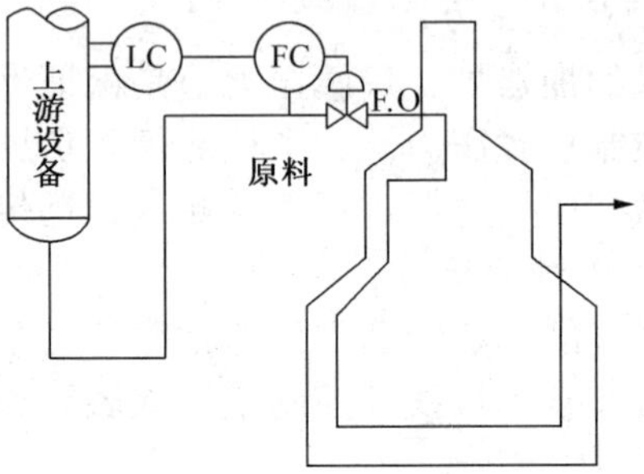

图 9－8　上游设备液位与进料流量均匀控制

四、燃烧控制

为了保证加热炉高效运行，有必要对烟气进行监测，对燃烧加以控制，以便保持一个正确的燃料/空气之比，既维持足够的空气量以保证燃料能完全燃烧和安全操作，又防止空气的数量过大带走热量使加热炉效率降低，并影响燃烧器的性能。

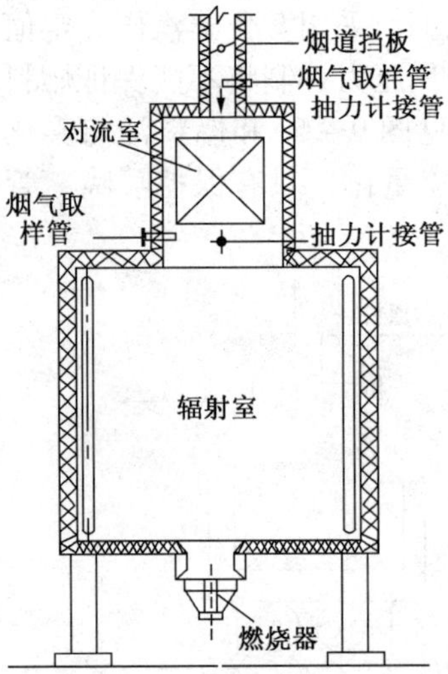

图 9－9　自然通风加热炉的烟气检测点

监测烟气，测定烟气中的氧含量，通常有两种方法：一种是将烟气抽出，用奥氏气体分析器进行分析；另一种是利用氧化锆分析仪直接插入烟气中进行在线分析。将烟气抽出分析时，因烟气中所含水分已经冷凝，基本为干烟气。而利用氧化锆在线分析时，因烟气中含有水蒸气，称之为湿烟气。由于烟气分析方法不同，应分别按干烟气和湿烟气确定烟气含氧量。为了减轻操作难度，在投资允许的情况下，一般采用氧化锆分析仪来连续测量氧含量，然后根据氧含量求出过剩空气系数，作为手动或自动调节烟囱或入口挡板开度的依据。

控制燃烧最简单、最通用的方法是对炉子定期进行人工检测，根据检测结果手动调节烟道挡板和燃烧器风门。手动调节需要的检测点如图 9－9 所示，有两个烟气取样点，一个在对流室下方，一个在对流室的上方。为取得燃烧过程中过剩空气量的真实数据，应从对流室下方抽取烟气作含氧量等分析，用来控制燃烧。对流室上方的烟气取样点只供计算热效率用，对流室上、下氧的烟气含氧量之差用来估计对流室的漏风情况。抽力计接管也有两个，应根据对流室下方的抽力计读数调节烟道挡板，把该处的烟气负压控制在 $-2mmH_2O$($-19.61Pa$)左右。利用对流室上、下的烟气压差读数，可以估计对流炉管的积灰状况。

手动方式调节燃烧的主要缺点：当炉子燃烧器多、风门开关又不灵活(结构不合理或受热变形)时，手动调节的工作量会很大，以致操作人员往往放弃了对燃烧的调节。

想一想：加热炉烟气取样点设在哪些位置？

炼油化工生产中加热炉的燃烧自动控制目前更多地使用抽力－烟道挡板自控系统、含氧量自控系统、含氧量－CO 含量自控系统。这些系统通过自动控制烟气负压或烟气中氧、一氧化碳的含量，间接地调节燃烧用空气的供给量，达到了保证炉子高效率的目的。

抽力－烟道挡板自控系统如图 9－10 所示，根据烟气在辐射室顶部的负压值自动调节烟道挡板的开度，同时监视辐射室顶的含氧量。它把抽力作为控制信号，给抽力指示调节器定出合理的给定值，这样该调节器就自动改变烟道挡板开度来维持给定的抽力值，从而保持一定的过剩空气量。负压和挡板开度在控制室内都有指示，而且能从控制室对挡板开度进行远方操作，当加热炉负荷急剧变动时也能迅速作出反应。这种控制系统只适用于自然通风加热炉，它比较粗糙，只保证了炉膛顶部抽力的恒定，只调节了烟道挡板，未考虑燃烧器风门的调节问题，而燃烧器风门的开度对于进风量是有很大影响的。辐射室顶部抽力的大小并不能直接、准确地反映空气量，控制系统还必须用含氧量随时进行手动调整。

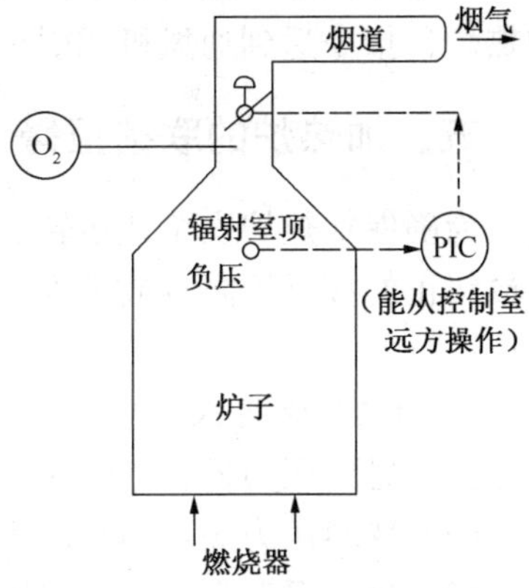

图 9－10　抽力－烟道挡板自控系统

以氧化锆为代表的连续在线含氧分析仪日趋成熟，从而推动了含氧量自控系统的发展。这种燃烧自控系统无论自然通风还是强制送风加热炉都可采用它。如图 9－11 所示，有四台加热炉，烟气被一起收集起来送入空气预热器回收废热，最后从集合烟囱排放。每台炉子分别安装一套含氧量自控系统，用烟气的含氧量自动调节每台炉子的空气入口挡板，从而分别控制每台炉子的燃烧空气用量。

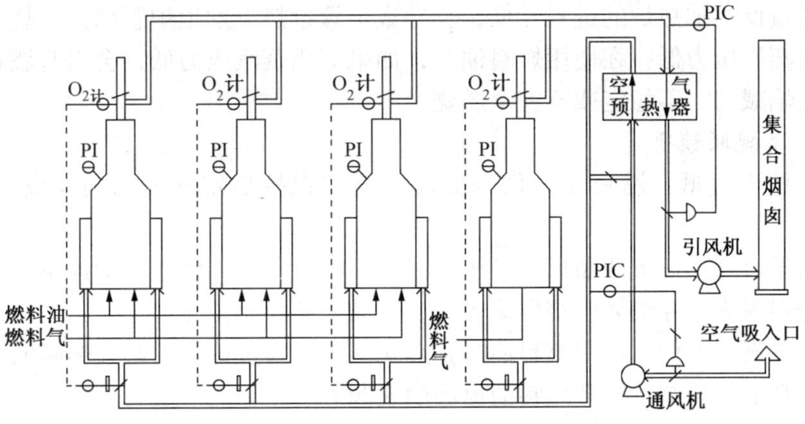

图 9－11　含氧量自控系统

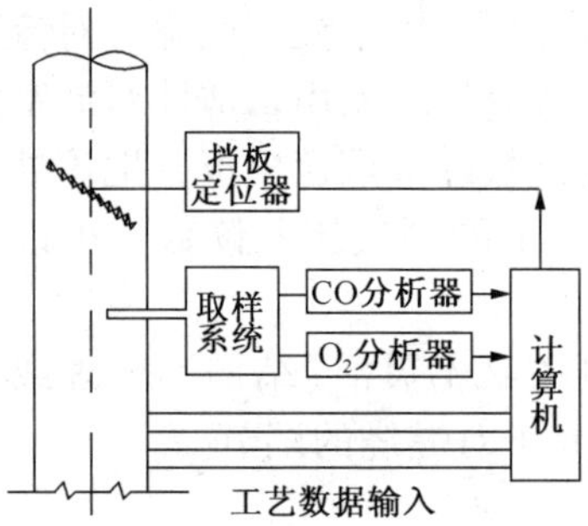

图 9－12　含氧量－CO 含量自控系统

生产发现，只根据烟气含氧量来控制燃烧还有缺陷。由于加热炉（尤其是旧炉子）漏风比较严重，不少空气并没有参与燃烧过程，而是从炉壁各处的门、孔、缝漏入烟气中的，这导致虽然辐射室顶烟气的含氧量很高，但燃烧器入口处风量却仍然不足，烟囱冒黑烟。因此有必要在燃烧控制中再加入一个新的控制参数，专门反映燃烧进行是否完全，这个参数就是 CO 含量。如图 9－12 所示，含氧量－CO 含量自控系统，烟气从取样系统抽出，进入 CO 分析器和 O_2 分析器，分析器的信号连续不断地送入一台控制室内的计算机。炉子的若干工艺数据（如辐射室顶负压、炉管温度、燃料量变化等）也同时输入该计算机。计算机对烟气分析取得的信号和这些工艺参数进行分析处理，然后发出指令。对自然通风加热炉，指令送到烟道挡板的定位器；对强制送风加热炉，指令送到通风机或引风机的入口挡板。

五、加热炉的联锁报警

为确保加热炉安全地运转、点火和熄火，应该设置报警、联锁等保护仪表。可以由操作人员纠正的接近极限点或不安全点设定为报警项，一旦不正常会引起危险之处设置为自动联锁项。

1. 加热炉常规报警项

（1）燃料压力低：燃料压力过低将使燃烧不稳定甚至熄火。

（2）燃料压力高：燃料压力太高会引起过渡燃烧。

（3）排烟温度高：排烟温度高一般是由不良操作引起，也可能由加热炉管泄漏、空气预热装置损坏造成。

（4）火焰减弱：预示着燃烧过程出现问题，防止不完全燃烧和熄火。

（5）被加热物料出口温度高：物料出口温度过高会预示运行、操作中有不当之处，防止炉管过热。

（6）炉管表面温度高：过高温度将使炉管材质损坏。

（7）炉膛压力高：炉膛压力高往往由于通风系统出现问题，炉膛压力升高导致火焰外泄等危险。

（8）进料量低：加热炉的进料量低，会导致炉管过热，发生炉管结焦、烧穿等事故。

（9）雾化蒸汽压力低：在使用燃料油时，如果雾化蒸汽压力低，会引起燃料油雾化效果降低，导致火焰减弱、不稳定或不完全燃烧。

2. 加热炉常规联锁项

（1）燃料压力过低：燃料压力低于能使燃烧器保持稳定的压力时，设置切断该燃料系统。

（2）进料量过低：设置切断燃料系统，或在某些情况下，设置自动停车。

（3）燃烧器熄火：在确认燃烧器熄火时，自动联锁停车。

（4）雾化蒸汽压力低：使用燃料油时，雾化蒸汽压力过低会引起火焰减弱甚至熄火，故应设置切断燃料油入炉阀，打开燃料油返回油罐阀。

（5）烟风系统失灵：对带有强制通风设备（鼓风机、引风机）、空气预热器的加热炉，如果加热炉不可以在自然通风或炉膛正压下操作，烟风系统失灵，应设置停车熄火。如果允许自然通风操作，则可设置打开在强制通风燃烧器前热风道上的快开风门，改强制通风为自然通风，保证加热炉继续操作。

第二节　管式加热炉的操作

加热炉的操作的水平高低，对燃料消耗量、炉子热效率、设备使用寿命、空气污染等都有很大影响。正确操作，加强加热炉研究、管理和操作经验总结，对于装置的长周期、高效运行有着十分重要的意义。

一、开车操作要点

1. 烘炉

烘炉的目的是为了缓慢地除去炉墙在砌筑过程中所积存的水分，并使耐火泥得到充分的烧结。如果这些水分不去掉，由于在开工时炉温上升很快，这些水分将急剧蒸发，造成砖缝膨胀，产生裂缝，严重时会造成炉墙倒塌。凡是新建的加热炉，而且炉墙采用的是耐火砖，或者是轻质耐热混凝土衬里的，均要进行烘炉；如果旧炉子的炉墙进行了大面积的修补，修补所用的材料仍是耐火砖或者是轻质耐热混凝土衬里的，也要进行烘炉。

烘炉前应先打开全部人孔、防爆门、开启烟囱挡板，自然通风 5 天以上。然后将各种门、孔关闭，烟囱挡板开启 1/3 左右，炉管内通入蒸汽开始暖炉。当炉膛温度升到 130℃时，即可点燃火嘴烘炉。烘炉时应尽量采用气体燃料，火嘴应对角点火，控制升温速度。

烘炉过程中炉管内应始终通入水蒸气，以保护炉管不被干烧。蒸汽出口温度应严格控制，碳钢炉管不超过 400℃，合金钢炉管不超过 500℃。烘炉过程中，温度均匀上升，严格按烘炉升温曲线要求进行(图 9－13)，防止温度突升突降。

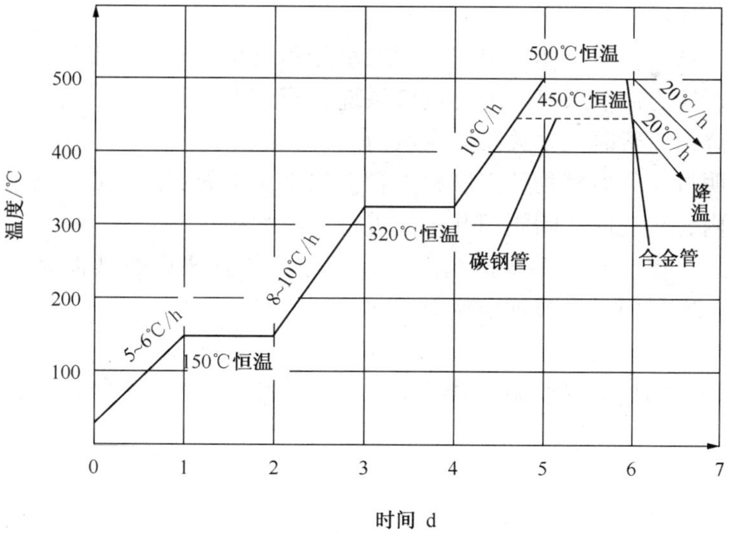

图 9－13　烘炉升温曲线

加热炉在烘炉时，炉膛温度达到 150℃时进行恒温，是为了除去炉墙中的自然水，320℃恒温是为了除去炉墙中的结晶水；450℃或 500℃恒温，使炉墙中的耐火泥充分烧结。恒温结束后，炉膛以 20℃/h 的速度降温。当炉膛温度降到 250℃时，熄火焖炉，降到 100℃

时进行自然通风。烘炉完毕后，应对炉子进行全面检查，发现缺损及时进行修补。

2. 试压

加热炉的炉管在安装以后，应按设计规定进行系统水压试验，目的是为了检查炉管及其附属设备安装施工质量。试压压力通常为操作压力的 1.5~2 倍，试压过程中分 3 至 4 次逐渐将压力提高到要求值，每次提高应稳定保压 5min，仔细检查炉管系统的所有接口，如回弯头、堵头、法兰接口、焊口等处有无泄漏。炉管在试验压力下保持 10~15min，然后再将压力降到操作压力的 1.2 倍，恒压 10h 以上，无渗漏，即为试压合格。合格后，按规定对炉管进行吹扫。

试压可采用无盐的饮用水进行水压试验也可以用空气等惰性气体进行气压试验。在低于 0℃时进行水压试验时，应有防冻措施，试压合格后必须及时放水，并用压缩空气将系统吹扫干净。

3. 开炉前检查

开炉前应对炉子的炉管、附属设备、零部件、工艺管线、仪表等进行全面检查，确认工艺流程无误，所有设备及零部件完好齐全，安装正确与设计相符，设备及管线已经清扫干净，仪器仪表操作灵活方便，读数真实准确。用蒸汽贯通炉子系统所属的工艺管线及设备，确保工艺流程畅通。

当所有检查全部合格后，将原料、燃料气、燃料油和雾化蒸汽分别引入炉内，燃料气引入时注意管内空气氧含量要 <1%，雾化蒸汽引入时注意及时排放冷凝水。

4. 点火

点火前需确认烟道挡板、防爆门、看火门、燃烧器油阀、气阀、风门调节等灵活好用，炉膛灭火蒸汽管线及其他消防设施齐全完备。

全开所有烟道挡板，用蒸汽充分吹扫炉膛 10~15min，清除炉膛内残留的可燃气体，直至炉膛可燃气体浓度降到安全值以下，停止吹扫。吹扫结束后，将烟道挡板和风门调到 1/3 开度，使炉膛正常通风。

准备燃料供给系统，对气体燃料完全切除水分和液相组分，并保持压力一定；对燃料油应准备燃料油泵、压力调节系统、油温调节系统、蒸汽雾化调节系统等。对有一次、二次风门的自然送风燃烧器，暂时完全关闭一次风门。

首先点燃长明灯，然后稍稍开启燃料主管上控制流量的主阀，点燃燃烧器。如未点燃而使燃料喷入炉膛内，应立即关闭阀门并重新进行炉膛吹扫。

如果点火完成，逐渐开大燃料主阀至全开，按相同方法点燃其他燃烧器。根据燃烧情况，调节一次和二次风门，调节烟囱挡板。

5. 升温

升温速度视炉子结构和燃烧器种类而定，但一般控制炉管内介质的出口温度在每小时 50℃左右。

查一查：什么是长明灯？

炉膛灭火蒸汽管的作用是什么？采用什么蒸汽？

二、正常运行操作要点

1. 稳定进料量和进料温度

进料量和进料温度变化，使炉子的操作参数波动。如果其他条件不变，进料量增大，会使炉管内料液流速增大，炉管压降增大，炉膛温度和炉出口温度降低。操作条件不变时，进料温度升高，则炉出口温度也随之升高；进料温度过低，则炉出口温度将达不到工艺要求温度。

2. 控制炉膛温度保持炉出口温度稳定

炉膛温度直接影响炉出口温度，炉膛温度高，辐射室传热能力大，炉出口温度高。炉膛温度不能过高，否则炉管表面热强度过大，炉管壁温升高，易产生局部过热和结焦，影响炉管使用寿命。同时炉膛温度过高会使进入对流段的烟气温度增高，引起对流段炉管烧坏。加热炉正常操作时，应保持炉膛各处温度均匀，防止局部过热。

炉膛温度主要由入炉燃料量来控制，同时还与燃料性质、雾化状况、燃烧状况等有关。

3. 控制适宜的过剩空气系数

过剩空气系数 α 过大，炉子热效率低，过剩的氧含量对炉管产生氧化腐蚀，还会造成 SO_2 转化为 SO_3 量增多，低温露点腐蚀加重。但过剩空气系数 α 太小，会燃烧不完全，也会使加热炉热效率降低。因此过剩空气系数 α 要适宜。在正常操作下，自然通风时，烧油加热炉辐射室 $\alpha=1.25$，对流室出口 $\alpha=1.3$；烧气加热炉辐射室 $\alpha=1.15$，对流室出口 $\alpha=1.2$。强制通风时，烧油加热炉辐射室 $\alpha=1.15$，对流室出口 $\alpha=1.2$；烧气加热炉辐射室 $\alpha=1.1$，对流室出口 $\alpha=1.15$。

操作时严格控制烟囱挡板开度，使炉膛在微负压下操作。全面堵漏，将不使用的燃烧器风门、炉子的人孔、看火门、防爆门等关闭严密，尽量减少空气漏入炉内。

4. 注意观察燃烧火焰状况

燃料燃烧形成的火焰的形状和颜色可以反映燃烧状况，如果燃烧器性能良好，合理操作，燃料与空气充分混合，完全燃烧，则炉膛明亮，火焰强劲有力。烧油时火焰为黄白色，烧气时火焰为蓝白色。如果燃料量、空气量、雾化蒸汽量等调节不当，就会火焰颜色发黑变暗，火焰不稳定甚至熄火。常见不正常火焰状况及原因见表 9－1。

表 9－1　不正常火焰状况及原因

火焰情况	原　因
火焰发飘，软而无力，火焰根部发黑，烟囱冒黑烟	雾化蒸汽量过小，雾化不好
火焰四散、乱飘，软而无力，呈黑红色或冒烟	雾化蒸汽量、空气量过少，燃烧不完全
火焰容易熄灭，炉膛时明时暗	燃料油黏度过大，燃料油带水或雾化蒸汽过大并带水
火焰发白、发硬，火焰跳起	雾化蒸汽量、空气量大

5. 控制好排烟温度

排烟温度根据被加热原料入炉温度来确定，一般排烟温度与入炉原料温差控制在 100℃以上；使用钉头管或翅片管时温差控制在 50℃以上；采用烟气余热回收系统时，根据烟气露点腐蚀温度确定排烟温度。为了防止低温露点腐蚀，冷原料的入炉温度应在 100℃以上，空气预热器的空气入口温度应在 60℃以上。

6. 注意炉管压降的变化

炉管压降的变化可以判断炉管内是否结焦。如果炉管进料量基本没变，而炉管压降急剧增大，则可能是炉管内结焦。结焦严重时，必须停炉清焦。

三、停车操作要点

加热炉的停车有正常停车和紧急停车两种情况。

1. 正常停车操作要点

正常停车时，加热炉首先进行降量操作，即将原料的进料量降低到正常值的70%，同时减少燃料量，维持原料出炉温度不变，调节风门和挡板，维持烟气氧含量和炉膛负压不变。然后，逐渐开大燃料油循环阀，降低燃料油压力，逐渐停掉燃烧器，降温操作。

燃烧器全部熄火后，仍通入蒸汽，清扫火嘴，同时炉膛内也通入蒸汽，使炉膛温度尽快降低，将烟囱挡板全开。如果炉管不烧焦，则停止燃料油循环，燃料油管线进行蒸汽吹扫。当炉膛温度降到150℃左右时，将人孔门、看火门打开，以使炉子冷却。

2. 紧急停车操作要点

当加热炉出现严重故障时，如进料突然中断、炉管结焦严重、炉管烧穿等，则应紧急停车。此时应立即关闭燃烧器，使炉子熄火，同时停止进料，向炉膛和炉管大量吹入水蒸气，把烟囱挡板全打开，过热蒸汽全放空，并通知消防部门，确保安全。

第三节　管式加热炉的维护

管式加热炉的工作条件比较苛刻，设备长期在高温、高压及腐蚀性介质的作用下连续工作。为了保证生产安全，必须定期对加热炉进行维护检修，检修周期分为中修和大修，见表9－2。另外，加热炉因故障紧急停车时，应对损坏的设备、部件等进行抢修和更换。

表9－2　加热炉的检修周期

加热炉分类	中修/月	大修/月
一般情况	12～18	24～36
易结焦、冲蚀强的加热炉	2～4	12～18

一、管式加热炉的检修

1. 加热炉中修的主要项目

（1）检查并记录炉管的结焦情况，腐蚀、冲蚀情况，壁厚变化情况，裂纹、氧化爆皮、鼓泡、弯曲变形等损坏情况。如果炉管结焦则必须进行清焦，有损坏的炉管则进行修理或更换。

（2）检查并记录回弯头的壁厚、腐蚀及冲蚀情况，检查回弯头的堵头，顶紧螺杆、元宝螺母及回弯头双耳等有无裂纹及损坏，根据损坏情况进行研磨、修理或更换。

（3）检查炉膛、烟道、烟囱等处的耐火砖墙和衬里，对损坏处进行修补处理。

（4）检查炉管和回弯头箱门的密封情况，看火孔、防爆门、自然通风门及炉管进出口等处的密封情况，密封不严，则必须进行处理。

（5）检查燃烧器、油管线、气管线和阀门等，如有漏油、漏气必须进行修理。

（6）检查空气预热器、吹灰器等设备是否完好，检查烟道和风门挡板的安装位置，转动是否灵活，如有问题必须及时进行修理。

（7）检查辐射室、对流室、烟道、空气预热器等处是否有积灰，如有积灰必须进行清扫。

（8）检查和修理耐火砖架、炉管吊钩、炉管拉钩、炉管定位管、炉管导向管等。

（9）检查热电偶、氧化锆分析仪等检测仪表是否完好，如有问题及时进行修理或更换。

（10）检查灭火蒸汽管线及紧急放空装置是否畅通，检查燃料气管线上的阻火器是否完好。

2. 加热炉大修的主要项目

（1）所有中修项目。

（2）检查加热炉的钢架结构及钢制烟囱的钢板厚度腐蚀情况，根据腐蚀情况进行修理。

（3）检查和修理加热炉的基础及烟囱基础。

（4）检查和修理对流部分的管架及管板。

（5）对炉体、烟囱、炉架、平台、梯子及管线进行刷油防腐处理。

（6）避雷针和接地的检查。

想一想：燃料气管线上安装阻火器的目的是什么？

二、燃烧器的故障及处理

燃烧器是加热炉的重要组成部分，燃烧器的操作直接控制影响燃料的燃烧过程，关系整个加热炉系统的热量供给。

1. 燃油燃烧器的故障及处理

（1）滴油

原因：①燃料油预热温度不够。②燃料油中含泥、渣等不良重质成分。③油枪喷头堵塞。

处理措施：①提高燃料油预热温度。②拆卸油枪清扫检查。③检查和调整喷枪安装高度及中心度等。

（2）点火困难，发生脱火或离焰

原因：①雾化蒸汽过多。②一次空气量过多，把火道砖冷却了。

处理措施：①点火时抑制蒸汽量，直到确实点燃后再作调整。②自然送风的燃烧器在低负荷下燃烧时，几乎可完全停止供给一次空气。

（3）火道砖积炭

原因：多发生在燃料油含有极重质成分及其他胶质、残渣等成分时，在这种情况下应提高油预热温度。也可能是因为油枪与火道砖的安装位置不符合图纸要求，油喷到火道砖上去了。

（4）火焰冒火星

原因：雾化蒸汽过少或燃烧用空气过多。

（5）火焰过长或过短

原因：火焰过长，一次空气量或雾化蒸汽量不足；火焰过短，一次空气量或雾化蒸汽量过多。

处理措施：火焰过长时，有必要增加一次空气量或增加雾化蒸汽量。火焰过短时，要反而来减少一次空气量或减少雾化蒸汽量。

（6）火焰脉动、“喘气”

原因：①喷头结垢。②燃料油中存在水分或异物。③每个燃烧器的燃料过少。④燃料油中含有较多轻组分而又被过度地预热，形成蒸气层。

（7）烟囱冒黑烟

原因：①雾化蒸汽量不足或蒸汽过湿、过热度不够。②过剩空气不足，形成不完全燃烧。③燃料油线和雾化蒸汽线在燃烧器上被连接反了。

2. 气体燃烧器的故障及处理

(1) 回火

原因：气体燃料和预混空气的混合物流出火孔的速度小于火焰的传播速度。

处理措施：①提高气体燃料的压力。②对含氢量高的气体燃料只推荐采用外混式气体燃烧器。

(2) 脱火

原因：气体燃料和预混空气的混合物的流出火孔的速度大于脱火极限，使燃料气离开喷头一段距离以后才着火。

处理措施：①改进燃烧器结构，加设稳焰器。②降低气体燃料压力等。

(3) 熄火

原因：①一次空气量过大把火吹灭。②气体燃料压力波动。③气体燃料中混入了液相组分。

(4) 火焰脉动

原因：①烟囱抽力过小。②气体燃料压力波动。③空气量不足。

处理措施：①开大烟囱挡板。②控制气体燃料压力。

(5) 燃烧器能力不足

原因：①空气量过多。②瓦斯流量不足。③瓦斯喷孔尺寸过小等。

(6) 发生二次燃烧

原因：加热炉烧油时观察火焰即可判断燃烧是否完全，但烧气时即使燃烧不完全火焰也是清澈的颜色，所以难以判断。炉子燃烧不完全时烟气中产生 CO，CO 在尾部烟道、空气预热器等部位有可能引起二次燃烧。

处理措施：产生二次燃烧时应立即快速打开燃烧器的通风挡板或通风装置，如果全开所有风门后空气量仍然不足，则只好减少燃烧器的燃烧量，让炉子降量操作。

三、炉管结焦和清焦

结焦是炉管内的物料温度超过一定界限后发生热裂解反应，生成的游离炭堆积到管内壁上的现象。结焦后，炉管壁温急剧上升，加剧了炉管的腐蚀和高温氧化，引起炉管鼓包、破裂，同时结焦使管内压力降增大，使炉子操作性能恶化，有时甚至迫使加热炉停车。运转中的加热炉往往因为炉管局部过热而导致结焦，例如，火焰不均匀，使炉膛温度不均匀，造成炉管局部过热；火焰偏斜舔炉管，造成炉管局部过热；进料量变化太大或突然中断。

影响结焦的主要因素：加热温度，炉管管壁温度和热强度，管内流速和流动状态等。为了尽量避免热裂解，只要能满足工艺过程的基本要求，最好尽量降低流体被加热的温度。炉管的表面热强度和管内流体的传热膜系数影响着管壁温度，管壁温度是影响焦炭生成的最基本因素之一，而为了防止结焦，辐射段热强度不能太高，同时要注意热强度分布的均匀性。

管内流体较大的流速，有利于结焦初期尚未固着的疏松焦层脱落。管内流体层流时结焦的可能性最大。

对炉管结焦的加热炉，在检修时必须彻底清焦。目前主要有两种方法：机械清焦和空气－蒸气烧焦。

1. 机械清焦

因为回弯头具有可拆卸的堵头，因此用回弯头连接的炉管，可以采用清焦器清焦。常用的清焦器由风动小透平、万向接头和冲击头组成。工作时，清焦器以3000～6000r/min的速度旋转，在离心力的作用下使冲击头做锥形运动，以较大的冲击力破碎和刮削焦炭层，破碎的焦炭被风动小透平的空气吹出管外。

用清焦器清焦时，应先把清焦器放入炉管内再启动；停止时，应先关压缩空气，使风动小透平停转后，再将清焦器从管内取出。对炉管与弯头连接的胀口处和回弯头内不能用清焦器，只能手工清焦。

2. 空气－蒸汽烧焦

由于空气－蒸汽烧焦法去除炉管内部的结焦，经过几十年的生产实践验证，十分成熟和可靠，被各炼油厂普遍应用，而机械清焦几乎已淘汰。

空气－蒸汽烧焦是利用不断切换通入炉管系统内的空气量和蒸汽量来清扫炉管内壁的焦层。一般可分为两个阶段，即“烧焦”阶段和“剥离”阶段。在“烧焦”阶段，将空气和蒸汽同时送入炉管中，然后停蒸汽单独通入空气1～2min，管内焦炭被直接氧化而“烧”去。在“剥离”阶段，停空气，并加大蒸汽量，让蒸汽以很高的流速通入炉管，此时热的炉管（炉子仍点火）由于蒸汽的冷却作用，造成焦炭的收缩和破裂，然后在高速蒸汽的冲扫和化学作用下，焦炭从炉管清除出来。

炉管烧焦的操作要点：

（1）烧焦前应停炉扫线，检查炉管、弯头等结焦情况，将炉出口转油线切换至烧焦罐。

（2）烧焦时先从加热炉入口处通入压力≤0.98MPa的蒸汽吹扫炉管20～30min，当烧焦罐有蒸汽排出时，烧焦罐通入压力≥0.34MPa的冷却水进行冷却；同时炉膛可点火升温，炉膛升温速度控制在50℃/h，升温到450℃恒温。在升温过程中要不断加大烧焦罐的冷却水量，如果烧焦罐出口排焦量过大和有很多存油时，升温速度应减慢，炉出口温度不大于400℃。

（3）炉管烧焦分路给空气给蒸汽，交替烧焦，一路烧完后，再烧另一路。准备烧焦的一路炉管先将蒸汽停掉，然后立即通入压力≥0.39MPa的空气，保持1～2min后，停止通入空气，立即通入蒸汽。每一路都如此进行，直到烧尽为止。炉出口温度根据炉管材质一般不超过450℃，超过时可减少空气量、加大蒸汽量来调节，以免烧坏炉管。

（4）烧焦时严格控制好每次通入空气的时间。开始几次一定要时间短，以1min、2min为宜。以后慢慢地加大通入空气时间，通入空气时间长短根据每次通入空气后所排焦水的颜色来决定。如果水呈暗色，有时有明显焦粒或焦块，则通入空气应保持上次的时间和风量；如果排水颜色不黑，可以延长通入空气时间，加大通入空气量。

（5）烧焦时，要密切注意炉管的颜色，正常颜色为暗红色。如果是桃红色，说明温度过高，应适当减少空气量，加大蒸汽量。烧焦是否干净，可根据炉膛温度和排水的颜色来判断，若炉管通入空气后，烧焦罐排出的冷却水颜色不发黑，为铁锈红色时，烧焦基本干净。

（6）烧焦完后，关闭空气，改通蒸汽降温，降温速度在400℃以上时为30℃/h；降到400℃以下时为40℃/h。炉膛温度降到350℃时熄火，降到300℃时，炉管停止通蒸汽。有堵头的炉管可拆卸堵头，检查烧焦效果。炉膛温度降到250℃时，打开烟囱档板、人孔和看火门，进行自然通风。

四、炉管清灰

管外积灰主要发生在对流室，炉子烧气时基本无灰。但烧油时，燃料燃烧后残留下来的不可燃的组分，主要为 Na、K、V、Mg 等金属的固体盐类，以及燃料在燃烧不完全的情况下残留下来的炭微粒，形成灰垢，沉积在对流室炉管的外表面，特别是对流室的一些死角区，因烟气流速很小，积灰严重。钉头管和翅片管表面更容易积灰。影响灰垢生成量的主要因素：燃料的性能、燃烧器的雾化质量、燃烧空气的温度等。

管外积灰增加了传热热阻，使炉子的排烟温度升高，热效率下降；积灰减少了烟气的流通面积，使烟气流速升高，烟气流动的阻力加大；加热炉尾部低温换热管壁上的积灰更易吸附烟气中所含的硫酸蒸气，加剧低温露点腐蚀。因此必须防止积灰生成和及时地进行炉管清灰。

（1）吹灰器清灰

正常生产时，对流室装有吹灰器，利用蒸汽进行吹灰，效果较好。但是吹灰器只安装在炉壁的若干点上，对不同位置的炉管，吹灰作用差别很大。即使是同一根炉管，不同部位的吹扫作用也不一样。吹灰器的功能主要是保持清洁的管子比较干净，已经积满灰的脏管子要想通过它吹扫干净是困难的，一般必须进行清灰处理。

（2）停炉期间水冲洗

水冲洗时首先在炉墙侧壁与炉管间插入簿铁板、塑料板或防水布，以保护对流室侧壁炉衬。然后在对流管束下方安设一个漏斗，以接收所有的冲洗水。漏斗与炉外的水槽相连，水洗操作时把水槽中的水加热到 40～60℃，用水泵经管线将水送到对流室上方，经喷嘴喷洒在对流室炉管的灰垢上进行清洗。含有灰垢的污水沿对流管束流到漏斗，再回到水槽。如果水槽内的水过于肮脏，宜暂停水洗另换清水。水洗作业应在管子完全干净后才结束。

（3）在线水冲洗

对于正在运行的加热炉，可以进行在线水冲洗，这种方法是在对流室侧壁设若干个清扫孔，需清洗时临时打开孔盖，由身穿防护服的工人把清洗器伸入炉子对流室内，对炉管进行水冲洗。清洗时主要要控制好水量，以喷入的水经对流管束后能完全蒸发为宜，以免过量影响炉管和炉衬。

五、炉管损坏和更换

生产中炉管在苛刻的条件下运转，直接见火，往往由于传热恶化，局部过热，火焰舔管，管内结焦，管内、外腐蚀等各种原因造成炉管损坏。损坏主要表现为严重的壁厚减薄、变形、破裂、鼓包、内外腐蚀等。

加热炉的炉管在使用一定时间之后，若发现以下情况之一时应更换：

（1）炉管由于严重腐蚀、冲蚀或爆皮，管壁厚度小于计算允许值。

（2）有鼓包、裂纹或网状裂纹。

（3）水平炉管相邻两支架间的弯曲度大于炉管外径的 2 倍。

（4）炉管外径大于原来外径的 4%～5%。

（5）胀口在使用中反复多次胀接，超过规定胀大值。

（6）胀口腐蚀、脱落，胀口露头低于 2～3mm。

在加热炉抢修时，为了争取时间，简单处理，炉管可做局部更换。在局部更换时，将被烧坏的部分从两端割掉，中间更换新管。在焊接新管时可以把旧管底部的导向管先切掉，或者把炉管拉钩先拉开，使炉管离开炉墙约 200 ~ 300mm，以便焊接。在焊好并经检查合格后，再将导向管焊上或者把炉管拉钩装上。

在整根更换炉管时，先从弯头下端将管段割掉，修好坡口，炉管从顶部弯头箱盖板处穿入，先对好下口，再在弯头箱外部对好上口，然后焊接，检查合格后再把导向管和炉管拉钩装上。

内容提要：

- 一、加热炉的控制
  - 温度控制
  - 压力控制
  - 进料量控制
  - 燃烧控制
  - 联锁报警
- 二、加热炉的操作
  - 开车操作要点
  - 正常运行操作要点
  - 停车操作要点
- 三、加热炉的维护
  - 检修项目
  - 燃烧器的故障和处理
  - 炉管结焦与清焦
  - 炉管清灰
  - 炉管损坏和更换

课后练习：

1. 加热炉的温度控制主要控制哪些温度？
2. 加热炉的温度控制方案有哪些？
3. 燃料油及雾化蒸汽压力控制方案有哪些？
4. 测定烟气中的氧含量通常有哪两种方法？
5. 加热炉的燃烧自动控制方案目前有哪些？
6. 什么样的加热炉需要烘炉？
7. 烘炉的目的是什么？
8. 烘炉时炉管内通入什么介质？炉管出口温度不超过多少度？
9. 烘炉时炉膛温度按什么曲线进行控制？
10. 烘炉曲线在150℃、320℃、450℃和500℃恒温的目的是什么？
11. 加热炉水压试验的压力如何确定的？
12. 加热炉在点火之前需要做好哪些工作？
13. 加热炉正常停车操作要点是什么？
14. 加热炉检修的周期如何？
15. 加热炉中修的项目有哪些？
16. 加热炉大修的项目有哪些？

17. 燃油燃烧器有哪些常见故障，如何处理？
18. 燃气燃烧器有哪些常见故障，如何处理？
19. 什么是炉管结焦？清焦的方法有哪些？
20. 炉管清灰的方法有哪些？
21. 炉管积灰有什么影响？
22. 炉管损坏的原因有哪些？
23. 什么情况必须进行炉管更换？
24. 局部更换炉管应注意哪些问题？
25. 整根更换炉管应注意哪些问题？

参 考 文 献

1 钱家麟主编. 管式加热炉[M]. 北京：中国石化出版社，2009.

2 刘运桃编. 管式加热炉技术问答[M]. 北京：中国石化出版社，2008.

3 马秉骞主编. 化工设备使用与维护[M]. 北京：高等教育出版社，2007.

4 沈复，李阳初编. 石油加工单元过程原理(上册). 北京：中国石化出版社，2006.

5 李家民编. 炼化设备手册(第二分册工艺设备)[M]. 兰州：兰州大学出版社，2008.

6 石油化学工业部石油化工规划设计院组织编写. 管式加热炉工艺计算[M]. 北京石油工业出版社，1979.